基礎物理学
力学

秋光　純
秋光正子
松川　宏
越野和樹　共著

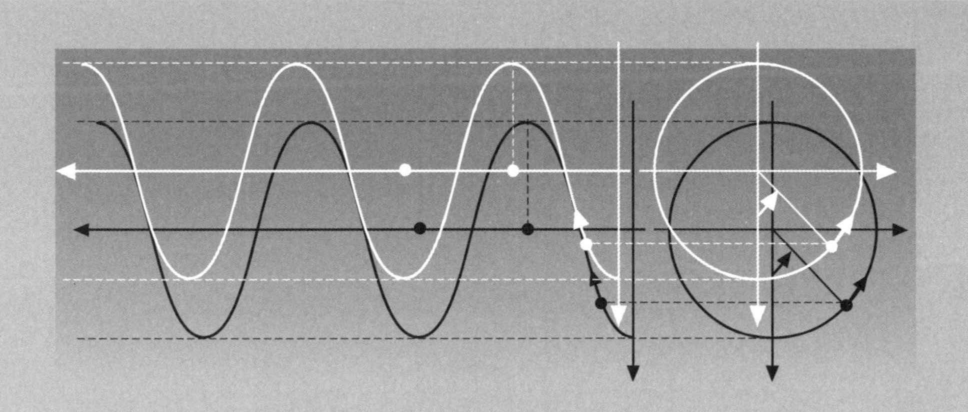

培風館

はじめに

現代の文明社会を支えているあらゆる技術の基礎になっているのが「物理学」である。物理学の役割は化学，生物学，医学，工学のみならず広く哲学にも大きな影響を与えていることは言を待たない。諸君が知識人として生きようとすれば物理学の知識は欠かすことができない。

しかし，一方では物理学を難しいとして毛嫌いする人も多い。実際，高校生のときから理系，文系というくくりで科目が分かれ，一部の人は理系科目をほとんど学ばずに一生を終えることも多い。後からきいてみると，文系を選んだ理由が数学や理科（特に物理学）がよくわからなかったからという人が多い。なぜこのような拒絶感を多くの人がもつのであろうか？　それは，第１章でも述べたが，物理学は 2～300 年の間に少数の天才の苦闘によって築きあげられたものであり，日常生活の経験だけからでは本質を見きわめられにくいことも多く，それなりにある種の敷居の高さがあるためと思われる。また，物理学は「数学」という言葉を使って書かれているのでその点でもある種の敷居の高さがある。

その中で力学は，我々の目にみえる分野を考察の対象としているのみならず，これを記述する数学―微分積分学やベクトル解析―の典型的な応用の場を与えている点で，はじめて物理学を学ぶ分野としてふさわしい。

本書は諸君が大学に入って最初に出会う本として，高校生のとき全く物理学（力学）を習ってこなかった諸君にも，また，ある程度のレベルの高いことを学びたいと思っておられる諸君にも満足してもらえるという幅広い要求に答えられるよう，以下の点に注意して執筆した。

1）物理学の話のすすめ方，特に微分積分学を使った物理学のすすめ方に慣れていない諸君のために，はじめはゆっくり丁寧に話をすすめ，最後には各専門分野に入っていけるだけのレベルまでたどりつけるように配慮して話をすすめたこと。

2）長年の筆者の経験によると，「なんとなくわかるけどピンと来ない」という人も多いので，なるべく例題を多くして丁寧な解答をつけたこと。

3）１年生には少し難しいと思われる内容に対しては【発展】としたり，左側に縦線を入れているので，最初に読まれるときは飛ばしてもよい。

4）この本の特色としては，ふつうの力学では取り扱われない「弦の振動と波動」という１章を設け，１冊の本ですべてカバーできるように配慮したこと。

等である。

この本の執筆者は

第1章	秋光　純
第2章～第4章	秋光　正子
第5章～第6章	松川　宏
第7章～第9章	越野　和樹
第10章	松川　宏
付録A	秋光　純
付録B	松川　宏

であるが，もちろん全員で読みあわせ，最終調整を行った。

この本の姉妹編として，『基礎物理学　電磁気学』がある。両書あわせて読んでいただければ幸いである。両書が諸君の一生の伴侶になるように祈ってやまない。

最後に，我々のわがままを根気よく聞いてくれた培風館の斉藤淳，近藤妙子両氏には，感謝申し上げたい。

2016年8月8日

著者一同を代表して
秋光　純

目　　次

1
力学を勉強する前に

大学に入って本格的に物理学を習い始めた学生諸君が驚くのはその論理のすすめ方の難しさであろう。「どうして，そんなことを思いついたのですか」という問いは多くの学生から質問される言葉である。確かに何千年いや何万年にも渡って，人間が慣れ親しんできた音楽などの芸術やスポーツ等と違って，物理学は人間の身体に長い間に渡ってしみついているものではなく，本格的な物理学の進歩はたかだか 2〜300 年のことにすぎない。しかも，その間の歴史は，天才達の苦闘の歴史であり一朝一夕に出来あがったものではない。

物理学のこの苦闘の歴史をここでは力学を例にとって述べる。それは物理学 (ここでは力学) の歴史がいかに“その当時の常識”に対する挑戦であるかを述べてみたいからである。

1.1 近代物理学が生まれるまで ——力学の発展を例にして——

夜，澄みきった星空をみてその神秘性に感動しない人はいないであろう。実際，古代文明発祥の地で天体観測をしなかった民族はあるまい。エジプトやマヤ文明の (ピラミッドなどの) 石造建築から推測されることは，彼らは夏至や春 (秋) 分の日を驚くべき正確さで知っていたということである。彼らの観測の動機は，次の 2 つの観点から考えられよう。

1 番目はやはりそこに自然 (神) の神秘性を見いだしたということであろう。この宇宙の規則正しさから何らかの神の意志を感じ，それと人間の運命なり運勢を結びつけて考えることは占星術として現在でも行われていることであるから十分考えられることである。

2 番目は実用的な観点である。農業が生活の“糧”であったその当時，やはり正確な暦を作ることはたいへん重要な仕事であった。そのようにして，暦の作成をかねた「占星術師」という職業人が出現した。彼らは，毎日星の観測を続けていくうちに不思議なことを発見した。それは規則正しく運行する多くの星の中で異なる動きをする少数の星を発見したことである。これを惑う星という意味で「惑星」と名づけた。

天動説と地動説

なぜ，少数の星はこのような複雑な運動をするのであろうか?　この事実そのものは多くの観測者が気付いていたであろうが，それに解答を与えたのがギリシャのピタゴラス学派であるといわれている。彼らは，地球もその他の天体と同じく球形であると主張し，惑星は地球のまわりを完全な円を描いて回っていると主張した (天動説) 。

これは，無限に広がった平面に見える地球を他の星と区別せず，球であると考えたということは，大きな発想の転換といってよいであろう。

しかし，その後観測技術が発達するにつれて，惑星のみかけの大きさが増減する (つまり近づいたり離れたりする) ことや，完全な円運動では複雑な動きを説明することができないことなどがわかってきた。これらの観測結果と計算との不一致を解決するためにプトレマイオスは「周転円説」を提唱した。これは惑星の運動を 2 つの円運動の組み合わせだと考え，地球を中心とする円運動 (これを搬送円という) とこの円周上に中心をもちつつ動いている別の小さな円 (これを周転円という) の組み合わせだと考えたのである (図 1.1)。

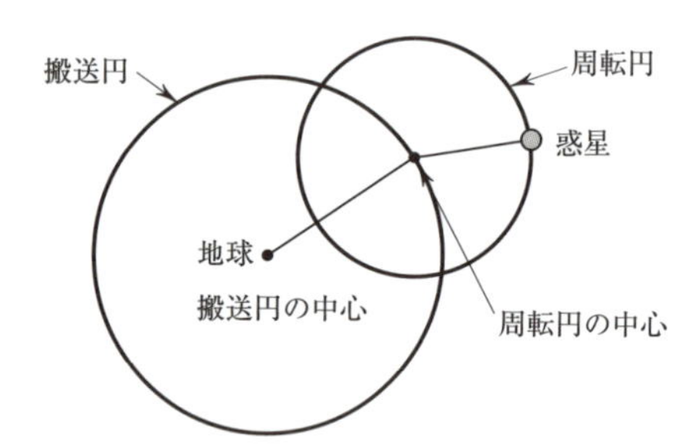

図 1.1　プトレマイオスの周転円

これを幾何学的に計算して観測事実とあわせるのは大変だったと思われるが，その当時の観測の範囲内でプトレマイオスの説は観測事実を大略説明できたと思われており，コペルニクスが現れるまでこの説は広く信じられてきた。しかし，この考えはあまりにも複雑であり，観測事実とあわせるためには計算はますます複雑にならざるを得ない。この天動説も今から考えると，ある種の“思い込み”があることに気付く (この思い込みを打破することが科学におけるブレーク・スルー (break through) をもたらす) 。

1) 地球は球形であることがわかっていながら (つまり多くの星と同じひとつの星であるとわかっていながら)，なぜ地球だけが動かないと信じてしまったのか。

2) なぜ惑星の運動は完全な円運動でなければならないのか。

の 2 点である。2) に関しては,「球や円が完全な対称性をもつ図形であり，自然な運動は円運動である」というアリストテレスによる説が無条件で信じられてきたことによる。

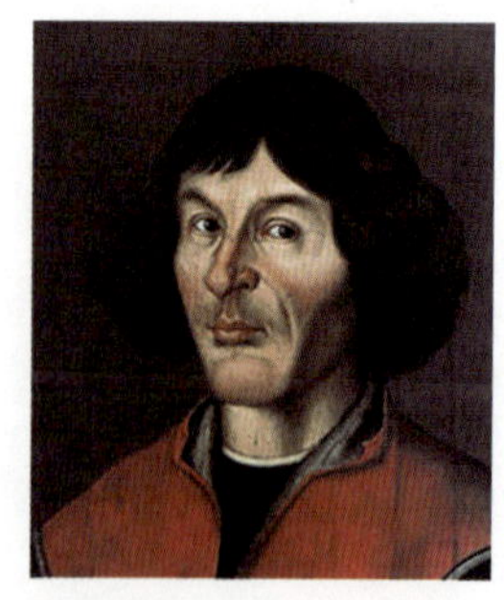

図 1.2　ニコラウス・コペルニクス (Nicolaus Copernicus) (1473–1543)

まず，最初の“思い込み”を打ち破ったのがコペルニクス (Nicolaus Copernicus 1473–1543) の地動説である。これは太陽のまわりを地球が回っているという説で発想の転換という点ではまったく新しい見方であり，まさに「コペルニクス的転換」といってもよいだろう。コペルニクスは「天球の回転について」という本で自説をまとめた。それは 1～6 巻にも渡る大著であるが，地動説について述べているのは 1 巻のみであり (これのみが岩波文庫で邦訳されている)，後の 5 巻は大変複雑な天文学的計算がされているとのことである。したがって，彼の説は単なる思いつきではなく，先人の説をよくよく研究した結果の結論だといわれているが，2) の点をそのままにしたままなので観測結果との誤差はプトレマイオスの結果と 50 歩 100 歩であったといわれている。

いかに見通しのよい結果でも，実験結果とあわなければなかなか受け入れられないことがわかる。しかし，コペルニクスの地動説は，発想の転換という意味で，一部の人々に熱烈に受け入れられた。たとえばブルーノ (Giordano Bruno 1548–1600) はコペルニクスの説を拡大し，太陽系は無限の宇宙の中にうかぶ同様な系の一つにすぎないと，まさに我々が現在もっている宇宙観を主張し，そのため教会から異端とみなされ，火あぶりの刑に処せられたということである。

図 1.3　ティコ・ブラーエ (Tycho Brahe) (1546–1601)

ケプラー

それでは，次に天体の運行に関して決定的な役割りを果たしたケプラーについて述べよう。

科学が大きく発展するときには，既存のイメージ (理論) にとらわれない“がんこな実験家”とその実験事実にもとづいて理論を組み立てようとする“がんこな理論家”がカップルであらわれることがよくある。

その例として，ティコ・ブラーエ (Tycho Brahe 1546–1601) とケプラー (J.Kepler 1571–1630) のカップルをあげることができる。

図 1.4　ヨハネス・ケプラー (Johannes Kepler) (1571–1630)

ティコ・ブラーエもケプラーも占星術家であったが，その得意とする方向は異なっていた。ティコ・ブラーエはコペルニクスの説を信用しようとせず，デンマーク王を口説いて大天文台を作らせ，星の運動の精密観測を始めた。彼は巨大な分度器 (四分儀という) を作り，星の方角を誤差角 2 分 (分は 1/60 度) という精度で測定したといわれる。このようなティコにあこがれケプラーはティコに弟子入りするが，まもなくティコは亡くなり，膨大なティコの観測結果を引き継ぐことになる。これは大変ラッキーな“星のめぐりあわせ”だといわざるを得ない。というのも，ケプラーはこれらのデータを解析する抜群の能力にめぐまれていたのである。さらに，幸運であったのは，ケプラーは大変熱心なコペルニクスの信奉者であったことである。

彼はまず，火星の軌道の研究をはじめた。彼はまず最初に，① 太陽をめぐる地球の運動を決め，次に ② 地球からみたときの太陽をめぐる火星の運動を決めることを行った。彼がどのような考えをたどって，地球や火星の運動を決めたかというプロセスは，朝永振一郎「物理学とは何だろうか」* にあらまし

＊　朝永振一郎「物理学とは何だろうか」(岩波新書，注 p37～p40)。また，ファインマン (R. Feynman) が初等幾何学のみを用いてケプラーの 3 法則を導出している「ファインマンさん，力学を語る」(岩波書店)。

が述べられているので興味のある方は読んでみられることをおすすめする。

ケプラーはこの計算に数年かかったといわれるが，我々は，整理された朝永先生の本をフォローするだけでも大変である。彼が得た結論だけを述べると，まず地球の軌道は円とみなしてよいこと。ただし，太陽はその中心になく，そこから半径の 0.018 倍の距離だけずれていること。「つまり正確には楕 (長) 円である」ということを発見し，今でいうところの**面積速度一定の原理** (**ケプラーの第 2 法則**) を発見した。続いて，彼は火星の運動の決定を行ったが従来の円運動の軌道ではティコ・ブラーエの観測結果と 8 分の差があることを発見した。普通の人ではそれで満足するところであるが，彼は結局最初から計算をやり直し，火星の軌道は楕 (長) 円であるという結論に達した (**ケプラーの第 1 法則**)。

彼は続いて，惑星の軌道が大きいほど，周期が長いことを経験から知っており，それを法則化することを試み，10 年の悪戦苦闘の後，いわゆる**ケプラーの第 3 法則**：惑星周期の 2 乗と楕円軌道の長径の 3 乗との比はすべての惑星について等しいという法則を発見した。

これらは後に，ニュートン (Issac Newton) が万有引力を発見するための基礎になった法則である。20 年近い長い努力の結果，このような偉大な結果を得たことは，彼に常人では味わえない大きな (精神的な) 喜びをもたらしたであろう。しかし，実人生においてはケプラーは決して幸せではなく，天然痘の流行によって妻子を失ったり，母親が魔女裁判にかけられたりして不幸が重なり，最後は野たれ死のような死にかたをしたと伝えられている。

ガリレオ・ガリレイ

図 1.5　ガリレオ・ガリレイ (Galileo Galilei) (1564–1642)

ケプラーに続いて，近代物理学の父ガリレオ・ガリレイ (Galileo Galilei 1564–1642) について述べる。ケプラーとガリレオは同時代人であり，実際文通もあったといわれるが，その近代性についてはたいへん異なる。

ガリレオの逸話でよく知られているのは，「振り子の等時性の発見」，「望遠鏡を用いての木星や土星の衛星の発見」，「ピサの斜塔での落体の運動の検証 (これは彼は実際はやっていないという話であるが) 」などがある。また，地動説を称えて異端審問にかけられ自説の撤回を迫られたとき，「それでも地球は動いている」とつぶやいたと言われているのは有名な話である。

しかし，ガリレオの真の業績はただ観察するだけではなく今でいう実験をすることにより自然に対して能動的にはたらきかけ，その条件を変えることにより，変数と変数の関係を定量化したことである。これはすなわち変数間の関係を数学を用いてあらわすということであり，まさに近代物理学の誕生といってもよいであろう。それと，ガリレオの偉大な業績は**慣性の法則**の発見である。

慣性の法則とは「物体は他の物体から十分離れたときは等速度運動を行う」という法則である。これは我々が日常経験する現象とは異なっているようにみえる。我々が日常経験することは動いている物体は放っておくと止まってしま

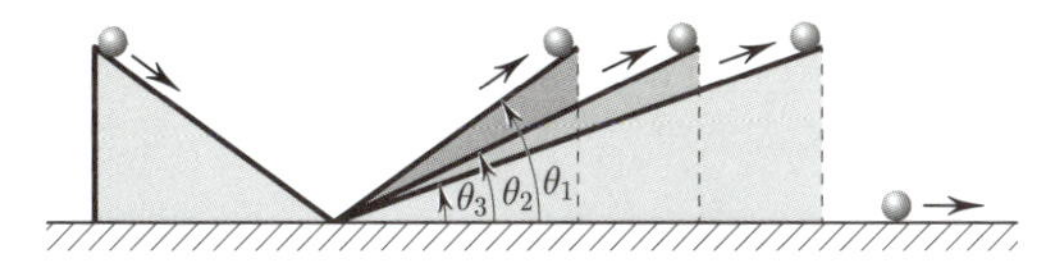

図 1.6　慣性の法則の説明図

う。逆にいえば力を加え続けていなければ運動を持続し続けることはできないと思われ続けてきた。これをガリレオは次のように反論する。

「今滑らかな面を考えてそれを地平面から少し傾けておく。その上に固い(たとえば金属の) ボールをおくと，球は加速しながら転げ落ちる。図 1.6 のような対称的な斜面を考えると，転げ落ちた球はその勢いで右側の斜面を登る。それでは，右側の斜面の傾斜角を小さくすると，どうなるであろうか。図 1.6 からも明らかなように角度 θ が $\theta_1 \to \theta_2 \to \theta_3$ と小さくなるにつれて球の到達距離がのびることは明らかである。したがって $\theta = 0$ にすると，球は無限の遠方まで動き続けると推測される。つまり減衰の原因がない限り，この球は動き続けると推測される。これは慣性の法則である。」

また当時，なぜ地動説に多くの人が反対したかというと，たとえば，地球が動いていれば，物を落としたとき，物が着地するまで，地球 (大地) は動いているので物は落とした点に落下せず，地球が動いた分だけ落下地点が異なるはずだというものである。

しかし，この議論がまちがっていることは，動いている電車の中で物を投げ上げても電車の中では同じ地点に落ちることからもわかる。つまり，電車の中にいる限り，電車が動いているかどうかは「物を投げたり落としたりする」力学的手段では知ることができないことを表している。

これを「**ガリレイの相対性原理**」という。

以上，ケプラー，ガリレオと力学の近代化の過程を述べてきた。ケプラーの本を読むと「霊の力」などの神秘主義的な言葉が頻出するが，ガリレオにいたっては，そのような言葉はほとんどなく，中世的な神秘主義はほとんど払拭されており，我々が読んでもほとんど古さを感じさせない。しかし，ガリレオにはなお，円運動が自然な運動なのだというアリストテレス的な思い込みもあった。

ケプラーやガリレオと同じ時代，イギリスのエリザベス王朝時代に生きた人にフランシス・ベーコン (Francis Bacon 1561–1626) がいる。彼は「実験事実に基づく帰納」の重要性を説き，「自然は円運動を好む」とか「自然は真空を嫌う」とかの「アリストテレス的物理学」に反対した。これは思想的には多くの影響を残したものの，彼自身は，科学研究をしたことがなかった (ベーコンはエリザベス王朝時代の主要な政治家であった) ので物理学に対する貢献は多くない。

図 1.7　ルネ・デカルト (René Descartes) (1596–1650)

つづいてデカルトについて書く。デカルト (René Descartes 1596–1650) は

哲学者 (「方法序説」などのすぐれた著書があり Cogito ergo sum (我思うゆえに我あり) という有名な言葉がある) であるが，驚くことにガリレオと同時代の人であり，座標幾何学の創始者である。彼は「機械的自然観」とよばれる自然観 (自然のすべて (人間ですら) は機械を理解するのと同じであるという自然観) を述べた。これはある意味では近代物理学の特色である。

ニュートン

図 1.8　アイザック・ニュートン (Isaac Newton) (1642–1727)

このように，多くの物理学者，哲学者が輩出し，現れ，「アリストテレス的物理学」は次第に払拭されていった。その後古い力学の残渣を一掃し，全く完璧な形で力学を書き直したのがニュートン (Sir Isaac Newton 1642–1727) である。ニュートンがガリレオの死んだ年に生まれたのも何かの因縁である。

ニュートンが現在の形の力学，特に微積分法，万有引力，それを用いたケプラーの法則の説明等を思いついたのは 1665〜1666 年，23〜24 歳のときであったといわれるが，彼はそれを公表せず本当にまとまった形で公表したのは 1687 年 45 歳のときであった。彼の著書「自然哲学の数学的原理」(略してプリンキピア) は公理論的に組み立てられ，ほぼ現在我々が学ぶ形と同じである。しかし，これは我々が慣れ親しんでいる微分積分学を使わず (初等) 幾何学を使って書かれているのでたいへん読みづらい本である。

彼の力学での業績をまとめると

1) 慣性の法則を我々が知っている形でまとめ，いわゆるニュートンの 3 法則を確立したこと (しかし，慣性の法則をはじめて原理として定立したのはデカルトであるといわれている)。
2) 運動を動き (発展の形態) としてとらえ，速度，加速度の概念を明確にしたこと。
3) いわゆる万有引力の法則を発見し，これによってケプラーの 3 法則を導出することができたこと。

である。

ガリレオ，ニュートンに始まる近代物理学の特徴は，なぜそのようなことが起きるのか，あるいは物の本質は何かという難しい問い (たとえば，万有引力はなぜあのような形で表されるのか，またなぜ引力しかないのか。また重さとは何かなどの問い) には直接答えず，「実験データ間の関係性を確立する」という近代物理学の考え方に到達したことである。

その後，オイラー，ラグランジュ，ハミルトン等，多くの数学者，物理学者が現れて，力学のより広い立場からの定式化に成功したが，物理的にはニュートン以上の新しい概念は出ていない。

力学はニュートンをもってほぼ完成されたといってよいであろう。まさに「ニュートン力学」といわれるゆえんである。

1.2 研究のすすめ方 ―力学の歴史から学ぶ―

1.1 節ではエジプトやマヤでの天体観測から始まり，「ニュートン力学」の完成までについて簡略に述べた。

これらの歴史はまさに科学はどのように発展するかのドラマ (歴史) を示している。これらの研究が諸君 (ここでは理科系を選択しておられる人を想定して述べる) が卒業研究論文，修士論文，また博士課程まですすまれ研究者人生を歩まれる人で博士論文を書かれる人とどのような関係があるかを述べてみたい。

まず諸君が本格的に「研究」を始められるのは

① どのような問題がおもしろいかを勉強してみることから始まる。これが「科学の芽」である。しかし，実際は現代のように科学が発展したなかでは最先端の問題をみつけるのは難しいであろう。したがって，大抵は先生から問題を与えられることから始まる (卒業研究) 。そのためには，1〜3 年生までの基礎的な勉強が必要であり，ある程度研究に対する見通しをもてる位に勉強しておく必要がある。研究を開始するにあたっては，(実験家にとっては) 正確な実験結果を得ることが絶対必要である。これは，ティコ・ブラーエの例が参考になろう。また自分が研究する分野ですでにどのような研究がなされているかをきちんと理解しておくことも重要である。

② 新しい実験結果 (または計算結果) が得られたとき，その結果が思いがけない場合はその分野の専門家に聞いてみることも必要であろう。そしてその結果があまりにありそうもないことであれば，もう一度実験 (または計算) をやり直してみる必要がある。これはたとえば，ケプラーが火星の軌道を円として計算した結果がティコ・ブラーエの観測結果からずれたとき，ケプラーは観測結果を信じて計算をやり直し，火星の軌道が楕円であることを示したことに相当する。科学の一番の特色は，結果の再現性ということにある。このような手順をふんで今までに誰もやっていないことであれば「論文」として投稿するということになる。

以上物理の研究方法をまとめると，

① 何を研究するかという問の設定とその問題に対する先人の研究の到達点を理解する。

② その研究 (問題) に対する実験 (計算) の蓄積。

③ 実験結果に対する一応の説明と理解できない問題点の整理。

④ 新たな実験 (理論) の提起。

というサイクルを繰り返していく。これは，個人の研究でも物理学の歴史でも全く同じである。多くの研究者は，自分の研究が「歴史の１頁」になりたいという思いで日々研究しているのである。そのためには，研究者にとっては虚心な気持ちで「信頼できる実験データ」を出すことが最も重要である。現在では，時々自分に都合のよい実験データだけを出してきて混乱することもあるが，このようなことを防ぐためにも科学に対する厳しい倫理観を養う必要がある。

1.3　自然の階層構造

自然は階層構造をしている。言い換えれば，物理学にはその距離 (長さ) に応じて異なる研究対象がある。

それでは最も長い距離は何であろうか。それはもちろん，宇宙の大きさである。現在の宇宙観では宇宙はビック・バンから始まったと考えられているので，我々が現在観測しうる宇宙の大きさは大ざっぱに見積もって (光速) × (宇宙の年齢) である。宇宙の年齢は約 150 億年と考えられているので

$$\text{宇宙の大きさ} \sim \underbrace{(3 \times 10^8 \mathrm{m/s})}_{\text{光速}} \times \underbrace{(150 \times 10^8 \times 365 \times 24 \times 60 \times 60\,\mathrm{s})}_{\text{宇宙の年齢}} \simeq 10^{26}\,\mathrm{m}$$

となる。

一方，最も短い距離は何であろうか。ビック・バンが生ずる瞬間の宇宙の泡粒の大きさであり，それはプランクの長さ (λ_p) とよばれる。λ_p は表 1.1 の定数を使って $\lambda_p = \sqrt{Gh/2\pi c^3}$ と表される。

表 1.1

定数	
万有引力定数 G	$\sim 7 \times 10^{-11} \mathrm{N \cdot m^2 \cdot kg^{-2}}$
プランク定数 h	$\sim 6 \times 10^{-34} \mathrm{N \cdot m \cdot s}$
光速 c	$\sim 3 \times 10^{8} \mathrm{m \cdot s^{-1}}$

すると $\lambda_p \simeq 10^{-35}\mathrm{m}$ となる。したがって，宇宙を含めたこの世界は

$$10^{-35}\mathrm{m} \iff 10^{26}\mathrm{m}$$

というスケールで広がっている。この中に様々な物理現象があり，その各々が階層構造をもっている。そしてそのスケールの大きさに応じて，素粒子物理学，物性物理学，化学，生物物理学，地球物理学，宇宙物理学など学問としての分野に分かれている。これらを表にすると，表 1.2 のようになる。

ここで強調したいことは，たとえば，物性物理学は素粒子物理学の応用ではなく，化学や生物物理学は物性物理学の応用ではないということである。

それは粒子の数が増えるにつれ，異なる階層構造を形成しているからである。このことを P.W.Anderson は“More is different” (粒子の数が多くなると違った現象が現れる) という言葉であらわした。筆者の例えでいえば，いくら一人の人間を (完全に) わかったとしても多くの人間の集団行動を予想できないということである。これは人間の心理を研究する「文学」と多数の人間の心理を予想する「経済学」とは別の学問であるというのと似ている。

表 1.2 物理現象の階層性

長さ [m]	物理現象		
10^{26}	宇宙の大きさ		
10^{21}	銀河系の大きさ		
10^{16}	一光年		
10^{13}	太陽系の大きさ		宇宙物理学
10^{11}	地球 – 太陽の距離		
10^{8}	光が一秒間に進む距離		
10^{7}	地球の大きさ		
10^{3}	AM ラジオ波の波長		地球物理学
10^{0}	人間の大きさ		
10^{-4}	固体中の音波の波長 細胞の大きさ		
10^{-6}	メゾスコピック系 ブドウ球菌		生物物理学
10^{-9}	水分子 たんぱく質，DNA		物性物理学
$10^{-10}=$ Å	原子半径，固体中の原子間隔 X 線の波長		
$10^{-15}=$ fm	強い相互作用の到達距離 原子核の大きさ		
10^{-18}	弱い相互作用の到達距離 クオークの大きさ		素粒子物理学
10^{-35}	プランクの長さ ビック・バン		

1.4 自分の頭で考える

この章を終えるに当たって若干本筋からはずれるが，最後に「自分の頭で考える」とはどういうことか考えてみよう。そのためには，その結論が大体正しいかどうか (これを order estimation という) を判定する能力を養う必要がある。ここでは，いろいろな例をあげてみるが自分でやってみることをおすすめする。

最初に物理学者フェルミがシカゴ大学の学生に出した問題を考えてみよう。

(1) アメリカのシカゴ (人口 300 万人 (当時) とする) には何人のピアノの調律師がいるか？

この解答を得るために大体の概算をしてみよう (もちろん，以下は推定なので，いろいろな仮定をする必要がある) 。

① まず，シカゴでのピアノの総数はどの位か。

シカゴでは 1 世帯あたりの人数が 3 人程度とし，10 世帯に 1 台の割合でピアノを保有していると仮定する。したがって，

1) シカゴの世帯数 $\simeq$ 300 万人 (シカゴの人口)/3 人 $\simeq$ 100 万世帯

2) したがって，ピアノ総数 $\simeq$ 100 万世帯/10$\simeq$ 10 万台程度

② 調律師がピアノの調律で生計を立てていく条件を考える

i)　ピアノ 1 台の調律は (1 回/1 年) 程度行う。

ii)　調律師が 1 日に調律するピアノの台数は (3 台/1 日) とする。

iii)　調律師は (週休 2 日とし)(250 日/年) 働く。

したがって，1 人の調律師は (250 日/年) $\times$ (3 台/1 日) $=$ (750 台/年) ピアノを調律する。

③ したがって，調律師の人数は 10 万/750 $\simeq$ 130 人と推定される。

このような問題はいくらでも考えられると思うが，もう一題ケルビン卿が出したといわれる問題を考えてみる*。

＊ 岸根順一郎氏のご教示による。
岸根順一郎，大森聡著「自然科学はじめの一歩」(放送大学教材)

(2) コップ 1 杯の海水を海に戻し，よくかき混ぜた後再び汲みあげた時，もとのコップの中の海水に含まれていた水分子が何個程，混ざっているか。

まずコップの容積をみてみると，大体高さ 10 cm，直径 6 cm 位であることがわかる。コップの容積は

$$\pi \times (3 \times 10^{-2}\mathrm{m})^2 \times 10 \times 10^{-2}\mathrm{m} \sim 2.7 \times 10^{-4}\mathrm{m}^3$$

地球上の全海水の容積 $\sim 1.4 \times 10^{18}\,\mathrm{m}^3$ なので，コップと全海水の容積比 $\sim \dfrac{2.7 \times 10^{-4}}{1.4 \times 10^{18}} \sim 2 \times 10^{-22}$ 倍程度である。一方，コップの海水に含まれる水分子の個数は 9×10^{24} 個 (約 15 モル) 程度と見積もると，汲みあげた海水の中のもとのコップの中に入っていた水分子の個数は (9×10^{24} 個)$\times 2 \times 10^{-22} \sim 2 \times 10^3$ 個，つまり約 2000 個ということになる。

これらは，自分で問題解決のプロセスを順序だって考え，自分で常識的な値を推量して結果を導いている。

それでは最後に次の問題を考えてみよう。難しくないので各人の宿題として残しておく (本書 37 ページ参照)。

(3) 地球の半径を測る方法を考え，それを使って地球の質量を求めよ。

2
運動の法則

この章では運動する物体の観測量から得られる，運動の一般的な性質を調べてみよう。

2.1 質点の直線運動

最初に一番簡単な運動として1次元の運動 (直線上の運動) を例にとる。

まず力学の基礎として質点 (particle)* という概念を導入する。質点とは，物体の運動を記述する場合，運動の本質的なところだけを見極めるために，物体の代表を質量だけをもち，その大きさがないもの (点) として扱うための概念である。

* これは一種の抽象化である。有限の大きさのものを質点で代表させるかどうかは運動を論じる観点による。運動する物体の自転運動が問題になる場合などは質点では代表できない。このような場合の考え方は第8章で学ぶ。

2.1.1 位置，速度，加速度

(1) 位置と変位

質点の位置を示すには，座標軸 (たとえば x 軸) のある点を原点 ($x=0$) として決め，その原点に対する相対的な位置を指定すればよい。物体が運動しているときは時刻によって位置が決められるから，時刻 t のときの位置として $x(t)$ と表す。

ある位置 $x(t_1)$ から時間を経て別の位置 $x(t_2)$ へ移動したときの移動距離を変位 (displacemennt) Δx という。

$$\Delta x = x(t_2) - x(t_1) \tag{2.1}$$

単位は m (メートル) である。

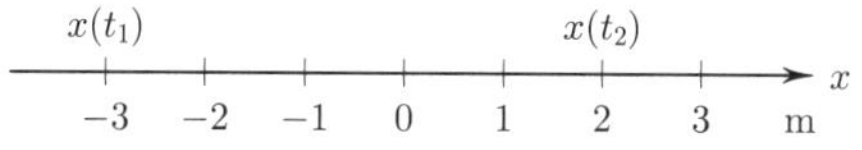

$x(t_1)$ $x(t_2)$ x
−3 −2 −1 0 1 2 3 m

図2.1 1次元の座標上での位置と変位。変位 Δx は，

$$\begin{aligned}\Delta x &= x(t_2) - x(t_1)\\ &= +2\text{m} - (-3\text{m}) = +5\text{m}\end{aligned}$$

となる。

(2)　平均速度と瞬間速度

変位 Δx をその変位が生じた時間 Δt で割った量を，平均速度 ($v_{平均}$) という。単位は m/s (s は秒，second の略) で表す。

$$v_{平均} = \frac{\Delta x}{\Delta t} = \frac{x(t_2) - x(t_1)}{t_2 - t_1} \tag{2.2}$$

しかし，時間 Δt の間に速度が変わった場合，平均速度を知るだけでは運動のようすを表すことができない。図 2.2 に示すように，平均速度は Δt のとり方に依存する。時刻 t における瞬間の速度を $v(t)$ と表すと，

$$v(t) = \lim_{\Delta t \to 0} \frac{\Delta x}{\Delta t} = \frac{dx(t)}{dt} \tag{2.3}$$

となる。$v(t)$ は，平均速度の Δt を限りなくゼロに近づけることにより求められる。一般にはこれを速度 (velocity) と呼ぶ。$v(t)$ は時間 t における位置 x の変化率である。

測定により質点の位置 $x(t)$ を時間の関数で表すことができれば，速度 $v(t)$ は $x(t)$ の t に関する導関数として求められる。

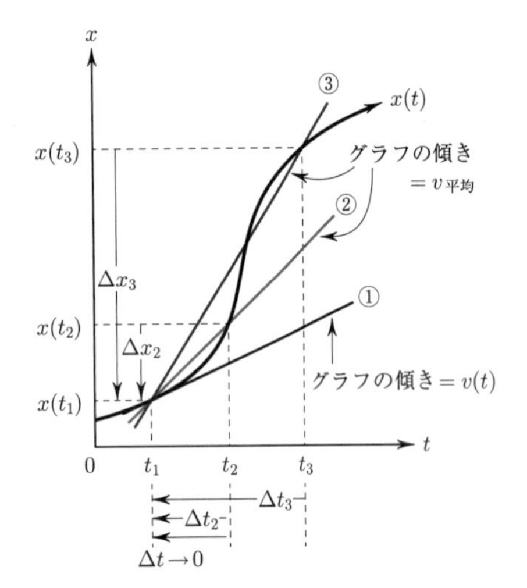

図 2.2　時間 Δt 間の平均速度は曲線 $x(t)$ 上の 2 点を結ぶ直線の傾きとして表される。

③　$t_3 - t_1 = \Delta t_3$ での平均の速度

$$v_{平均}(\Delta t_3) = \frac{x(t_3) - x(t_1)}{t_3 - t_1} = \frac{\Delta x_3}{\Delta t_3}$$

②　$t_2 - t_1 = \Delta t_2$ での平均の速度

$$v_{平均}(\Delta t_2) = \frac{x(t_2) - x(t_1)}{t_2 - t_1} = \frac{\Delta x_2}{\Delta t_2}$$

③→②→①と，Δt を小さくとり $\Delta t \to 0$ に限りなく近づけると，時刻 t_1 での瞬間速度が $x(t_1)$ での曲線の接線の傾きとして表される。

①　$v(t) = \lim_{\Delta t \to 0} \frac{\Delta x}{\Delta t} = \frac{dx(t)}{dt}$

(3)　平均加速度と瞬間加速度

質点の速度が変化するとき，時間に対する速度の変化率を加速度という。

時間 Δt 間の平均加速度 ($a_{平均}$) は，

$$a_{平均} = \frac{v(t_2) - v(t_1)}{t_2 - t_1} = \frac{\Delta v}{\Delta t} \tag{2.4}$$

瞬間加速度 $a(t)$ は，時間に関する速度 $v(t)$ の導関数で表され，

$$a(t) = \lim_{\Delta t \to 0} \frac{\Delta v}{\Delta t} = \frac{dv(t)}{dt} \tag{2.5}$$

一般にはこれを加速度 (acceleration) と呼ぶ。単位は $\mathrm{m/s^2}$ となる。

式 (2.5) と (2.3) を組み合わせると，

$$a(t) = \frac{dv(t)}{dt} = \frac{d}{dt}\left(\frac{dx(t)}{dt}\right) = \frac{d^2x(t)}{dt^2} \tag{2.6}$$

とも表される。式 (2.6) を言葉で表すと，ある時刻の加速度 $a(t)$ は位置 $x(t)$ の時間に関する 2 次の導関数となる。

[例題 2.1] グラフで表す速度と加速度

図 2.3(a) は 2 階から 4 階に上がるエレベーターの速度 $v(t)$ を表している。

エレベーターの加速度を時間 t の関数としてグラフに示せ。

[解]　エレベーターの加速度は速度 $v(t)$ の導関数で表せるので

$0\,\mathrm{s} < t \leq 2.0\,\mathrm{s}$ の領域で，$v(t) = 1.5\,t$ より $a(t) = \dfrac{dv(t)}{dt} = 1.5\,\mathrm{m/s^2}$

$2.0\,\mathrm{s} \leq t \leq 4.0\,\mathrm{s}$ の領域で，$v(t) = 3\,\mathrm{m/s}$ 一定より $a(t) = 0.0\,\mathrm{m/s^2}$

$4.0\,\mathrm{s} \leq t \leq 5.0\,\mathrm{s}$ の領域で，$v(t) = -3.0\,t + 15$ より

$$a(t) = \frac{dv(t)}{dt} = -3.0\,\mathrm{m/s^2}$$

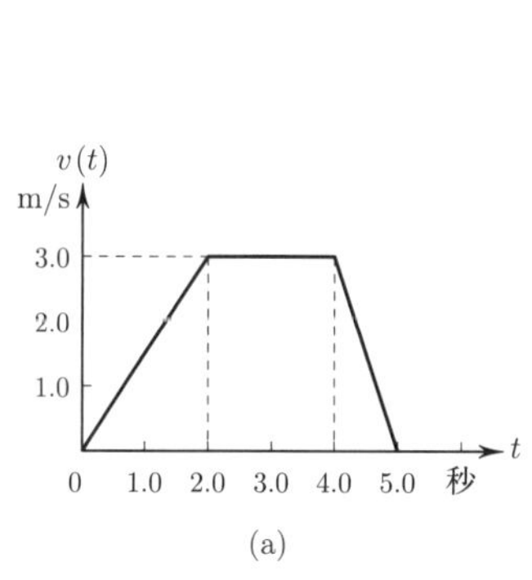

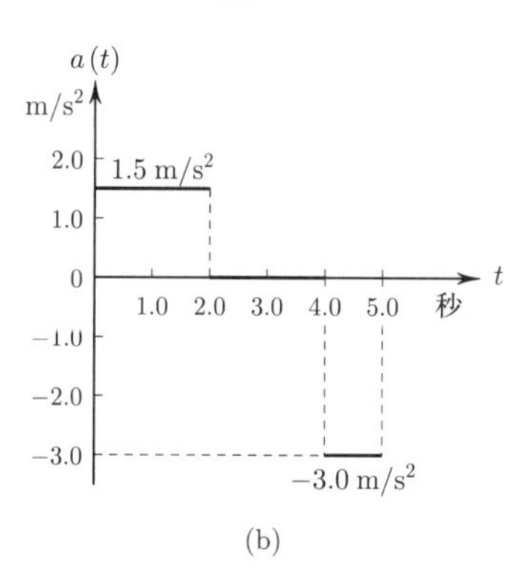

図 2.3　(a) エレベーターの速度 $v(t)$ の時刻 t に対するグラフ。グラフの傾きが加速度となる。
(b) エレベーターの加速度 $a(t)$ の時刻 t に対するグラフ

[例題 2.2] 質点の位置から，速度，加速度を求める

位置が $x(t) = 4.0 + 8.0\,t - 2.0\,t^2$ のように，時間とともに変化する質点の運動 (図 2.4) の速度，加速度を調べ，運動のようすを明らかにせよ。

図 2.4　質点の運動のようす

[解]　位置の関数より，速度 $v(t)$ を求める。

$$v(t) = \frac{dx(t)}{dt} = 8.0 - 4.0\,t$$

また，$v(t)$ より，加速度 $a(t)$ を求めると，

$$a(t) = \frac{dv(t)}{dt} = -4.0\,\mathrm{m/s^2}$$

と表される。まず，$t = 0$ における初期状態を見よう。質点は位置 $x(0) = 4.0\,\mathrm{m}$

(初期位置) を，x の正の方向に $v(0) = 8.0\,\mathrm{m/s}$ の速度 (初期速度) で出発する。

運動は等加速度運動で，加速度は x の負の方向に $-4.0\,\mathrm{m/s^2}$ であるから質点の速度は時間とともに減速され，ある点で x の負の方向に折り返す。この折り返し点では $v = 0\,\mathrm{m/s}$ であるから，

$$v(t) = 8.0 - 4.0\,t = 0, \quad t = 2.0\,\mathrm{s}$$

より，質点が初期位置を通過してから 2 秒後に折り返すことがわかる。その位置は，

$$x(2.0\,\mathrm{s})^* = 4.0\,\mathrm{m} + (8.0\,\mathrm{m/s})(2.0\,\mathrm{s}) - (2.0\,\mathrm{m/s^2})(2.0^2\,\mathrm{s^2}) = 12.0\,\mathrm{m}$$

である。折り返した後は，質点は x の負の方向に等加速度で運動する。

＊　$x(t)$ の t に 2.0s を代入した式を表している。

折り返した後，質点が初めの位置 $x(0) = 4.0\,\mathrm{m}$ を通過するときの速度は，$x(t) = 4.0\,\mathrm{m}$ とおいて，$4.0 = 4.0 + 8.0\,t - 2.0\,t^2$ より，$t = 0$ または $t = 4.0\,\mathrm{s}$ となるので，4 秒後ということがわかる。速度は

$$v(4.0\,\mathrm{s}) = 8.0\,\mathrm{m} - (4.0\,\mathrm{m/s})(4.0\,\mathrm{s}) = -8.0\,\mathrm{m/s}$$

である。

2.1.2　等加速度直線運動 ―加速度から速度，位置を求める―

2.1.1 で質点の位置から速度，加速度が順に時間 t について微分することによって求められることがわかった。このことより加速度がわかっていれば，逆をたどる，すなわち時間 t について積分することによって質点の速度，位置を知ることができるはずである。

加速度 ⇄ 速度 ⇄ 位置（右向き：積分，左向き：微分）

加速度が一定値 a_0 という条件のもとで，ある時刻 t のときの速度，位置を求めてみよう。

$$a_0 = \frac{dv(t)}{dt}$$

であったから，速度 $v(t)$ を求めるために両辺を時間 t で積分しよう。

$$\int \frac{dv(t)}{dt}\,dt = \int a_0\,dt$$

$$\int dv(t) = \int a_0\,dt \tag{2.7}$$

これより

$$v(t) = a_0\,t + C \tag{2.8}$$

C は積分定数である。自然の現象を扱う物理では，積分定数はそのときの状態を正確に表すために大変重要な定数である。C を決定するために，$t = 0$ のときの速度 (初速度) $v(0) = v_0$ を用いる。この条件を**初期条件** (initial condition) と言い，運動を決定するために無くてはならない条件である。

式 (2.8) に，$t = 0$，$v(0) = v_0$ を代入すると，

$$v_0 = a_0 \times 0 + C, \quad C = v_0$$

と，C が決定される。これより速度は

$$v(t) = a_0 t + v_0 \tag{2.9}$$

と求められる。

位置 $x(t)$ を求めるためには，式 (2.3) の両辺を時間 t で積分すればよい。

$$\int \frac{dx(t)}{dt}\, dt = \int v(t)\, dt \tag{2.10}$$

$v(t)$ を式 (2.9) で置き換え，不定積分を実行する。

$$\int dx(t) = \int (a_0 t + v_0)\, dt \tag{2.11}$$

$$x(t) = \frac{1}{2} a_0 t^2 + v_0 t + C' \tag{2.12}$$

積分定数 C' を求めるために，初期条件 $t = 0$ のときの位置 $x(0) = x_0$ (初期位置) を用いる。式 (2.12) に初期条件を代入すると，

$$x_0 = \frac{1}{2} a_0 \times 0^2 + v_0 \times 0 + C', \qquad C' = x_0 \tag{2.13}$$

したがって

$$x(t) = \frac{1}{2} a_0 t^2 + v_0\, t + x_0 \tag{2.14}$$

として位置が求まる。

[例題 **2.3**] 質点の加速度から，速度，位置を求める

x 軸上を運動する質点がある。ある時刻 ($t = 0\,\mathrm{s}$) に原点 ($x = 0.0\,\mathrm{m}$) を x の正の方向に速度 $7.0\,\mathrm{m/s}$ で通過した。この質点には，常に x の負の方向に $a = -2.0\,\mathrm{m/s^2}$ の加速度がかかっている。質点が $x = 0.0\,\mathrm{m}$ を通過してから t 秒後の質点の速度，位置を求めよ。

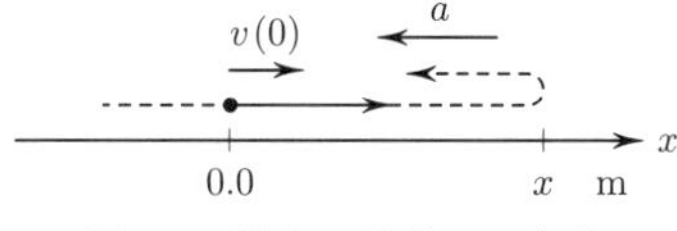

図 2.5　質点の運動のようす

[解]　加速度 a が $a = -2.0\,\mathrm{m/s^2}$ とわかっているから，式 (2.7) に加速度を代入すると，

$$\int dv = v = \int (-2.0)\, dt$$

$$v(t) = -2.0\, t + C$$

速度の初期条件，$v(0\,\mathrm{s}) = +7.0\,\mathrm{m/s}$ を利用して積分定数 C を求めると，

$$7.0\,\mathrm{m/s} = -2.0\,\mathrm{m/s^2} \times 0\,\mathrm{s} + C$$

より，$C = 7.0\,\mathrm{m/s}$ と求められる。

$$v(t) = -2.0\, t + 7.0$$

この例題 2.3 のように $x(t)$ や $v(t)$ は，それぞれ時間 t の関数であることが明らかなので単に x, v と表す場合がある。

位置 $x(t)$ を求めるには，式 (2.10), (2.12) の関係を利用して，

$$\int dx = x = \int (-2.0\,t + 7.0)\,dt$$

$$x(t) = -\frac{1}{2} \times 2.0\,t^2 + 7.0\,t + C'$$

位置の初期条件 $x(0\,\mathrm{s}) = 0.0\,\mathrm{m}$ を求められた $x(t)$ の式に代入すると，積分定数 C' が，$C' = 0.0\,\mathrm{m}$ と求められる。

$$x(t) = -1.0\,t^2 + 7.0\,t$$

このように任意の時刻での速度と位置が求まれば，たとえば質点が折り返す時刻と位置も知ることができる。質点が折り返す時速度はゼロとなるから，$v(t) = -2.0\,t + 7.0 = 0$ とすれば，$t = 3.5$ 秒のときに折り返し，そのときの位置は，

$$x(3.5\,\mathrm{s}) = -(1.0\,\mathrm{m/s^2})(3.5^2\,\mathrm{s^2}) + (7.0\,\mathrm{m/s})(3.5\,\mathrm{s}) = 12.25\,\mathrm{m}$$

$$\text{折り返す位置 } x = 12\,\mathrm{m}^*$$

と求めることができる。

*　測定して得た数値には必ず誤差を含み，意味のある桁数は限られている。この桁数を有効数字という。測定した物理量を組合わせて計算するときは，結果の数値の有効数字が何桁であるかに留意しなければならない。例題 2.3 の場合は，結果は $x = 12.25\,\mathrm{m}$ であるが，与えられた数値の有効数字が 2 桁なので 3 桁目を四捨五入して 12 m と答えるのが適当である。

[例題 2.4]　定積分によって速度，位置を求める

例題 2.3 は，与えられた加速度と，初期位置，初速度の条件から，任意の時刻の速度，位置を不定積分をすることによって求めている。同じ問題を時間 $t = 0$ から $t = t$ まで定積分をすることによって解き，例題 2.3 で得た答えと同じ答えが得られることを確かめよ。

[解]　例題 2.3 の解答では，加速度 $a = -2.0\,\mathrm{m/s^2}$ から速度を求めるとき，式 (2.7) の方針に沿って不定積分を実行した。ここでは，左辺の積分に初期条件として与えられている $v(0\,\mathrm{s}) = 7.0\,\mathrm{m/s}$ の値を，積分範囲の下限として定積分に変える。上限は任意の時刻 t での速度 $v(t)$ とする。すると，

$$\int_{7.0}^{v(t)} dv = \int_0^t (-2.0)\,dt$$

$$[v]_{7.0}^{v(t)} = [-2.0\,t]_0^t$$

これより，

$$v(t) - 7.0 = -2.0\,t + 0.0$$

$$v(t) = -2.0\,t + 7.0$$

として速度が求められる。

位置についても，位置の初期条件が $x(0\,\mathrm{s}) = 0.0\,\mathrm{m}$ なので，

$$\int_{0.0}^{x(t)} dx = \int_0^t (-2.0\,t + 7.0)\,dt$$

$$[x]_{0.0}^{x(t)} = \left[-2.0 \times \frac{1}{2}\,t^2 + 7.0\,t\right]_0^t$$

これより，

$$
\begin{aligned}
x(t) &= -2.0 \times \frac{1}{2} t^2 + 7.0\, t \\
&= -1.0\, t^2 + 7.0\, t
\end{aligned}
$$

となる。このように定積分によっても加速度から速度，位置が求められる。

2.2　2 次元，3 次元の運動の記述

2.2.1　位置ベクトルと，変位ベクトル

2 次元，3 次元の運動をする質点の位置 (たとえば図の点 P) を示すためには，ある基準点を原点 O とする 2 次元または 3 次元の座標の中で点 P を $\mathrm{P}(x, y)$ または $\mathrm{P}(x, y, z)$ と指定する。

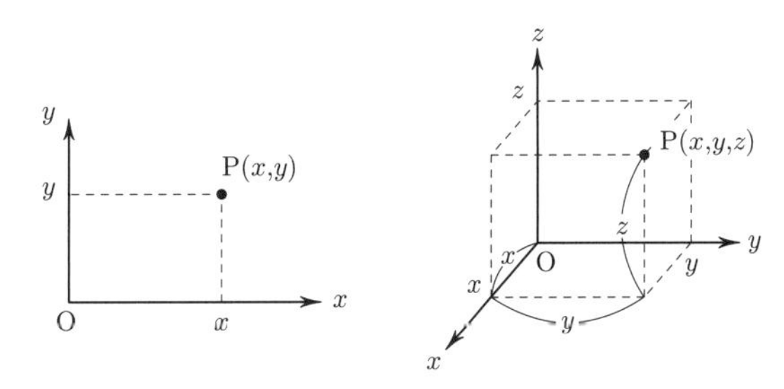

図 2.6　2 次元，3 次元の直交座標系の中で点 P の位置を表す。

座標点 P は，原点 O から点 P に向けたベクトル $\overrightarrow{\mathrm{OP}}$ によっても指定できる。このようなベクトルを**位置ベクトル** (position vector) という。

位置ベクトルを $\overrightarrow{\mathrm{OP}} = \boldsymbol{r}$ と書くことにしよう。

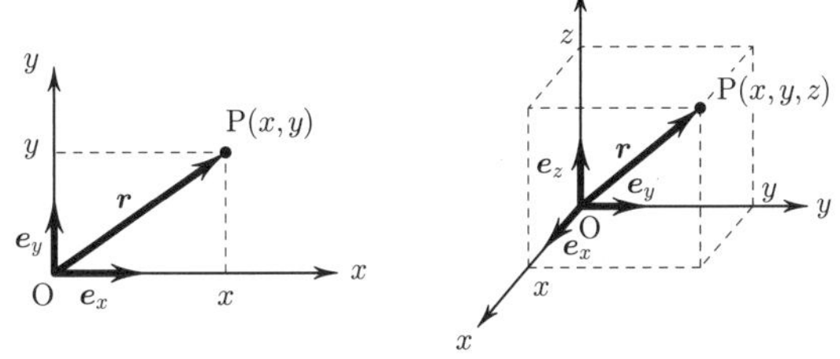

図 2.7　2 次元，3 次元の直交座標系の中で点 P の位置ベクトルを表す。位置ベクトルと座標とは同義であることがわかる。

長さが 1 のベクトルを一般に**単位ベクトル** (unit vector) と呼び，x 軸，y 軸，z 軸方向の単位ベクトルをそれぞれ $\boldsymbol{e}_x$，$\boldsymbol{e}_y$，$\boldsymbol{e}_z$ と表すことにする。すると，図 2.7 の場合，ベクトル $\boldsymbol{r}$ は，

$$
\boldsymbol{r} = x\boldsymbol{e}_x + y\boldsymbol{e}_y + z\boldsymbol{e}_z \tag{2.15}
$$

と表すことができる。x を位置ベクトル $\boldsymbol{r}$ の x 成分，y を y 成分，z を z 成分という。ベクトルは長さ (大きさ) と向きをもつが，式 (2.15) の x，y，z 各成分は向きをもたない大きさだけの量である。

ベクトル量とスカラー量については，付録「初等数学のまとめ」を参照。

以上のことから，位置ベクトル $\boldsymbol{r}$ と座標 (x, y, z) は同じであることがわかる。

変位ベクトル

注目している質点が点 $\mathrm{P}_1(x_1, y_1)$ から点 $\mathrm{P}_2(x_2, y_2)$ に移動した (図 2.8)。このとき，ベクトル $\overrightarrow{\mathrm{P}_1\mathrm{P}_2} = \Delta\boldsymbol{r}$ を**変位ベクトル** (displacement vector) という。

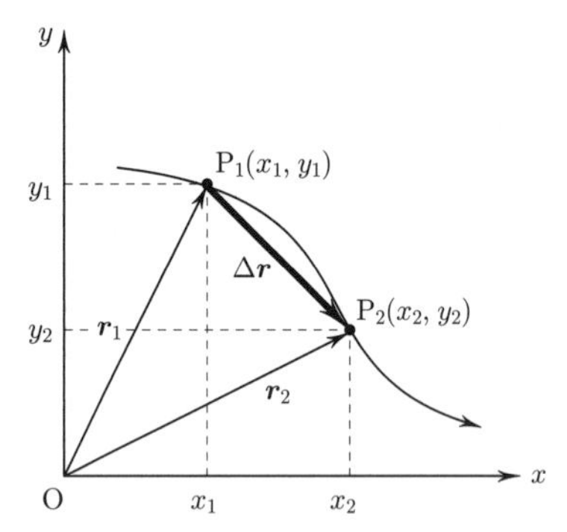

図 2.8　2 次元座標の中での変位ベクトル $\Delta\boldsymbol{r}$

$\boldsymbol{r}_1 = x_1\boldsymbol{e}_x + y_1\boldsymbol{e}_y$，$\boldsymbol{r}_2 = x_2\boldsymbol{e}_x + y_2\boldsymbol{e}_y$ と表すと，

$$\overrightarrow{\mathrm{P}_1\mathrm{P}_2} = \Delta\boldsymbol{r} = \boldsymbol{r_2} - \boldsymbol{r_1} = (x_2 - x_1)\boldsymbol{e}_x + (y_2 - y_1)\boldsymbol{e}_y$$

ここで，$(x_2 - x_1) = \Delta x$，$(y_2 - y_1) = \Delta y$ とすると，

$$\Delta\boldsymbol{r} = \Delta x\boldsymbol{e}_x + \Delta y\boldsymbol{e}_y$$

とも表される。移動距離 $|\Delta\boldsymbol{r}|$ は $\Delta\boldsymbol{r}$ の長さに相当し，Δr と表す。

$$|\Delta\boldsymbol{r}| = \Delta r = \sqrt{(\Delta x)^2 + (\Delta y)^2} = \sqrt{(x_2 - x_1)^2 + (y_2 - y_1)^2}$$

となる。この関係は 3 次元空間でも同じで，

$$\Delta\boldsymbol{r} = \Delta x\boldsymbol{e}_x + \Delta y\boldsymbol{e}_y + \Delta z\boldsymbol{e}_z \tag{2.16}$$

$$\begin{aligned} |\Delta\boldsymbol{r}| = \Delta r &= \sqrt{(\Delta x)^2 + (\Delta y)^2 + (\Delta z)^2} \\ &= \sqrt{(x_2 - x_1)^2 + (y_2 - y_1)^2 + (z_2 - z_1)^2} \end{aligned} \tag{2.17}$$

と表される。

[例題 2.5] 変位ベクトル

質点が $\mathrm{P}_1(-3, 8, -4)$ から $\mathrm{P}_2(9, 5, -4)$ へ移動した (座標の単位は m)。$\overrightarrow{\mathrm{OP}_1} = \boldsymbol{r}_1$，$\overrightarrow{\mathrm{OP}_2} = \boldsymbol{r}_2$ とする。

(a) 変位ベクトル $\Delta\boldsymbol{r}$ を単位ベクトルを使って表せ。

(b) 移動距離 $|\Delta\boldsymbol{r}|$ はどれだけか。

(c) 3 つの座標平面，xy 平面，yz 平面，zx 平面で，変位ベクトル $\Delta\boldsymbol{r}$ を含む面があるか？　もしあるとしたらどの平面か。

[解]

(a) $\Delta\boldsymbol{r} = \boldsymbol{r}_2 - \boldsymbol{r}_1$

$$
\begin{aligned}
&= ((9-(-3))\,\mathrm{m})\boldsymbol{e}_x + ((5-8)\,\mathrm{m})\boldsymbol{e}_y + ((-4-(-4))\,\mathrm{m})\boldsymbol{e}_z \\
&= (12\,\mathrm{m})\boldsymbol{e}_x - (3\,\mathrm{m})\boldsymbol{e}_y + (0\,\mathrm{m})\boldsymbol{e}_z \\
&= (12\,\mathrm{m})\boldsymbol{e}_x - (3\,\mathrm{m})\boldsymbol{e}_y
\end{aligned}
$$

(b) $|\Delta\boldsymbol{r}| = \Delta r = \sqrt{(12\,\mathrm{m})^2 + (-3\,\mathrm{m})^2} = 3\sqrt{17}\,\mathrm{m}$

(c) $\Delta\boldsymbol{r}$ を含む面がある。(a) の結果をみると，$\Delta z = 0$ となっている。z 座標が変わっていないということは，図 2.7 を見てわかるように，ベクトル $\Delta\boldsymbol{r}$ は xy 平面内にある。

2.2.2　2次元，3次元の運動の速度，加速度

2.2.1 で，位置も変位もベクトルで表されることを学んだ。速度も大きさと向きをもつのでベクトルで表さなければならない。同様に加速度も大きさと向きをもつベクトル量である。

(1)　速度ベクトル

質点が時間 Δt の間に，変位 $\Delta\boldsymbol{r}$ だけ動いたとすると，平均速度 $\boldsymbol{v}_{\text{平均}}$ は，

$$
\boldsymbol{v}_{\text{平均}} = \frac{\Delta\boldsymbol{r}}{\Delta t} \tag{2.18}
$$

と表される。$\boldsymbol{v}_{\text{平均}}$ の向きは $\Delta\boldsymbol{r}$ の向きと一致する。さらに単位ベクトルを使って表すと

$$
\boldsymbol{v}_{\text{平均}} = \frac{\Delta x\,\boldsymbol{e_x} + \Delta y\,\boldsymbol{e_y} + \Delta z\,\boldsymbol{e_z}}{\Delta t} = \frac{\Delta x}{\Delta t}\boldsymbol{e}_x + \frac{\Delta y}{\Delta t}\boldsymbol{e}_y + \frac{\Delta z}{\Delta t}\boldsymbol{e}_z
$$

式 (2.3) と同様，Δt を限りなく 0 に近づけると，位置 $\boldsymbol{r}$ での瞬間速度 (速度) として，

$$
\boldsymbol{v} = \lim_{\Delta t \to 0} \frac{\Delta\boldsymbol{r}}{\Delta t} = \frac{d\boldsymbol{r}}{dt} \tag{2.19}
$$

と表される。また，$\displaystyle\lim_{\Delta t \to 0} \frac{\Delta x}{\Delta t} = \frac{dx}{dt}$ とすることができるので速度ベクトルは

$$
\begin{aligned}
\boldsymbol{v} &= \frac{d}{dt}(x\boldsymbol{e}_x + y\boldsymbol{e}_y + z\boldsymbol{e}_z) = \frac{dx}{dt}\boldsymbol{e}_x + \frac{dy}{dt}\boldsymbol{e}_y + \frac{dz}{dt}\boldsymbol{e}_z \\
&= v_x\boldsymbol{e}_x + v_y\boldsymbol{e}_y + v_z\boldsymbol{e}_z
\end{aligned} \tag{2.20}
$$

とも表すことができる。$\dfrac{dx}{dt}$, v_x はともに速度 $\boldsymbol{v}$ の x 成分である。

$$
v_x = \frac{dx}{dt}, \qquad v_y = \frac{dy}{dt}, \qquad v_z = \frac{dz}{dt} \tag{2.21}
$$

速度の大きさは，

$$
|\boldsymbol{v}| = v = \sqrt{v_x^2 + v_y^2 + v_z^2} \tag{2.22}
$$

となる。式 (2.19) をみると，速度ベクトルは位置ベクトルを時間で微分して求められることがわかるが，具体的な計算は位置ベクトルの各成分 (成分は 1 次元の量なので扱いやすい) を微分することで速度の各成分を求めるという手段をとる。

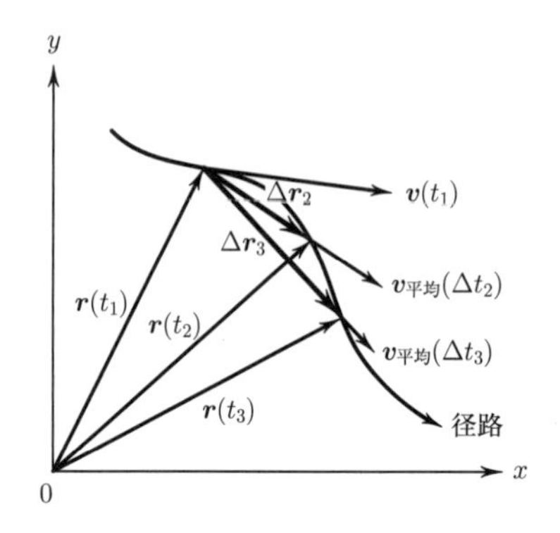

図 2.9　$t_3 - t_1 = \Delta t_3$ としたときの平均速度

$$\boldsymbol{v}_{平均}(\Delta t_3) = \frac{\boldsymbol{r}(t_3) - \boldsymbol{r}(t_1)}{t_3 - t_1} = \frac{\Delta \boldsymbol{r}_3}{\Delta t_3}$$

$t_2 - t_1 = \Delta t_2$ としたときの平均速度

$$\boldsymbol{v}_{平均}(\Delta t_2) = \frac{\boldsymbol{r}(t_2) - \boldsymbol{r}(t_1)}{t_2 - t_1} = \frac{\Delta \boldsymbol{r}_2}{\Delta t_2}$$

平均の速度は $\Delta \boldsymbol{r}$ の方向を向く。$\Delta t \to 0$ の極限をとると，$t = t_1$ のときの瞬間速度 $\boldsymbol{v}(t_1)$ となる。図のように，$\boldsymbol{v}(t_1)$ の方向は径路の接線方向を向くことがわかる。

$\boldsymbol{v}$ は，常に質点の径路 (または軌跡 (trajectory)) の接線方向を向いている (図 2.9)。

(2)　加速度ベクトル

質点の速度が Δt の間に $\boldsymbol{v}_1$ から $\boldsymbol{v}_2$ に変化するとき平均加速度 $\boldsymbol{a}_{平均}$ は，

$$\boldsymbol{a}_{平均} = \frac{\boldsymbol{v}_2 - \boldsymbol{v}_1}{\Delta t} = \frac{\Delta \boldsymbol{v}}{\Delta t} \tag{2.23}$$

Δt を限りなく 0 に近づけると，瞬間加速度 (加速度) として，

$$\boldsymbol{a} = \lim_{\Delta t \to 0} \frac{\Delta \boldsymbol{v}}{\Delta t} = \frac{d\boldsymbol{v}}{dt} \tag{2.24}$$

$$\begin{aligned}\boldsymbol{a} &= \frac{d}{dt}(v_x \boldsymbol{e}_x + v_y \boldsymbol{e}_y + v_z \boldsymbol{e}_z) = \frac{dv_x}{dt}\boldsymbol{e}_x + \frac{dv_y}{dt}\boldsymbol{e}_y + \frac{dv_z}{dt}\boldsymbol{e}_z \\ &= a_x \boldsymbol{e}_x + a_y \boldsymbol{e}_y + a_z \boldsymbol{e}_z\end{aligned} \tag{2.25}$$

加速度 $\boldsymbol{a}$ の成分は，

$$a_x = \frac{dv_x}{dt} = \frac{d^2x}{dt^2}, \quad a_y = \frac{dv_y}{dt} = \frac{d^2y}{dt^2}, \quad a_z = \frac{dv_z}{dt} = \frac{d^2z}{dt^2} \tag{2.26}$$

加速度の大きさは，

$$|\boldsymbol{a}| = a = \sqrt{a_x^2 + a_y^2 + a_z^2} \tag{2.27}$$

と表される。

[例題 2.6]　2 次元での位置から速度を求める

質点の位置 $\boldsymbol{r} = x\boldsymbol{e}_x + y\boldsymbol{e}_y$ が時間とともに $x = 4.0\,t$, $y = -1.6\,t^2 + 2.0\,t + 0.6$ と変化している。t の単位は秒，x, y の単位は m である。

(a) 速度の x 成分，y 成分を表せ。

(b) $t = 3.0$ 秒のときの速度ベクトルを表せ。

(c) このときの速度の大きさ v を表せ。

(d) このときの v の向きは x 軸に対してどのような向きか？

[解]

(a) 速度の x 成分は，$v_x = \dfrac{dx}{dt}$ であるから，$v_x = \dfrac{d}{dt}(4.0\,t) = 4.0\,\mathrm{m/s}$

同様に y 成分は，$v_y = \dfrac{dy}{dt} = -2 \times 1.6\,t + 2.0 = -3.2\,t + 2.0$

(b) $v_x(3.0\,\mathrm{s}) = 4.0\,\mathrm{m/s}$ (等速度)

$v_y(3.0\,\mathrm{s}) = -(3.2\,\mathrm{m/s^2})(3.0\,\mathrm{s}) + 2.0\,\mathrm{m/s} = -7.6\,\mathrm{m/s}$

これより，

$\boldsymbol{v} = (4.0\,\mathrm{m/s})\boldsymbol{e}_x - (7.6\,\mathrm{m/s})\boldsymbol{e}_y$

(c) $v = |\boldsymbol{v}| = \sqrt{v_x^2 + v_y^2}$ より，$v = \sqrt{(4.0\,\mathrm{m/s})^2 + (7.6\,\mathrm{m/s})^2} = 8.6\,\mathrm{m/s}$

(d) 速度ベクトルは，x 軸からの向きを θ とすると，$\tan\theta = -\dfrac{7.6\,\mathrm{m}}{4.0\,\mathrm{m}}$ となる向きであるが，$\theta = \tan^{-1}\left(-\dfrac{7.6\,\mathrm{m}}{4.0\,\mathrm{m}}\right) = -0.48\,\mathrm{rad}\ (= -27.8^\circ)$ として求められる。

この質点の運動の径路は，問題に与えられている位置 x, y の 2 式より共通のパラメーターである時間 t を消去すると知ることができる。

以下に，質点の運動の径路を求め，$t = 3.0$ 秒での位置を示し，その点での速度ベクトルを表してみよう。

$x = 4.0\,t$ より，$t = 0.25\,x$，この関係を $y = -1.6\,t^2 + 2.0\,t + 0.6$ に代入すると，

$$y = -0.1x^2 + 0.5x + 0.6$$

この式は，xy 平面内での質点の運動径路を表す式となっている。

時刻 $t = 3.0$ 秒での位置は，

$x = 4.0\,t$ より $x = (4.0\,\mathrm{m/s})(3.0\,\mathrm{s}) = 12.0\,\mathrm{m}$

$y = -1.6\,t^2 + 2.0\,t + 0.6$ より

$y = -(1.6\,\mathrm{m/s^2})(3.0^2\,t^2) + (2.0\,\mathrm{m/s})(3.0\,\mathrm{s}) + 0.6\,\mathrm{m} = -7.8\,\mathrm{m}$

と求められる。図 2.10(a) に径路と，$t = 3.0$ 秒での位置，速度ベクトルを示す。

[例題 **2.7**] **2** 次元での速度から，加速度を求める

(a) 例題 2.6 と同じ運動で，加速度の各成分，a_x, a_y を求めよ。

(b) $t = 3.0$ 秒のときの加速度ベクトル $\boldsymbol{a}$ を単位ベクトルを用いて表せ。

(c) このとき加速度の向きは，x 軸に対してどの方向か？

[解]

(a) $a_x = \dfrac{dv_x}{dt}$ より，例題 2.6 の結果を見ると，$v_x = 4.0\,\mathrm{m/s}$ で等速度であったから，$a_x = \dfrac{dv_x}{dt} = 0\,\mathrm{m/s^2}$

a_y についても同様に，$v_y = -3.2\,t + 2.0$ であったから，

$$a_y = \frac{dv_y}{dt} = -3.2\,\mathrm{m/s^2}$$

となる。

(b) (a) より，$\boldsymbol{a} = (-3.2\,\mathrm{m/s^2})\boldsymbol{e}_y$

(c) 加速度ベクトルは x 成分はもたず，y 成分のみ y 軸負の向きをもつから，x 軸から見て $-90°$ $(-\pi/2\,\mathrm{rad})$ となる (図 2.10(b) に $t = 3.0$ 秒での加速度ベクトルを示す)。

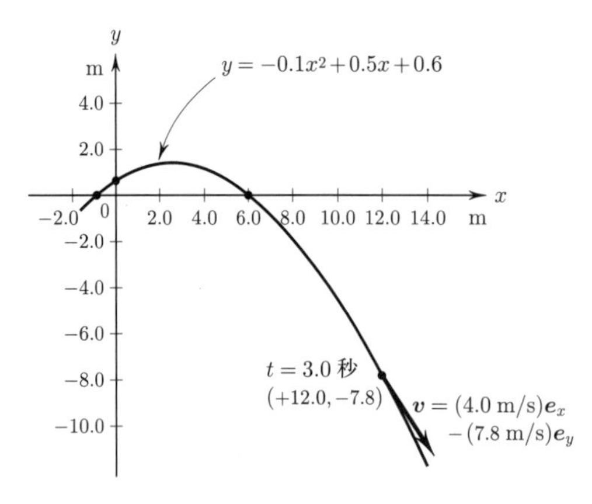

(a) 質点の径路および $t = 3.0$ 秒での位置と速度ベクトル

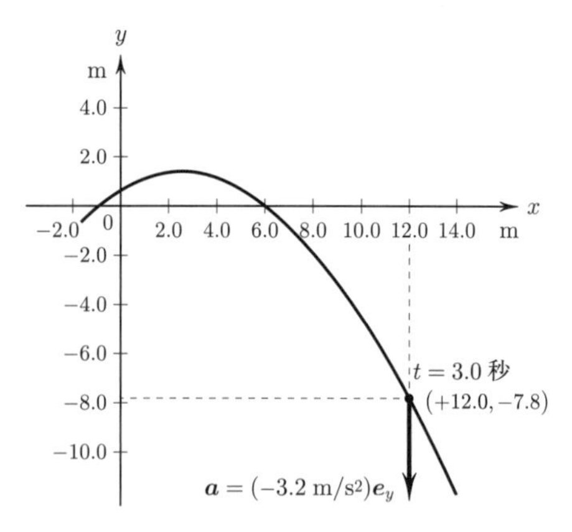

(b) 質点の径路と $t = 3.0$ 秒での加速度ベクトル

図 2.10

2.2.3　加速度，速度，位置の関係

2.2.1，2.2.2 項から，質点の位置ベクトルから速度ベクトル，加速度ベクトルを知る方法がわかった。この節では加速度ベクトルから，速度ベクトル，位置ベクトルを知る方法を考えよう。位置から速度，加速度を順次時間で微分して求められたのだから，加速度から速度，位置を求めるには順次時間で積分すればよい。

加速度ベクトル $\boldsymbol{a} = a_x\boldsymbol{e}_x + a_y\boldsymbol{e}_y + a_z\boldsymbol{e}_z$ がわかっているとき，$\dfrac{d\boldsymbol{v}}{dt} = \boldsymbol{a}$ であるから，両辺を時間 t で積分すると，

$$
\begin{aligned}
\int \frac{d\boldsymbol{v}}{dt}\,dt &= \int \boldsymbol{a}\,dt \\
\int d\boldsymbol{v} &= \int \boldsymbol{a}\,dt \\
\boldsymbol{v} &= \int \boldsymbol{a}\,dt
\end{aligned}
\tag{2.28}
$$

のように，速度ベクトルが求められそうだ。ベクトル $\boldsymbol{a}$ の積分は x, y, z 成分に分けて実行しよう。

$$
\begin{aligned}
\boldsymbol{v} &= \int (a_x\boldsymbol{e}_x + a_y\boldsymbol{e}_y + a_z\boldsymbol{e}_z)\,dt \\
&= \left(\int a_x\,dt\right)\boldsymbol{e}_x + \left(\int a_y\,dt\right)\boldsymbol{e}_y + \left(\int a_z\,dt\right)\boldsymbol{e}_z \\
&= v_x\boldsymbol{e}_x + v_y\boldsymbol{e}_y + v_z\boldsymbol{e}_z
\end{aligned}
\tag{2.29}
$$

$$v_x = \int a_x\,dt, \quad v_y = \int a_y\,dt, \quad v_z = \int a_z\,dt \tag{2.30}$$

これらの積分は 2.1.2 に示した積分と同じである。この積分は不定積分なので積分定数がつき，運動の初期条件を用いて積分定数を決定する。

位置ベクトルを求める手順についても同様である。$\dfrac{d\boldsymbol{r}}{dt} = \boldsymbol{v}$ であったから，両辺を時間で積分すると

$$\boldsymbol{r} = \int \boldsymbol{v}dt$$

$$\boldsymbol{r} = \int v_x\,dt \cdot \boldsymbol{e}_x + \int v_y\,dt \cdot \boldsymbol{e}_y + \int v_z\,dt \cdot \boldsymbol{e}_z = x\boldsymbol{e}_x + y\boldsymbol{e}_y + z\boldsymbol{e}_z \tag{2.31}$$

$$x = \int v_x\,dt, \quad y = \int v_y\,dt, \quad z = \int v_z\,dt \tag{2.32}$$

となり，位置ベクトルの各成分を知ることができる。積分を実行してついてくる積分定数は位置の初期条件を用いて値を決定する。

次に例題で計算の一例を示そう。

[例題 2.8]　加速度がわかっている質点の 2 次元の運動の解析

粒子が，時刻 $t = 0$ で原点 (0,0) を速度 $\boldsymbol{v}_0 = (4.0\,\mathrm{m/s})\boldsymbol{e}_x$ で通過し，一定の加速度 $\boldsymbol{a} = (-2.0\,\mathrm{m/s^2})\boldsymbol{e}_x + (0.8\,\mathrm{m/s^2})\boldsymbol{e}_y$ で運動している。粒子の x 方向の位置が最大となるときの

(a) 速度ベクトルを求めよ。

(b) 位置ベクトルを求めよ。

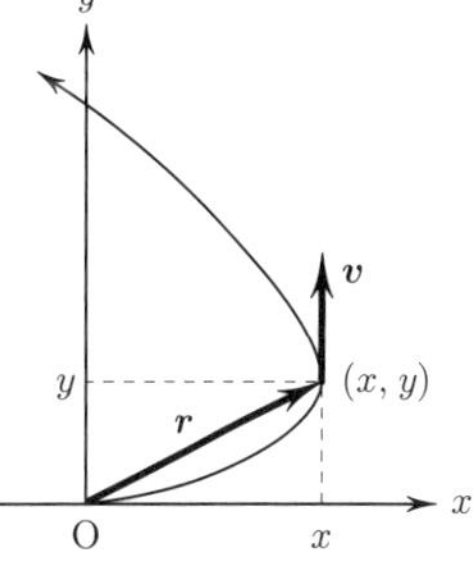

図 2.11　質点の運動のようす。運動の折り返し点での位置ベクトルと速度ベクトルを示している。

[解]　問題を解く前に，粒子がどのような運動をするかざっと予想してみよう。粒子ははじめ x 軸正の方向に飛び出すが加速度の x 成分が x 軸の負の方向なので間もなくある点で x 軸の負の方向に折り返す。また $+y$ 方向には加速され続けている。

粒子の x 方向の位置が最大になる点はその折り返し点であり，このとき速度の x 成分はゼロとなっている (図 2.11)。

(a) 加速度が与えられているので，速度ベクトルの x, y 各成分が求められる。

$$v_x = \int a_x\,dt = \int (-2.0)\,dt = -2.0\,t + C$$

x 方向には，時刻 $t = 0$ 秒のときの速度 $v_0 = 4.0\,\mathrm{m/s}$ が与えられているので，これより積分定数 C は，$C = 4.0\,\mathrm{m/s}$ と決まる。したがって

$$v_x = -2.0\,t + 4.0$$

同様に v_y についても，

$$v_y = \int a_y\,dt = \int 0.8\,dt = 0.8t + C'$$

$t = 0$ 秒のときの y 方向の速度成分は $0\,\mathrm{m/s}$ なので，この条件より $C' =$

0 m/s となる。したがって

$$v_y = 0.8\,t\,\mathrm{m/s}$$

上に述べたように，x 方向での折り返し点では $v_x = 0\,\mathrm{m/s}$ であるから，$0 = -2.0\,t + 4.0$ とおくと，$t = 2.0$ 秒後に折り返すことがわかる。このときの y 方向の速度成分は，$v_y = (0.8\,\mathrm{m/s^2})(2.0\,\mathrm{s}) = 1.6\,\mathrm{m/s}$ となる。

$$\therefore \quad \boldsymbol{v} = (1.6\,\mathrm{m/s})\boldsymbol{e}_y$$

(b) (a) で求めた v_x, v_y より，まず位置 x, y を求める。

$$x = \int v_x\,dt = \int (-2.0\,t + 4.0)\,dt = -1.0\,t^2 + 4.0\,t + C''$$

$t = 0$ 秒のとき $x = 0\,\mathrm{m}$ であったから，$C'' = 0\,\mathrm{m}$ である。したがって

$$x = -1.0\,t^2 + 4.0\,t$$

$$y = \int v_y\,dt = \int 0.8\,t\,dt = 0.4\,t^2 + C'''$$

$t = 0$ 秒のとき $y = 0\,\mathrm{m}$ であったから，$C''' = 0\,\mathrm{m}$ となり，

$$y = 0.4\,t^2$$

これらの x, y の式に $t = 2.0$ 秒を代入すると，

$$x = -(1.0\,\mathrm{m/s^2})(2.0^2\,\mathrm{s^2}) + (4.0\,\mathrm{m/s})(2.0\,\mathrm{s}) = 4.0\,\mathrm{m}$$

$$y = (0.4\,\mathrm{m/s^2})(2.0^2\,\mathrm{s^2}) = 1.6\,\mathrm{m}$$

$$\therefore \quad \boldsymbol{r} = (4.0\,\mathrm{m})\boldsymbol{e}_x + (1.6\,\mathrm{m})\boldsymbol{e}_y$$

2.3　ニュートンの運動の法則

2.3.1　ニュートンの運動の 3 法則

物体 (質点) の速度の大きさや向きが変化するのはどのようなときだろうか？アイザック・ニュートン (Issac Newton 1642–1727) は物体の速度を変化させる，すなわち加速度が生じるのは，物体に力 (force) が作用したときであることに気付き，力とその力が引き起こす加速度との関係を明らかにした。

第 1 法則：質点に作用する力がなければ，その質点の速度は変化しない。

質点が静止していれば静止し続け，運動していれば等速度で運動し続ける。この法則は**慣性の法則** (law of inertia) とも呼ばれる。一見するとこの法則は，我々の日常経験する現象とは食い違っているように見える。我々の経験では，地表の多くの物体は永遠に等速度運動を続けるということはなく，次第に運動は停止する。しかしこのような運動の変化は，実は空気の抵抗力や何かしらの摩擦力がはたらくためなのだ。オリンピックのカーリング競技で氷上を滑る石を思い出そう。氷と石との間の摩擦力をもし限りなく小さくしていったら……石は等速度運動を続けそうだ。このように，一見事実と反するようなことから真理を抽出するためには，ガリレオやニュートンの天才的な思考の飛躍が必要

物体に作用する力が何種類あっても，それらの力のベクトル和がゼロ，$\sum_i \boldsymbol{F}_i = 0$ であれば第 1 法則が成り立つ。

であった (第 1 章参照)。

では，質点に力が加わるとどのように運動が変わるのか？　力と加速度の関係は次の第 2 法則に表されている。

> 第 2 法則：速度の変化すなわち加速度は作用する力の大きさに比例し，その力が作用する方向に生じる。

加速度を $\boldsymbol{a}$，力を $\boldsymbol{F}$ と表すと，第 2 法則の比例関係は，

$$\boldsymbol{a} = \frac{1}{m}\boldsymbol{F} \tag{2.33}$$

と表される。$\dfrac{1}{m}$ は比例係数である。この係数の中の m を**慣性質量** (inertial mass) という。同じ力を作用させても慣性質量が大きければ速度の変化は小さくなる。慣性質量は「加速度のつきにくさ」を表す比例定数であるともいえる。式 (2.33) は，

$$m\boldsymbol{a} = \boldsymbol{F} \tag{2.34}$$

とも書かれ，これを**運動方程式** (equation of motion) という。

質点に作用する力は何種類あってもかまわない。それらの力のベクトル総和

$$\boldsymbol{F} - \sum_i \boldsymbol{F}_i \tag{2.35}$$

を考えればよい。式 (2.35) の力の総和を**合力** (resultant force) という。2.1.2 で学習したように，$\boldsymbol{a} = \dfrac{d\boldsymbol{v}}{dt} = \dfrac{d^2\boldsymbol{r}}{dt^2}$ と表されるので，運動方程式は

$$m\frac{d\boldsymbol{v}}{dt} = \boldsymbol{F} \tag{2.36}$$

$$m\frac{d^2\boldsymbol{r}}{dt^2} = \boldsymbol{F} \tag{2.37}$$

とも表される。

ニュートンは，物体の (質量 × 速度) を運動の量と定義した。運動の「勢い」を表す量といってもよい。この量を**運動量** (momentum) と呼び，$\boldsymbol{p}$ で表す。

$$\boldsymbol{p} = m\boldsymbol{v} = m\frac{d\boldsymbol{r}}{dt} \tag{2.38}$$

この運動量 $\boldsymbol{p}$ を用いると，運動方程式 (2.36) は

$$m\frac{d\boldsymbol{v}}{dt} = \frac{d(m\boldsymbol{v})}{dt} = \frac{d\boldsymbol{p}}{dt} = \boldsymbol{F}$$

より，

$$\frac{d\boldsymbol{p}}{dt} = \boldsymbol{F} \tag{2.39}$$

となる。最初にニュートンが示した運動方程式は式 (2.39) の形であった。

二つの物体 (質点) が互いに押し合ったり引き合ったりしているとき力は互いに作用し合っている。これを**相互作用** (interaction) という。このときの力の対についての特徴をニュートンは**作用・反作用の法則** (law of action and reaction) としてまとめた。

第 3 法則：物体 1 が物体 2 にある力を作用させた場合，常に物体 2 はそれと同じ大きさで逆方向の力を物体 1 に作用させる。

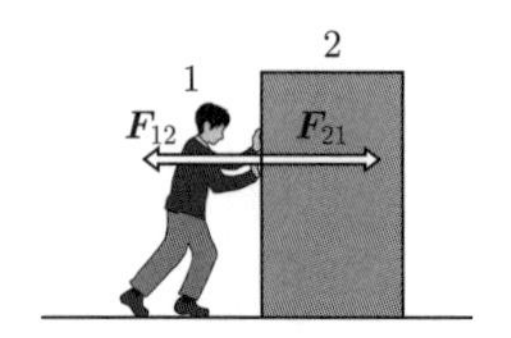

図 2.12　作用・反作用の関係。厚い動かない壁 (2) を人 (1) が押しているとき人から壁が受ける力 $\boldsymbol{F}_{21}$ と壁から人が受ける力 $\boldsymbol{F}_{12}$ には

$$\boldsymbol{F}_{12} = -\boldsymbol{F}_{21}$$

の関係がある。

たとえば，図 2.12 のように厚い動かない壁 (2) を人 (1) が押しているとき，壁が人から受ける力 $\boldsymbol{F}_{21}$ と人が壁から押し返される力 $\boldsymbol{F}_{12}$ には

$$\boldsymbol{F}_{12} = -\boldsymbol{F}_{21} \tag{2.40}$$

の関係がある。

2.3.2　座標系について

どのような座標系の中でこのような運動の法則が成り立つのだろうか。

我々はここで第 1 法則 (慣性の法則) が成り立つような座標系を考えよう。この座標系を**慣性系** (inertial frame) という。運動の法則はこの慣性系のなかで成り立っている。慣性系とはどこからも全く力が及ばず，絶対的に静止していると考えられる仮想的な系であるが，また，その慣性系に対して等速度運動をしている座標系もやはり慣性系である。二つの座標系は区別できない。たとえば列車が等速度運動で走っているとき，列車が進んでいるか，あるいは止まっているかは，列車の中の人には力学的手段では知ることはできない。これを**ガリレイの相対性原理** (principle of relativity) という。

それでは慣性系でない座標系はあるのだろうか？　たとえば，列車が急に動き出す (加速される) と，中の人や物はあたかも力がはたらいたかのように感じたり運動することは経験していると思う。このように加速度運動をしている座標系の中ではどこからも力がはたらいていなくても運動の状態が変わる。このような座標系を**非慣性系** (non-inertial frame) といい第 9 章で取り上げる。

2.3.3　慣性質量と重力質量

我々は物体の「重さ」については経験的によく知っている。これは重力の大きさ ($= mg$) であって，この m のことを**重力質量** (gravitational mass) という。同一地点で比べて**国際 kg 原器*** (international prototype kilogram) と等しい重力を受ける物体の重力質量は 1 kg である。一方，慣性質量とは，加速度の生じにくさを表す量であって，いわゆる物の重さを表す重力質量とは全く違う概念である。しかし，両者が厳密に比例していることが多くの実験から証明された。さらにアインシュタインはこの事実が理論的基礎をもつことを示した。このように慣性質量と重力質量は比例することから重力質量＝慣性質量と決めても問題ない。以下本書では，両者を区別せずに等しく**質量**とよぶことにする。

*　詳しくは 2.3.4 参照

2.3.4 単位系と次元について

単 位 系

物理学は測定を基礎としている。さまざまな物理量 (長さ，時間，質量，温度，圧力，電流等) の測定をするときは，その量固有の単位 (unit) を用いて標準値と比較する。

1971 年，**SI 単位系** (Systéme International d'unités) の基礎となる 7 つの物理量が基本量として選ばれ，単位と標準値が決められた。その中で力学で使う基本量は，**長さ**，**質量**，**時間**の 3 つであり，それらの単位は表 2.1 に示すように決められている。

表 2.1 力学で使う基本単位

物理量	単位名	単位記号
長さ	メートル	m
時間	秒	s
質量	キログラム	kg

1 m とは，真空中で光が 1/299,792,458 秒間に進む距離。
1 秒とは，絶対 0 度で静止したセシウム 133 から放射される特定の電磁波の周期の 9,192,631,770 倍に等しい時間。

1 m の由来
地球の子午線の長さ (距離) を 4 万 km と決めた (1795 年ころ) ことから始まった。

として定義されている。

1 秒の由来
一日の長さ (平均太陽日) を 24 時間とし，1 時間の 1/3600 を 1 秒とした。

質量については，国際 kg 原器の質量を 1 kg とする。国際 kg 原器は Pt と Ir の合金製の金属塊で，フランスの国際度量衡局に保管されている。

1 kg の由来
最大密度温度での水 1 ℓ の質量から始まった。

力学における物理量の単位は，これら 3 つの基本量の単位の組み合わせによって全て組み立てられる。たとえば，加速度の単位は $\mathrm{m/s^2}$，質量の単位は kg であるから，力の単位は $\mathrm{kg \cdot m/s^2}$ となる。この組立てた単位をニュートンと呼び，N と表す。1 N の力とは約 100 g (0.1 kg) のみかん 1 個にはたらく重力程度の力である。各物理量の単位については，その都度述べる。

次 元

力学では，長さ，時間，質量の基本量の組み合わせで力学的諸量を表すことができることがわかった。たとえば速さ v は (長さ) ÷ (時間) であるが，これを (長さ) · (時間)$^{-1}$ の**次元** (dimension) をもつという。長さを L，時間を T，質量を M とし，次元を [ ] を用いて表すと，$[v] = [\mathrm{LT^{-1}}]$ となる。この式を次元式という。一般に物理量 A の次元式は，$[A] = [\mathrm{L}^\alpha \mathrm{M}^\beta \mathrm{T}^\gamma]$ で表される。

力学の計算をする際には，次の点に留意しなければならない。

* 和や差をとる各項の次元は皆同じでなければならない。異次元の量の和や差はとれない。
* 等式の右辺と左辺は同じ次元でなければならない。
* 三角関数や指数関数（exp），対数関数（log）などの関数に入る変数（引数）は無次元の量を入れなければならない*1。

*1　三角関数の引数には角度を用いるが，一周した角度を 360° とする単位は全く便宜上決められたものである。科学計算では角度の表し方として弧度法を用いる。弧度法とは，半径 1 の円を考え，ある円弧の長さに対する中心角をその円弧の長さで表す。単位は rad（ラジアン）。したがって $360° = 2\pi\,\mathrm{rad}$ である。この角度は，弧の長さ ÷ 半径なので無次元である。単位 rad は書かなくてもよい。

[例題 2.9]　次元の確認

2 物体間にはたらく万有引力の大きさは，$F = G\dfrac{Mm}{r^2}$ と表される。M, m は物体の質量，r は 2 物体間の距離，G は万有引力定数である。G はどのような次元をもっているか？

[解]　左辺の F の次元は，$F = ma$ より，$[F] = [\mathrm{ML/T^2}]$，右辺も同じ次元にならなければならないので，$[\mathrm{ML/T^2}] = [G][\mathrm{M^2/L^2}]$ これより G の次元は，

$$[G] = [\mathrm{ML/T^2}] \div [\mathrm{M^2/L^2}] = [\mathrm{L^3/T^2M}] = [\mathrm{L^3T^{-2}M^{-1}}]$$

2.3.5　力について

式 (2.34) から式 (2.37) までを眺めると，結局物体に作用する力 $\boldsymbol{F}$ がわかれば運動が決定できることがわかる。物体に作用する力は，いろいろな種類がありそうで複雑に思えるが，実際には力学で現れる力は次に示すような基本的な力に整理され，これらの力を考えれば十分である。

(1)　万有引力

質量をもつ 2 つの物体の間には，それぞれの物体の質量が m_1, m_2 のとき，次のような引力がはたらくことが知られている (**ニュートンの万有引力の法則** (law of universal gravitation))。

たとえば，図 2.13 に示すように，質量 m_2 の質点 2 が質量 m_1 の質点 1 から受ける万有引力 $\boldsymbol{F}_{21}$ は，

$$\boldsymbol{F}_{21} = -G\frac{m_1 \cdot m_2}{r^2}\frac{\boldsymbol{r}_{21}}{r} \qquad (\boldsymbol{r}_{21} = \boldsymbol{r}_2 - \boldsymbol{r}_1) \tag{2.41}$$

質点 1 が質点 2 から受ける万有引力 $\boldsymbol{F}_{12}$ は，

$$\boldsymbol{F}_{12} = -G\frac{m_1 \cdot m_2}{r^2}\frac{\boldsymbol{r}_{12}}{r} \tag{2.42}$$

と表される*2。ただし r は 2 質点間の距離で，$r = |\boldsymbol{r}_{12}| = |\boldsymbol{r}_{21}|$ である。

質点 1 が質点 2 から受ける万有引力 $\boldsymbol{F}_{12}$ は，$\boldsymbol{F}_{21}$ と逆向きで同じ大きさであり作用・反作用の法則によって，$\boldsymbol{F}_{12} = -\boldsymbol{F}_{21}$ となっている。

ここで，比例定数 G は**万有引力定数** (gravitational constant) とよばれ，

$$G = 6.67 \times 10^{-11}\ \mathrm{m^3/kg \cdot s^2}$$

*2　式 (2.41)，(2.42)，(2.43) では，力 $\boldsymbol{F}$ がベクトルであることを示すために，右辺に $\dfrac{\boldsymbol{r}}{r}$ というベクトルを掛ける。$\left|\dfrac{\boldsymbol{r}}{r}\right| = 1$ なので $\dfrac{\boldsymbol{r}}{r}$ は単位ベクトルである。
　力の大きさだけが問題のときは，この項はつけなくてよい。

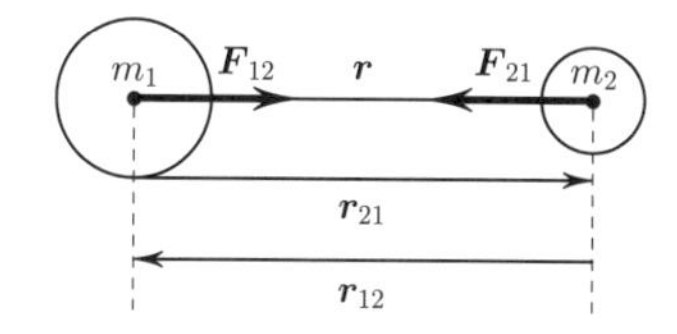

図 2.13 m_1, m_2 の質量をもつ質点間にはたらく万有引力

である。

第 3 章で述べるが，**重力** (gravitational force) は地球と地球上の物体との間にはたらく万有引力である。

(2) クーロン力

静止している 2 電荷 q_1, q_2 の間には，**クーロンの法則** (Coulomb's law) で表される力がはたらく。

クーロン力は万有引力と同様の形で表される。たとえば図 2.14 に示すように，真空中で電荷 q_2 が q_1 から受けるクーロン力 $\boldsymbol{F}_{21}$ は，

$$\boldsymbol{F}_{21} = k\frac{q_1 q_2}{r^2} \cdot \frac{\boldsymbol{r}_{21}}{r} \tag{2.43}$$

k は比例定数で $k = \dfrac{1}{4\pi\varepsilon_0}$ と表される。ε_0 は真空の誘電率で，$\varepsilon_0 = 8.85 \times 10^{-12}\,\mathrm{C^2/N \cdot m^2}$ である。クーロン力は，電荷 q_1 と q_2 が同符号の場合は斥力となり，異符号の場合は引力となる。

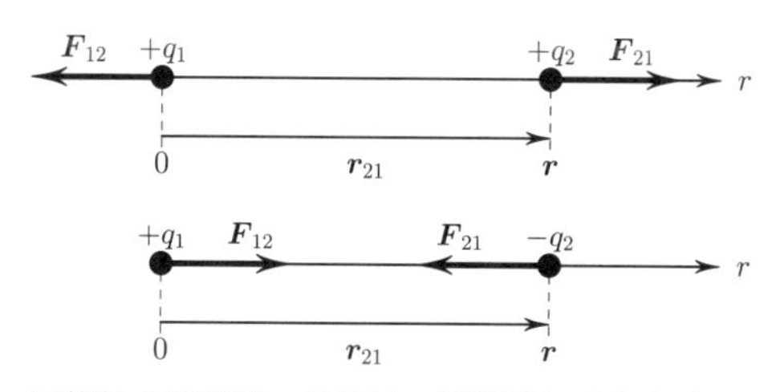

図 2.14 同符号の電荷間，異符号の電荷間にはたらくクーロン力

この他にも，磁場中を動いている電荷にはたらくローレンツ力*や，原子核内ではたらいている核力などがあるが，これらは初等力学の範囲外なのでここでは扱わない。

* ローレンツ力については「電磁気学」でとり扱う。

(3) 変位 $\boldsymbol{r}$ に比例する復元力

変位 $\boldsymbol{r}$ に比例する復元力は，

$$\boldsymbol{F} = -k\boldsymbol{r} \qquad (k > 0) \tag{2.44}$$

と書き表される。k は比例定数であり，**ばね定数** (spring constant) と呼ばれる。この力は単振動を与えるので，模型的には大変重要な力である。式 (2.44) で表される力と変位の関係を**フックの法則** (Hooke's law) という。実際にはばねの弾性力，電気回路 (電気振動) などに現れる。

(4)　張力，垂直抗力

机上に置いた質点や糸で吊り下げられている質点が静止しているのは，重力に抗して，各々**垂直抗力** (normal force) $\boldsymbol{N}$，**張力** (tension) $\boldsymbol{T}$ がはたらいてつり合っているためであると考える (図 2.15)。このような力を**拘束力**という。これらの力はつり合いの条件を考えることにより知ることができる。たとえば (b) において，おもりを引っ張りあげている糸の張力 $\boldsymbol{T}$ は重力 $\boldsymbol{F}$ と符号が反対で大きさは同じである。具体的な例は本文中でそのつど述べる。

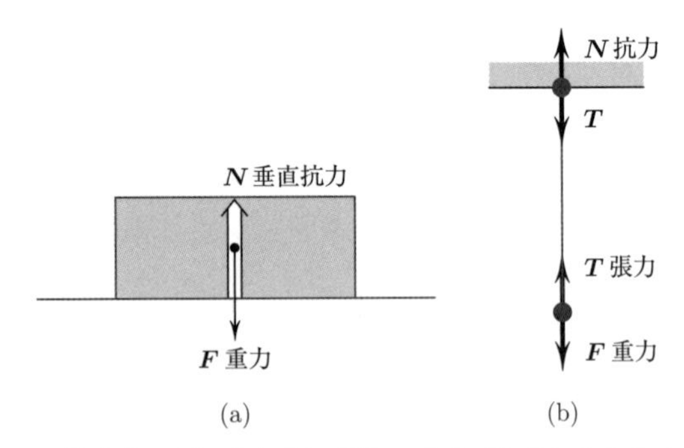

図 2.15　拘束力の例。(a) 台に荷物の重力 $\boldsymbol{F}$ がかかると台は抗力 $\boldsymbol{N}$ で支える。$\boldsymbol{N}$ は $\boldsymbol{F}$ と逆向きで大きさは同じ。(b) おもりに重力がかかるとひもに張力 $\boldsymbol{T}$，支える天井に抗力 $\boldsymbol{N}$ が拘束力として生じる。

(5)　媒質から受ける抵抗力

この典型的な例は，雨滴の落下やパラシュートの降下のときに受ける空気の抵抗力などである。これらの運動方程式は，一般に

$$m\frac{d^2\boldsymbol{r}}{dt^2} = \boldsymbol{F} + \boldsymbol{f} \tag{2.45}$$

と表される。$\boldsymbol{f}$ は**抵抗力** (drag force) で運動を妨げる方向にはたらき，速さに関係した関数である。抵抗力が速さのどのような関数になるかを調べることは，実用上は大変重要な問題であるが，本書ではそれはわかっているものとしてあらかじめ与えている。この応用例は第 3 章，第 4 章で述べる。

(6)　摩 擦 力

多くの物体の机上の運動は摩擦によって静止してしまう。これが経験科学としての力学の体系化を遅らせた原因のひとつであったことは間違いない。摩擦の物理的原因は複雑でこれを表面の原子の間にはたらく力として微視的な視点から理解しようという試みは現在も続いている。摩擦力は，運動方程式の中では式 (2.45) と同じ形で表され，運動をさまたげる向きにはたらき，その大きさは垂直抗力の大きさに比例する。一般に摩擦力は物体が静止しているときと運動しているときとで異なり，静止しているときの摩擦力を**静摩擦力** (static frictional force)，運動しているときの摩擦力を**動摩擦力** (kinetic frictional force) と呼ぶ。

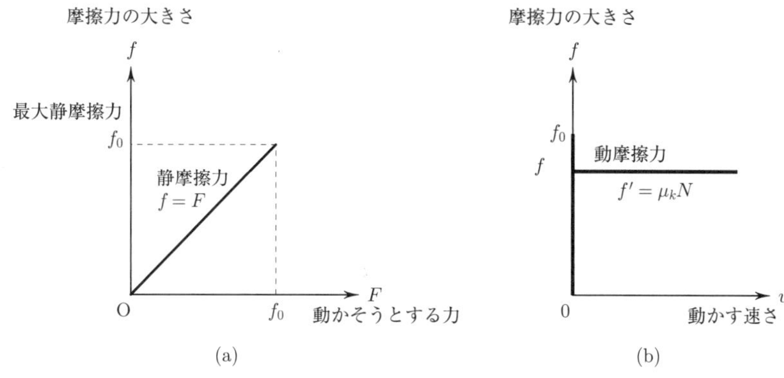

図 2.16　静摩擦力と動摩擦力。静摩擦力は動かそうとする力に比例して大きくなる。最大静摩擦力を超えると動きだし，摩擦力は動摩擦力に変わる。動摩擦力は速度に依存しない。

静止している机上の物体を動かそうと力を加えると，静摩擦力 $\boldsymbol{f}$ も大きくなるが，ある力以上をかけると動き出す。動き出す直前の**最大静摩擦力**の大きさ f_0 は，垂直抗力の大きさ N に比例していて，

$$f_0 = \mu_s N \tag{2.46}$$

と表される。比例定数 μ_s を**静摩擦係数** (coefficient of static friction) という。

この物体が動き出すと，摩擦力は動摩擦力 $\boldsymbol{f}'$ に変化する。動摩擦力の大きさは，

$$f' = \mu_k N \tag{2.47}$$

この比例係数 μ_k を**動摩擦係数** (coefficient of kinetic friction) という。多くの場合 $\mu_s > \mu_k$ の関係があることは経験上納得できるであろう*。μ_s, μ_k は接触面の材質や状態で決まる定数であり，接触面積や物体の速度には依存しない。

* 静摩擦係数 μ_s と動摩擦係数 μ_k の関係では $\mu_s < \mu_k$ の場合もあり得る。

2.3.6　運動方程式

ニュートンの第 2 法則はニュートン力学の核心であり，運動方程式は近代科学の始まりの第 1 ページに位置づけられる。このただ一つの運動方程式によって，我々の目や感覚で確認できるような物体のほとんど全ての運動を解析することができ，現代の今に至っている。

本書では，第 3 章以降で運動方程式をさまざまな運動に適用してどのように解析していくかを学んでいく。ここでは質点にはたらく力を見極めて運動方程式をどのように作るか，例題を通して学ぼう。

式 (2.34)，(2.36)，(2.37) で表した運動方程式はベクトル式である。このようなベクトル式のままでは扱いにくい。そこで実際にはベクトル量 $\boldsymbol{r}, \boldsymbol{v}, \boldsymbol{a}, \boldsymbol{F}$ を x, y, z 成分に分け，各成分ごとの方程式にしてから解くという手段をとる。

$$m\boldsymbol{a} = \boldsymbol{F} \quad \rightarrow \quad m(a_x\boldsymbol{e}_x + a_y\boldsymbol{e}_y + a_z\boldsymbol{e}_z) = F_x\boldsymbol{e}_x + F_y\boldsymbol{e}_y + F_z\boldsymbol{e}_z$$

これより，

$$ma_x = F_x, \quad ma_y = F_y, \quad ma_z = F_z \tag{2.48}$$

$a_x = \dfrac{dv_x}{dt} = \dfrac{d^2x}{dt^2}$ であるので*1,

$$m\frac{dv_x}{dt} = F_x, \quad m\frac{dv_y}{dt} = F_y, \quad m\frac{dv_z}{dt} = F_z \tag{2.49}$$

$$m\frac{d^2x}{dt^2} = F_x, \quad \frac{d^2x}{dt^2}m = F_y, \quad m\frac{d^2x}{dt^2} = F_z \tag{2.50}$$

このような各成分ごとの式であれば，四則演算，微分，積分が自由にできる。式 (2.49) の形を 1 階の，式 (2.50) の形を 2 階の微分方程式という。

*1　本書では，以後時間微分の演算子をドットで表し，

$$\frac{dx}{dt} \to \dot{x}$$
$$\frac{d^2x}{dt^2} \to \ddot{x}$$

などと略記する場合がある。この表現はニュートンの記号と言われる。式の展開が煩雑になる場合によく使われる。p.63，p.100 参照。

[例題 2.10]　ロープによってつながれた荷物の運動

図 2.17 のように，滑らかな (摩擦のない) 台の上にロープでつながれた 2 つの荷物があり，さらにロープがつけられ滑車を通して質量 M のおもりがぶら下げられている。荷物の質量はそれぞれ m_1, m_2 である。おもりには鉛直下方に重力 $F = Mg$ がはたらいている*2。それぞれの荷物とおもりにはたらく力を明らかにし，荷物 1,2 とおもり M について運動方程式を作れ (滑車の質量はないものとして扱う。滑車に質量があるとする場合は 8 章で学ぶ)。

また，これらの運動方程式から全体の運動の加速度と張力の大きさを求めよ。

*2　質量 M のおもりにはたらく重力の大きさは $F = Mg$ と表される。
g は重力加速度と呼ばれる。詳しくは 3 章 3.1.1 参照。

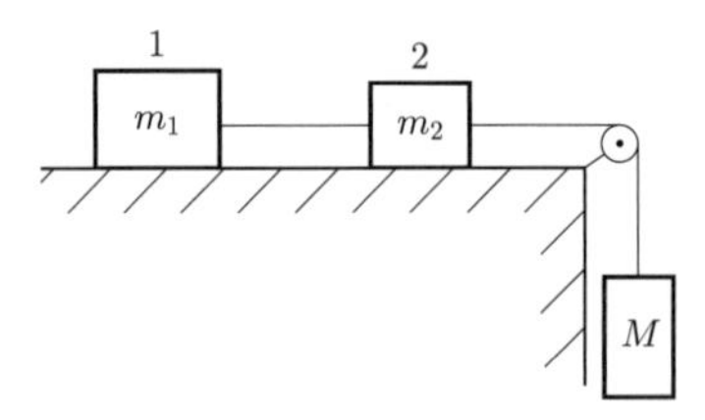

図 2.17　台の上の 2 つの荷物と吊り下げられたおもりの図

[解]　はじめに図 2.18 に示すように座標軸を決める。x 軸，y 軸とも運動方向を正にとると考えやすい。2 つの荷物とおもり，それぞれをつなぐロープにはたらく力を全て表す。

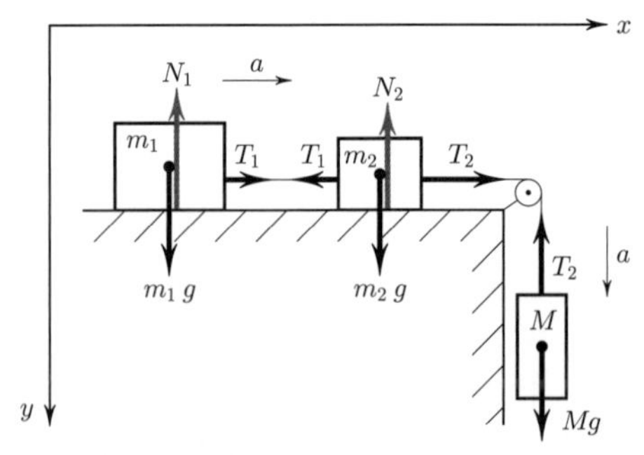

図 2.18　台の上の 2 つの荷物とぶら下げされたおもり，お互いをつないでいるロープにはたらく力を全て表す。

これらの力の中で，荷物 1 にはたらく重力 $m_1\,g$ と台からの垂直抗力 N_1 は (y 方向には運動しないので) 互いに相殺し合っている。同様に荷物 2 について

も m_2g と N_2 は相殺し合う。残る力は，ロープにかかる張力 T_1, T_2 およびおもりにはたらく重力 Mg となる。荷物とおもりの全系には重力 Mg がはたらいているのでおもりは下方に，荷物は右方に運動する。加速度は全系で同じ大きさなので a と置く。

運動方程式はそれぞれの荷物とおもりについて立てる。

荷物 1 について $$m_1a = T_1 \tag{2.51}$$

荷物 2 について $$m_2a = T_2 - T_1 \tag{2.52}$$

おもりについて $$Ma = Mg - T_2 \tag{2.53}$$

ロープにかかる張力 T_1, T_2 と系の加速度 a が未知の量であり，方程式が 3 つあるので連立させれば張力と加速度を知ることができる。

方程式 (2.51), (2.52), (2.53) より，

$$\text{張力 } T_1 = \frac{m_1}{M + m_1 + m_2}Mg, \qquad T_2 = \frac{m_1 + m_2}{M + m_1 + m_2}Mg$$

$$\text{加速度 } a = \frac{1}{M + m_1 + m_2}Mg$$

と求めることができる。

[例題 2.11] 摩擦のある斜面上の荷物

図 2.19 のように，水平と角度 α をなす斜面上に質量 m の荷物が滑り降りようとしている。荷物にはたらく力は鉛直下方に重力 $m\boldsymbol{g}$，斜面からの垂直効力 $\boldsymbol{N}$，斜面との間の摩擦力 $\boldsymbol{f}$ が考えられる。座標軸は斜面に沿って x 軸，斜面に垂直な方向に y 軸をとる。

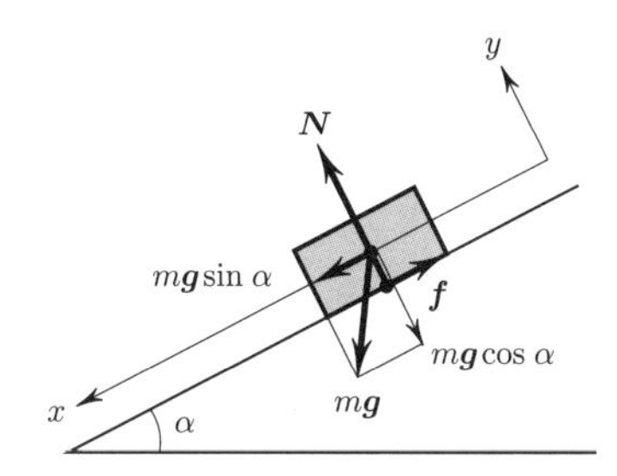

図 2.19 摩擦のある坂の上の荷物にはたらく力。x 軸を斜面に平行に，y 軸を斜面に垂直の方向にとる。

(a) x 方向，y 方向に分けて荷物についての運動方程式を表せ。

(b) 垂直抗力 $\boldsymbol{N}$ の大きさを求めよ。

(c) 角度 α が小さいときは荷物は静止しているが，α を大きくしていくと滑り始める。滑り始めるための条件を式で表せ。静摩擦係数を μ_{s} とする。

(d) 斜面と荷物の間の動摩擦係数を μ_{k} として斜面を滑り降りている荷物の運動方程式を表せ。μ_{k} が一定のとき，荷物はどのような運動をするか？

[解]

(a) 運動方程式　　x 成分　$m\dfrac{d^2x}{dt^2} = mg\sin\alpha - f$　　(2.54)

y 成分　$m\dfrac{d^2y}{dt^2} = N - mg\cos\alpha$　　(2.55)

(b) 荷物の運動は x 方向だけであり，y 方向には加速度は生じないから，式 (2.55) の左辺は 0 となる。

$$0 = N - mg\cos\alpha \text{より，} N = mg\cos\alpha$$

(c) 式 (2.46) に示したとおり，最大静摩擦力は $f_0 = \mu_s N$ と表されるが，この摩擦力より斜面を滑り降りようとする力の大きさ $mg\sin\alpha$ の方が大きくなると物体は滑り始める。(b) の結果を用いると，

$$mg\sin\alpha > f_0 = \mu_s N \text{ より，} mg\sin\alpha > \mu_s mg\cos\alpha,\quad \tan\alpha > \mu_s$$

(d) 荷物が滑り降りているときの摩擦力の大きさは，$f' = \mu_k N = \mu_k mg\cos\alpha$ であるから運動方程式は，

$$m\frac{d^2x}{dt^2} = mg\sin\alpha - \mu_k mg\cos\alpha \tag{2.56}$$

μ_k が一定であれば式 (2.56) 右辺は一定値となるので，荷物の運動は等加速度運動となる。その加速度の大きさは斜面に沿って，

$$\frac{d^2x}{dt^2} = g(\sin\alpha - \mu_k\cos\alpha)$$

となる。

2章のまとめ

- 質点の位置は，座標 (x, y, z) または位置ベクトル $\boldsymbol{r} = x\boldsymbol{e_x} + y\boldsymbol{e_y} + z\boldsymbol{e_z}$ で表す。
- 質点が動いて位置ベクトルが $\boldsymbol{r_1}$ から $\boldsymbol{r_2}$ に変化したとき，質点の変位 $\Delta\boldsymbol{r}$ は $\Delta\boldsymbol{r} = \boldsymbol{r_2} - \boldsymbol{r_1}$ である。
- 質点の速度は，$\boldsymbol{v} = \dfrac{d\boldsymbol{r}}{dt}$ である。速度ベクトル v は常に径路の接線方向を向く。
- 質点の加速度は，$\boldsymbol{a} = \dfrac{d\boldsymbol{v}}{dt}$ である。加速度，速度，位置の関係は，

$$\text{加速度} \underset{\text{微分}}{\overset{\text{積分}}{\rightleftarrows}} \text{速度} \underset{\text{微分}}{\overset{\text{積分}}{\rightleftarrows}} \text{位置}$$

- 質点に作用する力がなければ，その質点の速度は変化しない。これをニュートンの第 1 法則 (慣性の法則) という。
- 質点の速度の変化 (加速度 a) は，作用する力 F の大きさに比例し，その力が作用する方向に生じる。$\boldsymbol{a} = \dfrac{1}{m}\boldsymbol{F}$，$m$ を**慣性質量**，この関係をニュートンの第 2 法則という。

- 2つの物体が互いに力を及ぼし合うとき，物体1が物体2にある力 $\boldsymbol{F}_{21}$ を作用させると，常に物体2はそれと同じ大きさで逆向きの力 $\boldsymbol{F}_{12}$ を物体1に作用させる。これをニュートンの第3法則 (作用・反作用の法則) という。

$$\boldsymbol{F}_{12} = -\boldsymbol{F}_{21}$$

問　題

2.1 日本初の超高層ビルである霞ヶ関ビルは，地上階36階，高さは147 m ある。1階から最上階まで140m の高低差を直通で上下するエレベーターの最大の速さは300 m/分，エレベーターの加速度の大きさは加速，減速どちらも $\pm 1.20\,\text{m/s}^2$ である。

(a) 静止状態 (1階) から最大の速さになるまで，上昇する距離は何 m か。

(b) 1階から上昇を始めて最上階で停止するまで 140 m を直通で移動するのに要する時間は何秒か。

2.2 船上に積んだ荷物を揚げるために，図2.20のように荷物につけたロープを軽い滑車にかけ，他の一端を速度 v_x で移動するタグボートにつけて引く。ロープの長さを $L = 2h$ とし，$t = 0$ のときタグボートの位置は $x = 0$ であるとする。

(a) 荷物の上昇する速度 V と加速度 A を求めよ。

(b) (a) で求めた V, A の次元を調べ，それぞれ速度と加速度の次元になっていることを確かめよ。

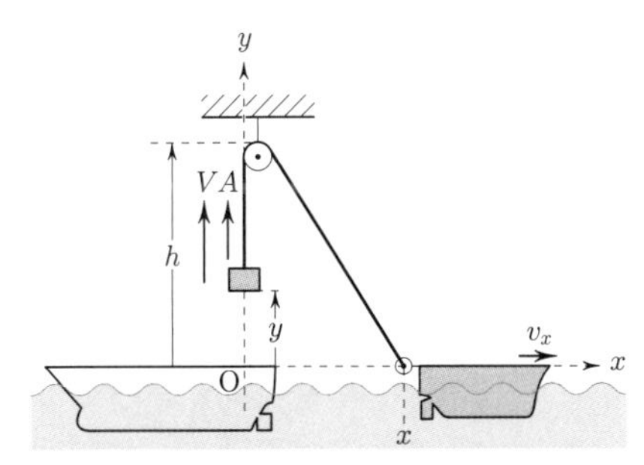

図2.20 タグボートが等速度 v_x で進むと荷物の上昇速度と加速度はどのように表されるか？　ロープの長さは L と決まっている。

2.3 xy 平面内での質点の位置が，$\boldsymbol{r} = (2.0\,t^3 - 4.0\,t)\boldsymbol{e}_x + (5.0 - 3.0\,t^2)\boldsymbol{e}_y$ で与えられている。(単位は t は秒，r は m)

(a) $t = 0\,\text{s}$ での位置ベクトル，速度ベクトル，加速度ベクトルを表せ。

(b) $t = 2.0\,\text{s}$ での位置ベクトル，速度ベクトル，加速度ベクトルを表せ。

(c) $t = 2.0\,\text{s}$ での質点の軌跡 (経路) の接線の向きを求めよ。

(d) $t = 0\,\text{s}$ から $2.0\,\text{s}$ までの質点の変位ベクトル $\Delta\boldsymbol{r}$ と，移動距離 ($\Delta\boldsymbol{r}$ の大きさ) を求めよ。

2.4 図2.21のように摩擦のない水平な床の上に置かれた質量 M の荷物を，水平から 30° 上向きに力 $\boldsymbol{F}$ で引っ張った。

(a) 荷物の加速度はどのように表されるか？

(b) 力 $\boldsymbol{F}$ をゆっくりと増加させたら，荷物が浮き上がった。荷物の質量 $M = 4.0\,\text{kg}$ とする。このときの力 $\boldsymbol{F}_0$ を式で表し力の大きさを計算せよ。

(c) 荷物が浮き上がったときの荷物の加速度の大きさを計算せよ。

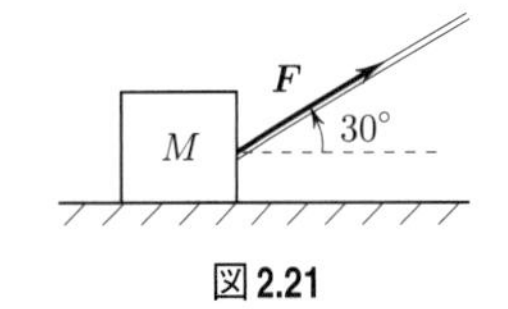

図2.21

2.5　図 2.22 のようにそれぞれ質量が M と m の物体 B と C が糸でつながれている。糸も滑車も質量はないものとする。物体 B は水平と角度 θ をなす摩擦のない斜面の上にある。

(a) 物体 B について，斜面に沿って x 軸，斜面に垂直方向に y 軸をとって運動方程式を表せ。また，物体 C について鉛直上向きに y' 軸をとって運動方程式を表せ。

(b) 糸の張力 $\boldsymbol{T}$ と物体の加速度 $\boldsymbol{A}$ の大きさを求めよ。

(c) $M = 2m$ のとき角度 θ についての物体 B が滑り落ちる条件を求めよ。

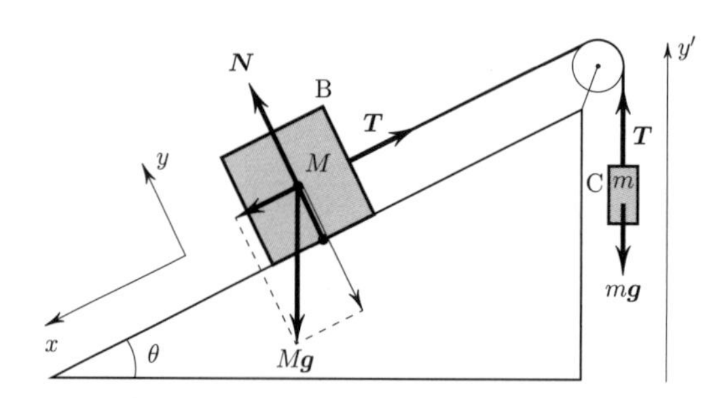

図 2.22　摩擦のない斜面上の荷物 M，糸，吊り下げられたおもり m の系にはたらく全ての力を表す。

摩擦力の速度依存性

皆さんのなかには高校のとき次のような摩擦の法則を習った人も多いだろう。

1. 摩擦力は見掛けの接触面積に依存しない。
2. 摩擦力は荷重に比例する。
3. 動摩擦力は最大静摩擦力より小さく滑り速度に依存しない。

この 3 つの法則のうち最初の 2 つはあのレオナルド・ダ・ヴィンチによって初めて発見されたが，その発見は歴史の中に埋もれ忘れ去られてしまった。産業革命の時代になってアモントン，クーロンによって再発見されたため，上の 3 つの法則はまとめて今日ではアモントン–クーロンの法則と呼ばれている。そして最大静摩擦力と荷重の比を静摩擦係数，動摩擦力と荷重の比を動摩擦係数という。

アモントン–クーロンの法則は現象論である。したがって多くの場合，成り立つが，成り立たない場合もある。ゴムやゲルなどの極めて柔らかい物質の場合，上の 1, 2 も成り立たず，摩擦係数は荷重とともに減少し，接触面積とともに増大する。また，動摩擦力が速度に依存しないというのも限られた速度の領域で成り立つ話で，何桁にも渡って速度を変化させて動摩擦力を計れば，速度によって変化することがわかる。その速度依存性は，多くの場合，低速度領域では速度とともに減少し，高速度領域になると速度とともに増大する。この場合，一定の低速度での運動は不安定となる。なぜなら滑り速度が揺らいでちょっと大きくなると摩擦力が減少するのでさらに速度が大きくなるからである。この場合，滑って止まる，滑って止まるという運動を繰り返すスティック–スリップ運動を起こす。地震も断層の示すこのようなスティック–スリップ運動である。

しかし，なかには低速度領域でも動摩擦力が速度とともに増大する物体も存在する。花崗岩はある温度，圧力領域では速度とともに減少する動摩擦力を示すが，それ以外の領域では動摩擦力は速度とともに増大する。地殻では温度と圧力は深度とともに変わる。カリフォルニアのサンアンドレアス断層という有名な断層は，主に花崗岩からできている。そしてこの断層の地震の震源は約 3 km から 15 km の深度に集中している。この深度では花崗岩の動摩擦力は速度とともに減少する。地震がおこるか否かは，まさに摩擦力の速度依存性が決めているのである。

3

簡単な運動 (1)
──重力のもとでの運動──

3.1 重力のもとでの1次元の運動

3.1.1 重力と重力のはたらく質点の運動

物が落下する現象は，日常生活でも重要な現象である。地上で物体を自由に落下させた場合，落下の加速度は常に一定であることが観測によって確かめられている。この加速度を生じさせる力を我々は**重力**と呼ぶ。重力は物体と地球との間に及ぼしあっている万有引力であり，物体から見ると地球の中心の方向 (鉛直方向) に向かう。重力によって生じる加速度を**重力加速度** (acceleration of gravity) と呼び $\boldsymbol{g}$ で表す。その大きさは各地で詳しく観測されており平均値はおよそ $g = 9.8\,\mathrm{m/s^2}$ である*1。質量 m の物体にはたらく重力の大きさは mg と表される (図 3.1)。

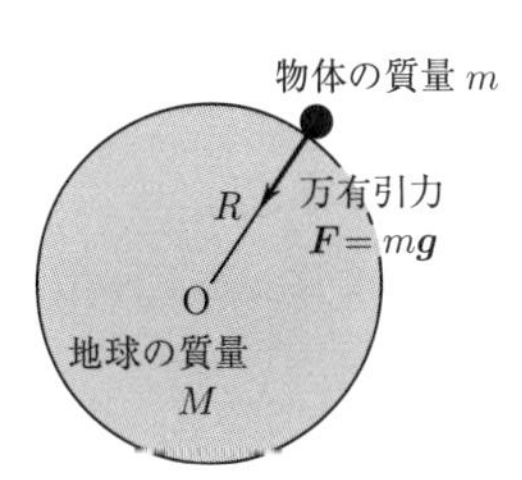

図 3.1 重力は地球と物体との間の万有引力

式 (2.41) で示したように，半径 R の地球 (質量 M) から地上の物体 (質量 m) に及ぶ万有引力の大きさは*2,

$$F = G\frac{Mm}{R^2} \tag{3.1}$$

と表されるが，この力が重力の大きさ mg であるので，重力加速度の大きさは

$$g = G\frac{M}{R^2} \tag{3.2}$$

と表される*2。向きは地球の中心に向いている。

$$G \simeq 6.67 \times 10^{-11}\mathrm{m^3/kg \cdot s^2}, \quad R \simeq 6.37 \times 10^6\mathrm{m}$$
$$M \simeq 5.97 \times 10^{24}\mathrm{kg}$$

これらの数値を式 (3.2) に代入して g を計算すると観測値と一致する*3。

鉛直上方を y 軸正の向きとすると，重力は y 成分だけをもち，

$$F_y = -mg \tag{3.3}$$

重力がはたらく質点の運動方程式は，

$$m\frac{d^2y}{dt^2} = -mg \tag{3.4}$$

となる。

*1 重力加速度の大きさは (3.2) で表されるが，地上の各点では標高などによって R が変わるので g の値も変わる。

*2 地球は半径 R，質量 M の大きな球体なので，地上の物体 m との間の万有引力を (3.1) のように表してよいか疑問をもつと思うが，「一様な球が及ぼす万有引力はその球の質量 M が全部球の重心 (中心) に集中したときの力に等しい」ということが証明されている。

*3 本文ではこのような表現をしたが，式 (3.2) から，重力加速度 g の測定値を代入することによって，直接量ることができない地球の質量を知ることができることに注目。

自由落下の運動

高さ h の所から質量 m の質点が重力を受けて自由落下 (初速度を与えない落下運動) する運動を解いてみよう。

[運動方程式]

$$m\frac{d^2y}{dt^2} = -mg \tag{3.4}$$

この方程式は y 軸方向成分だけの方程式なので容易に扱える。

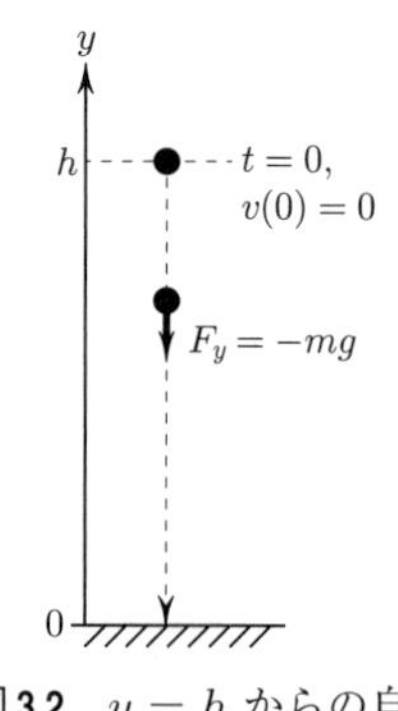

図 3.2　$y = h$ からの自由落下

[初期条件を整理する]

方程式を解く前に運動の初期条件を整理する。質点が落下を始める瞬間を $t = 0$ とし，このときの位置を初期位置，速度を**初速度**という。この自由落下の場合は，

$$\text{初期位置}\ y(0) = h \tag{3.5}$$

$$\text{初速度}\quad v(0) = 0 \tag{3.6}$$

となる (図 3.2)。

[$\boldsymbol{v_y}$ についての方程式に書き直し落下速度 $\boldsymbol{v_y}$ について方程式を解く]

$\dfrac{d^2y}{dt^2} = \dfrac{dv_y}{dt}$ であるから，式 (3.4) を v_y についての式に書き換えると

$$m\frac{dv_y}{dt} = -mg \Rightarrow \frac{dv_y}{dt} = -g \tag{3.7}$$

と表される。式 (3.7) を t について積分すると，

$$v_y = \int -g dt = -gt + C \tag{3.8}$$

C は積分定数で，初期条件 (3.6) を使ってこの問題に即した定数を求める。式 (3.8) に，$t = 0$，$v_y = 0$ を代入すると，

$$0 = -g \times 0 + C$$

これより $C = 0$ と決定できる。したがって，

$$v_y = -gt \tag{3.9}$$

[$\boldsymbol{v_y}$ から $\boldsymbol{y}$ についての方程式に書き直し，落下距離 $\boldsymbol{y}$ について方程式を解く]

式 (3.9) を $\dfrac{dy}{dt} = v_y$ の関係を用いて y についての方程式にし，y を求める。$\dfrac{dy}{dt} = -gt$ と表されるので，両辺を t について積分すると，$y = \int(-gt)dt$ であるから

$$y = -\frac{1}{2}gt^2 + C' \tag{3.10}$$

C' は積分定数である。初期条件 (3.5) より $t = 0$ のとき $y = h$ であるから，

$$h = -\frac{1}{2}g \times 0^2 + C'$$

これより $C' = h$ と決定できる。したがって，

$$y = -\frac{1}{2}gt^2 + h \tag{3.11}$$

これが落下を始めてから t 秒後のボールの位置となる。

[結果の整理と吟味]

落下を始めて t 秒後の

$$速度\ v_y = -gt \qquad (3.9)$$

$$位置\ y = -\frac{1}{2}gt^2 + h \qquad (3.11)$$

が得られたが，この結果を吟味してみよう。まず速度 v_y は負の値となっている。これは運動が鉛直下向き (落下運動) であることを示している。

質点が落下を始めてから地面 $(y = 0)$ に落下するまでの時間は，式 (3.11) の左辺を 0 と置けばよい。

$$0 = -\frac{1}{2}gt^2 + h\ より \quad t = \sqrt{\frac{2h}{g}} \qquad (3.12)$$

と求められる。質点が地面に落下する瞬間の速度 v_f は，式 (3.12) を利用して，

$$v_f = -g \times t = -\sqrt{2gh} \qquad (3.13)$$

となる。このように運動方程式を解くことによって，その物体が何秒後にどのような運動をするかという予測までが完全にできるということがわかる。

[例題 **3.1**] ボールの投げ上げ運動

地上 $(y = 0)$ からボールを真上に，初速度 v_0 で投げ上げる。ボールはどのような運動をするか？ y 軸はこれまでと同様に鉛直上方を正の方向とする。

[解]

[運動方程式]

ボールにはたらく力は重力 $-mg$ だけなので

$$m\frac{d^2y}{dt^2} = -mg$$

自由落下のときの方程式と同じ形である (図 3.3)。

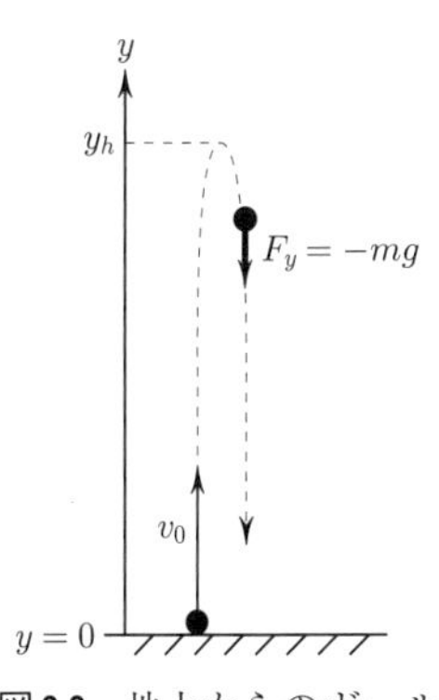

図 3.3 地上からのボールの投げ上げ運動

[初期条件の整理]

ボールを投げ上げたとき $(t = 0)$

$$初期位置\ y(0) = 0 \qquad (3.14)$$

$$初速度 \quad v(0) = v_0 \qquad (3.15)$$

[落下速度 v について]

$\dfrac{d^2y}{dt^2} = \dfrac{dv}{dt}$ であるから，式 (3.3) を v についての式に書き換える。

$$m\frac{dv}{dt} = -mg, \quad \frac{dv}{dt} = -g$$

式 (3.7), (3.8) と同様に両辺を t について積分すると，

$$v = -gt + C \qquad (3.16)$$

初期条件 (3.15) を使って積分定数 C を求める。$t = 0$，$v = v_0$ を (3.16) に代入すると，$C = v_0$ と決定できる。したがって，

$$v = -gt + v_0 \tag{3.17}$$

[落下距離 $\boldsymbol{y}$ について]

$\dfrac{dy}{dt} = v$ の関係を用いて y についての方程式にし，y を求める。$\dfrac{dy}{dt} = -gt + v_0$ と表されるので，両辺を t について積分すると，$y = \int(-gt+v_0)dt$ より

$$y = -\frac{1}{2}gt^2 + v_0 t + C' \tag{3.18}$$

C' は初期条件 (3.15) より，$t=0$ のとき $y=0$ を (3.18) に代入すると $C'=0$ と決定できる。したがって，

$$y = -\frac{1}{2}gt^2 + v_0 t \tag{3.19}$$

これが落下を始めてから t 秒後のボールの位置となる。

[結果からわかること]

式 (3.17) をみると，v は，投げ上げられたあと $t = v_0/g$ のとき最高点に達し $v=0$ となり，その後は $v<0$ となって落下を始めることがわかる。また，ボールは式 (3.19) より最高点

$$y_h = -\frac{1}{2}g\left(\frac{v_0}{g}\right)^2 + v_0\left(\frac{v_0}{g}\right) = \frac{1}{2}\frac{v_0^2}{g}$$

まで上がる。また，式 (3.19) より左辺を $y=0$ とおくと，ボールが地面に落ちるまでの時間が得られる。

$$0 = -\frac{1}{2}gt^2 + v_0 t$$

これより，

$$t\left(-\frac{1}{2}gt + v_0\right) = 0$$

となる。$t=0$ はボールを投げ上げた時刻である。ボールが地面に落ちるまでの時間は $2v_0/g$ となる。

$y=h$ の棚の上からボールが自然に落ちるときも，例題 3.1 のような運動でもボールの運動方程式は式 (3.4) で与えられる。ただ，初期条件が異なるだけである。すなわち，初期条件 (ある時刻 (通常 $t=0$) での運動の状態) が明らかになればその物体の運動を完全に記述できる。

このように，運動方程式と初期条件が与えられれば物体の全ての運動が記述できることを力学における**因果律** (causality) という。

3.1.2　速度に比例する抵抗力のはたらく運動

3.1.1 で解析した重力を受けて落下する物体に，空気抵抗が加わると，どのような運動になるだろうか？

運動している物体に作用する空気抵抗力は物体の速度に関係している。速度のどのような関数になるかは難しい問題であるが，ここでは小さくて軽い雨滴

の落下の運動を例にとってみる。このような雨滴には，落下速度に比例する空気抵抗力 $\boldsymbol{f} = -b\boldsymbol{v}$ がはたらく。b は比例定数で，抵抗力の向きは速度の向きに対して逆向きにはたらくので負号がつく。

質量 m の小さな雨滴が速度に比例する空気抵抗を受けながら落下する。落下を始めるときの y 座標を $y = 0$ (原点) とし，時刻を $t = 0$，初速度を $v = 0$ とする。t 秒後の雨滴の速度を求めよう。y 軸は鉛直上方を正の方向とする。

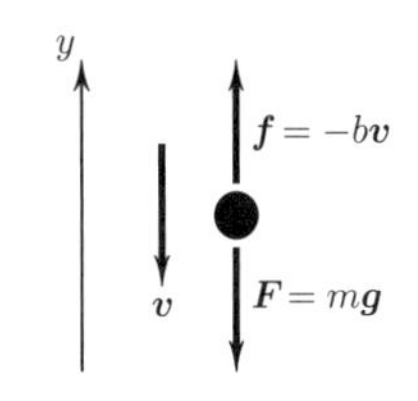

図 3.4　雨滴にはたらく重力と空気の抵抗力

雨滴の運動方程式は，落下速度 v について立てると，

$$m\frac{d\boldsymbol{v}}{dt} = \boldsymbol{F} + \boldsymbol{f} \tag{3.20}$$

ここで，$\boldsymbol{F} = m\boldsymbol{g}$，$\boldsymbol{f} = -b\boldsymbol{v}$ である。方程式 (3.20) は y 方向成分しかもたないので，鉛直上向きを y 軸正の方向とする y 方向成分の方程式にすることができて，

$$m\frac{dv}{dt} = -mg - bv \tag{3.21}$$

と表される*1。両辺を m で割り整理すると

$$\frac{dv}{dt} = -\left(g + \frac{b}{m}v\right) \tag{3.22}$$

ここで，$g + \dfrac{b}{m}v = \eta$ とおき，両辺を t で微分する。$\dfrac{dv}{dt} = \dfrac{m}{b}\dfrac{d\eta}{dt}$ となるので，これを式 (3.22) に入れると，

$$\frac{d\eta}{dt} = -\frac{b}{m}\eta \tag{3.23}$$

となる。この方程式を次のように変形する。

$$\frac{d\eta}{\eta} = -\frac{b}{m}dt \tag{3.24}$$

このように，左辺を変数 η のみを含む式に，右辺を変数 t のみを含む式に整理することを**変数分離** (variable sparation) という。式 (3.21)，または (3.23) のような微分方程式を積分して解くためにはこのような変数分離を行うとうまくいく。式 (3.24) の両辺をそれぞれ積分すると，

$$\int \frac{d\eta}{\eta} = \int -\frac{b}{m}dt$$

これより

$$\log_e \eta = -\frac{b}{m}t + C \tag{3.25}$$

C は積分定数である。ここで η を元に戻そう。

$$\log_e\left(g + \frac{b}{m}v\right) = -\frac{b}{m}t + C \tag{3.26}$$

式 (3.26) は次のように変形できる*2。

$$g + \frac{b}{m}v = e^C \cdot e^{-\frac{b}{m}t} = C' \cdot e^{-\frac{b}{m}t} \tag{3.27}$$

ここで，改めて積分定数として $e^C = C'$ と置き直した。初期条件として，$t = 0$ のとき $v = 0$ を式 (3.27) に代入すると，$C' = g$ となり，積分定数が決定され

*1　方程式 (3.21) で注意したいのは，速度 v が，方程式を解くことによって求められる変数であり，運動の条件によって正になるときも負になるときもある。右辺第 2 項の抵抗力は常にその速度の逆向きであることを表している。

*2　$\log_e x = y$
$x = e^y$
の関係を使う。

る。速度 v について整理すると，

$$v = \frac{mg}{b}\left(e^{-\frac{b}{m}t} - 1\right) \tag{3.28}$$

式 (3.28) で求められた速度 v は負となっており，雨滴の落下の方向をきちんと示している。

雨滴の速度をグラフにすると図 3.5 のようになる。雨滴の落ち始める瞬間は初速度がゼロなので式 (3.22) より加速度は $-g$ であり，グラフの傾きは $-g$ となる。グラフからも，また式 (3.28) で $t \to \infty$ としてもわかるように，落下を始めてから十分時間がたつと雨滴は等速度運動となる。これは，落下速度が大きくなると，それに伴って空気の抵抗力も大きくなるので，ついには抵抗力が重力と同じになってしまい，抵抗力と重力が互いにキャンセルし合って加速度を生じなくなるためである。$t \to \infty$ のときの速度 v_∞ を**終端速度** (terminal velocity) という。

$$v_\infty = \lim_{t\to\infty} v = \lim_{t\to\infty} \frac{mg}{b}\left(e^{-\frac{b}{m}t} - 1\right) = -\frac{mg}{b} \tag{3.29}$$

終端速度は等速度なので，$\dfrac{dv_\infty}{dt} = 0$ であるから，運動方程式より

$$m\frac{dv_\infty}{dt} = -mg - bv_\infty = 0$$

すなわち

$$v_\infty = -\frac{mg}{b} \tag{3.30}$$

と，求めることもできる。

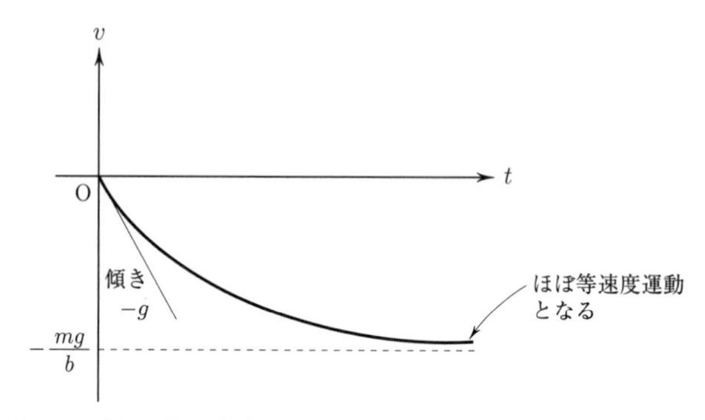

図 3.5　雨滴の落下速度のグラフ。落下を始める瞬間のグラフの傾きは $-g$ となる。

このように速度に比例した抵抗力は，空気中に限らず比較的粘性の大きな媒質の中を小さな物体がゆっくり運動している場合にはたらき，**粘性抵抗** (viscous drag) または**ストークスの抵抗** (Stokes' law of resistance) とも呼ばれる。

[例題 3.2] 雨滴の落下

小さな雨滴の速度の式 (3.28) より，落下を始めて t 秒後の雨滴の位置 (落下

距離) を求めよ。

[解] 雨滴の位置 y は，$\dfrac{dy}{dt} = v$ の関係より両辺を時間 t で積分して求める。

$$y = \int v dt$$

v に式 (3.28) を代入する。

$$y = \int \frac{mg}{b}\left(e^{-\frac{b}{m}t} - 1\right) dt$$

積分を実行すると，

$$y = \int \frac{mg}{b}\left(e^{-\frac{b}{m}t} - 1\right) dt = -\frac{mg}{b}\left(\frac{m}{b}e^{-\frac{b}{m}t} + t\right) + C$$

積分定数 C は，初期条件より決定する。$t = 0$ のとき $y = 0$ であるので，

$$0 = -\frac{mg}{b}\left(\frac{m}{b}e^{-\frac{b}{m}\times 0} + 0\right) + C$$

これより，

$$C = \frac{m^2}{b^2}g$$

と決定できる*1。

$$\therefore \quad y = \frac{m^2}{b^2}g\left(1 - e^{-\frac{b}{m}t}\right) - \frac{mg}{b}t$$

*1 $e^0 = 1$ であることに注意。

3.1.3 【発展】速度の2乗に比例する抵抗力がはたらく運動

比較的大きな物体が，速い速度で粘性の小さな媒質の中を運動する場合，速度の2乗に比例する抵抗力が主としてはたらく。この抵抗力は，**慣性抵抗**あるいは**ニュートンの抵抗** (Newton's law of resistance) とも呼ばれる。抵抗力の大きさは $|\boldsymbol{f}| = bv^2$，向きは v と逆の向きである (図 3.6)。

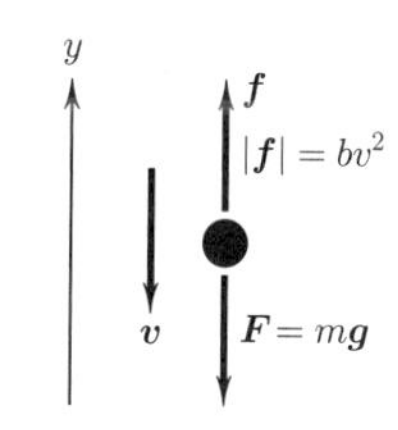

図 3.6 速度の2乗に比例した空気抵抗がはたらく場合の落下運動

日常経験すると思うが，鉄道のプラットホームで急行列車が通過するときホーム上の人は風圧を受ける。これは，運動する物体が速い速度で通過するとき物体の後ろ側の空気圧が下がり空気の渦が生じるためであるが，このような現象が起きているとき列車の受ける空気抵抗の効果は大きく，速度の2乗に比例する。

質量 m の物体が，速度の2乗に比例する空気抵抗を受けながら自由落下しているとき，運動方程式は，

$$m\frac{dv}{dt} = -mg + bv^2 \tag{3.31}$$ *2

ただし y 軸は鉛直上方を正の方向とする。ここでは運動方程式を解くことは章末問題にゆずり*3，終端速度 v_∞ のみを求めてみよう。

終端速度は等速度なので，$\dfrac{dv_\infty}{dt} = 0$ であるから，式 (3.31) は，

*2 速度の2乗に比例する抵抗力は速度の向きにかかわらず常に正であるから，速度の向きが変わるごとに方程式を立て直さなければならないことに注意。たとえば速度の向きが上向き (上昇) の場合，方程式は

$$m\frac{dv}{dt} = -mg - bv^2$$

となる。

*3 方程式 (3.31) は章末問題 3.4 で解く。

$$-mg + bv_{\infty}^2 = 0 \quad これより \quad v_{\infty} = \pm\sqrt{\frac{mg}{b}}$$

終端速度は下向きであるから，次のように表される。

$$v_{\infty} = -\sqrt{\frac{mg}{b}} \tag{3.32}$$

運動物体が球形の場合，粘性抵抗および慣性抵抗では次のような経験則が知られている。

速度に比例する抵抗 (粘性抵抗)　　$|\boldsymbol{f}| = 6\pi\eta a v$　　(3.33)

速度の 2 乗に比例する抵抗 (慣性抵抗)　　$|\boldsymbol{f}| = \dfrac{1}{2}\beta\rho s v^2$　　(3.34)

ただし，

η : 媒質の粘性係数 (N·S·m^{-2})

a : 球体の半径 (m)

ρ : 媒質の重量密度 (kg/m^3)

s : 球体の断面積 (有効断面積) (m^2)　$s = \pi a^2$

β : 抵抗係数 (実測から求められる) 0.4 から 0.5 程度の値

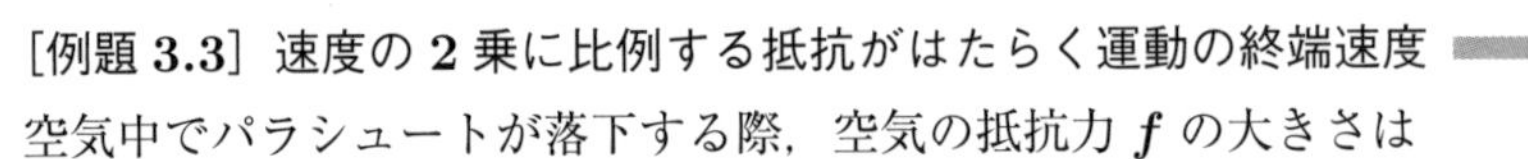

[例題 3.3]　速度の 2 乗に比例する抵抗がはたらく運動の終端速度

空気中でパラシュートが落下する際，空気の抵抗力 $\boldsymbol{f}$ の大きさは

$$f = \frac{1}{2}\cdot\frac{1}{2}\rho_{\text{air}}\, s v^2$$

と表される慣性抵抗を受ける。ρ_{air} は空気の密度で $\rho_{\text{air}} = 1.20\,\text{kg/m}^3$，$s$ は落下物体 (パラシュート) の落下する方向と垂直な面での断面積で**有効断面積** (effective cross section) と呼ばれる。方程式 (3.20) よりこのパラシュートの終端速度を表す式を導き，その式を使って，全質量 (人間も含めて) 80.0 kg，半径 3.00 m のパラシュートの終端速度を見積もれ。

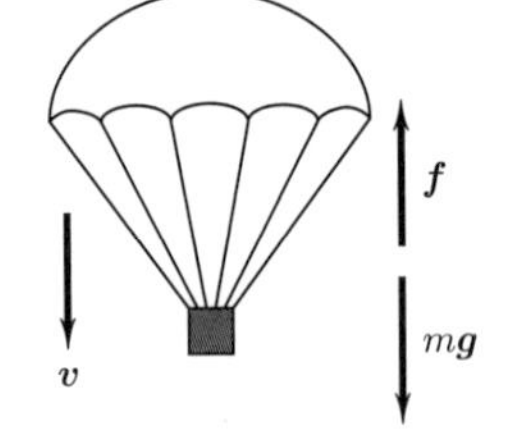

図 3.7　速度の 2 乗に比例する空気抵抗を受けながら落下するパラシュート

[解]　速度の 2 乗に比例する抵抗力を受けるパラシュートの終端速度は，式 (3.32) より

$$v_{\infty} = -\sqrt{\frac{mg}{b}}$$

で表される。ここで，$b = \dfrac{1}{4}\rho_{\text{air}} s$ である。有効断面積 s は，

$$s = \pi \times (3.00\ \text{m})^2 = 28.3\,\text{m}^2$$

となるので，

$$v_{\infty} = -\sqrt{\frac{4 \times 80.0\ \text{kg} \times 9.80\ \text{m/s}^2}{1.20\ \text{kg/m}^3 \times 28.3\ \text{m}^2}} = -9.61\ \text{m/s}$$

終端速度は $v_{\infty} = -9.61$ m/s である。

3.2 重力のもとでの 2 次元の運動

3.2.1　放物運動

一様な重力場で，水平面と角度 θ をなす方向に投げられた質量 m の質点の運動を調べよう。運動方程式は，$m\dfrac{d^2\boldsymbol{r}}{dt^2} = \boldsymbol{F}$ であるが，運動は 2 次元で，$\boldsymbol{r} = (x, y)$，$\boldsymbol{F} = (F_x, F_y)$ の成分をもつ。運動方程式も x，y 成分に分けられる。

$$\left.\begin{aligned} m\frac{d^2x}{dt^2} &= F_x \\ m\frac{d^2y}{dt^2} &= F_y \end{aligned}\right\} \tag{3.35}$$

ここで，質点にはたらく力は鉛直下方に重力だけで水平方向には力ははたらいていない。鉛直上方を y 軸の正に取ると，$\boldsymbol{F} = (0, -mg)$ と表される。式 (3.35) にこの力を入れると 2 つの運動方程式 (3.36) が導出される。

運動の一例として，質量 m の小さなボールを原点 (0,0) から水平面との角度 (仰角) θ，初速度 $\boldsymbol{V}$ で斜め上方へ投げ上げた場合を考えよう (図 3.8(a))。

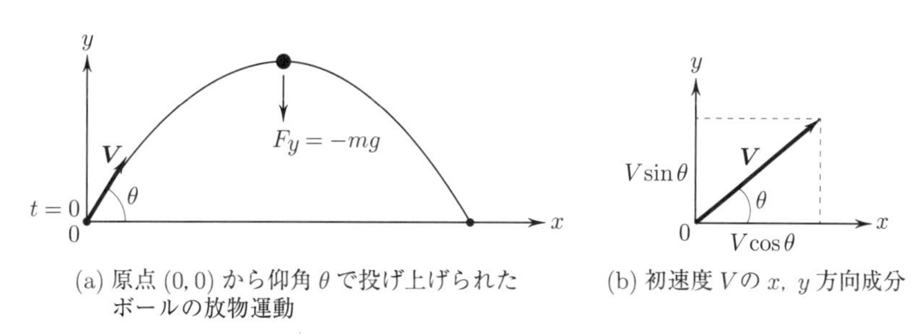

(a) 原点 (0, 0) から仰角 θ で投げ上げられたボールの放物運動　(b) 初速度 V の x，y 方向成分

図 3.8　質点の放物運動

運動方程式は，

$$\left.\begin{aligned} m\frac{d^2x}{dt^2} &= 0, & \therefore\quad \frac{d^2x}{dt^2} &= 0 \\ m\frac{d^2y}{dt^2} &= -mg, & \therefore\quad \frac{d^2y}{dt^2} &= -g \end{aligned}\right\} \tag{3.36}$$

ここで，質点 m を投げる瞬間 $t = 0$ のときの条件 (初期条件) をまとめておく (図 3.8(b))。

$$v_x(0) = V\cos\theta, \quad v_y(0) = V\sin\theta \tag{3.37}$$

$$x(0) = 0, \qquad y(0) = 0 \tag{3.38}$$

V は初速度の大きさ，θ は初速度ベクトルと x 軸の間の角度である (図 3.8)。式 (3.36) の加速度から速度，位置を求めるには式 (3.36) の x 方向，y 方向それぞれの方程式を時間 t で積分すればよい。

[投げ上げてから t 秒後の速度]

式 (3.36) の方程式を，速度 v_x，v_y についての式に書き換える。

$$\frac{d^2x}{dt^2} = \frac{dv_x}{dt} = 0 \qquad \text{これより} \quad v_x = C_1 \ (\text{一定値})$$

$$\frac{d^2y}{dt^2} = \frac{dv_y}{dt} = -g \quad \text{これより} \quad v_y(t) = \int -g dt = -gt + C_2$$

積分定数 C_1，C_2 は，式 (3.37) の初期条件を代入すると

$$v_x(0) = C_1 = V\cos\theta \qquad \therefore \quad C_1 = V\cos\theta$$

$$v_y(0) = -g \times 0 + C_2 = V\sin\theta \qquad \therefore \quad C_2 = V\sin\theta$$

と決定できる。したがって，投げ上げてから t 秒後の速度は

$$v_x(t) = V\cos\theta \tag{3.39}$$

$$v_y(t) = -gt + V\sin\theta \tag{3.40}$$

となる。この結果から，ボールは水平方向へは等速度運動を続け，鉛直方向へは加速度 $-g$ の等加速度運動をすることがわかる。

[投げ上げてから t 秒後の位置]

位置については，式 (3.39)，(3.40) を，

$$v_x(t) = \frac{dx}{dt} = V\cos\theta$$

$$v_y(t) = \frac{dy}{dt} = -gt + V\sin\theta$$

と置き換えて，それぞれ時間 t で積分する。

$$x(t) = \int V\cos\theta\, dt = (V\cos\theta)\, t + C_3$$

$$y(t) = \int (-gt + V\sin\theta) dt = -\frac{1}{2}gt^2 + (V\sin\theta)\, t + C_4$$

積分定数 C_3，C_4 は式 (3.38) の初期条件を代入すると，

$$x(0) = V\cos\theta \times 0 + C_3 = 0, \qquad C_3 = 0$$

$$y(0) = -\frac{1}{2}g \times 0^2 + V\sin\theta \times 0 + C_4 = 0, \qquad C_4 = 0$$

と決定できる。したがって，投げ上げてから t 秒後のボールの位置は，

$$x(t) = (V\cos\theta)\, t \tag{3.41}$$

$$y(t) = -\frac{1}{2}gt^2 + (V\sin\theta)\, t \tag{3.42}$$

となる。

　以上の解析からわかったことをまとめると，

- 水平方向へは，力ははたらいていない。
- 水平方向へは，初速度の x 成分を保ったまま等速度運動をする。
- 鉛直方向へは，下向きに重力加速度がかかった等加速度運動をする。この運動は，例題 3.1 で扱った鉛直投げ上げ運動と全く同じである。

放物運動では，水平方向の運動と鉛直方向の運動は互いに独立であり，互いに影響し合うことはない。

[例題 3.4]　放物運動の軌跡と最高点

式 (3.41), (3.42) から, ボールの飛ぶ軌跡の式 (x と y の関係式) を導き, ボールが放物運動をすることを示せ。また, ボールが到達する最高点の座標 (x_h, y_h) を求めよ (図 3.9)。

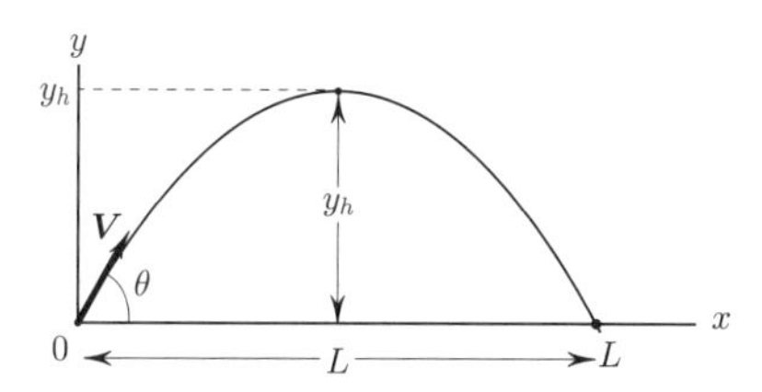

図 3.9　軌跡の図と放物運動の最高点 y_h と水平到達距離 L

[解]　軌跡の式は, (3.41), (3.42) の2式から t を消去し, x と y の関係式を作ればよい。式 (3.41) より $t = \dfrac{x}{V\cos\theta}$ として, 式 (3.42) に代入する。

$$\begin{aligned} y &= -\frac{1}{2}g\left(\frac{x}{V\cos\theta}\right)^2 + V\sin\theta \times \left(\frac{x}{V\cos\theta}\right) \\ &= -\frac{g}{2V^2\cos^2\theta}x^2 + (\tan\theta)\,x \end{aligned} \tag{3.43}$$

式 (3.43) は上に凸の放物線を表す。ボールが最高点に達するとき y 方向の速度はゼロとなる。このときの時刻 t_h を求めると,

$$v_y(t_h) = -gt_h + V\sin\theta = 0$$

より

$$t_h = \frac{V\sin\theta}{g}$$

この時刻を式 (3.41), (3.42) に代入する。

$$x_h = V\cos\theta \times \frac{V\sin\theta}{g} = \frac{V^2\sin 2\theta}{2g}$$

$$y_h = -\frac{1}{2}g\left(\frac{V\sin\theta}{g}\right)^2 + V\sin\theta\left(\frac{V\sin\theta}{g}\right) = \frac{V^2\sin^2\theta}{2g}$$

したがって, 最高点の座標は,

$$\left(\frac{V^2\sin 2\theta}{2g}, \frac{V^2\sin^2\theta}{2g}\right) \tag{3.44}$$

となる。

[例題 3.5]　水平到達距離

例題 3.4 で放物運動の軌跡の式が求められた。これを利用してボールの水平到達距離 L (図 3.9) を求めよ。またボールを投げ上げてから着地するまでの時間を求めよ。ボールを投げ上げる仰角 θ をどれだけにしたら到達距離が最も長くなるか。

[解]　例題 3.4 で求めた放物運動の軌跡の式 (3.43) で, $y = 0$ とすると水平到

達距離を求めることができる (図 3.9)。

$$0 = -\frac{g}{2V^2\cos^2\theta}x^2 + \tan\theta\, x$$

より,

$$x = 0, \quad x = \frac{2V^2\sin\theta\cos\theta}{g}$$

$x = 0$ はボールを投げ上げた位置を示す。到達距離 L は,

$$L = \frac{2V^2\sin\theta\cos\theta}{g} = \frac{V^2\sin 2\theta}{g}$$

ボールを投げ上げてから着地するまでの時間 T は, 式 (3.41) を利用すると,

$$x(T) = (V\cos\theta)\cdot T = L$$

より,

$$T = \frac{2V\sin\theta}{g}$$

この結果は例題 3.4 で計算したように, 最高点にボールが到達するまでの時間の 2 倍になっている。

到達距離が最も長くなる仰角 θ については, $L = \dfrac{V^2\sin 2\theta}{g}$ から L の最大値が得られる θ を求めればよい。$0 \leq \theta \leq \dfrac{\pi}{2}$ の範囲で $\theta = \dfrac{\pi}{4}$ となる。

以上をまとめると,

水平到達距離　$$L = \frac{V^2\sin 2\theta}{g} \tag{3.45}$$

着地するまでの時間　$$T = \frac{2V\sin\theta}{g} \tag{3.46}$$

最長到達距離を与える仰角　$$\theta = \frac{\pi}{4}$$

となる。

3章のまとめ

- 重力は物体と地球との間に及ぼし合う万有引力であり, 物体から見ると地球の中心方向 (鉛直下向きの方向) に向かう。質量 m の物体にはたらく重力の大きさは, mg である。
- 重力によって生じる加速度を重力加速度と呼び, g と表す。g の測定値の平均はおよそ $g = 9.8\ \mathrm{m/s^2}$ である。
- 運動方程式は, 物体に作用する全ての力を入れて立てる。運動方程式を解く際に初期条件, またはある時刻での運動の状態が明らかであれば運動のようすを完全に予測することができる。これを力学における因果律という。
- 比較的小さく軽い物体がゆっくり運動しているときにはたらく抵抗を, 粘性抵抗またはストークスの抵抗といい, 抵抗力は速度に比例する。

- 比較的大きくて重い物体が速い速度で運動しているときにはたらく抵抗を，慣性抵抗またはニュートンの抵抗といい，抵抗力は速度の 2 乗に比例する。
- 速度に関係した抵抗力がはたらく落下運動では，十分時間が経って抵抗力と重力の大きさが同じになると等速度運動となる。このときの速度を終端速度という。
- 放物運動の運動方程式は，水平 (x) 方向，鉛直 (y) 方向に分けて立て，解析する。

$$x \text{ 方向の運動方程式：} m\frac{d^2x}{dt^2} = 0$$

$$y \text{ 方向の運動方程式：} m\frac{d^2y}{dt^2} = -mg$$

- 質点の軌跡は放物線となる。

問　題

3.1　質量 m の質点を，時間 $t=0$ で $y=y_0$ の位置から初速度 v_0 で鉛直上向きに投げ上げた。鉛直上向きに y 座標をとり，次の問いに答えよ (図 3.10)。

① この質点についての運動方程式を立て，投げ上げてから t 秒後の速度と位置を求めた後，質点が地面 $(y=0)$ に落ちる瞬間の時刻 t_f を表す式を求めよ。

② 質点が地面に落ちる直前の質点の速度 v_f を表す式を求めよ。

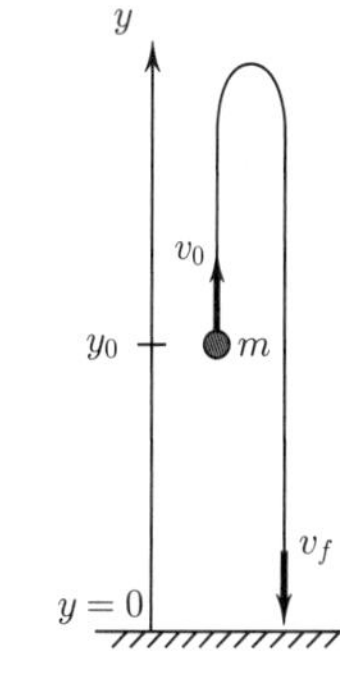

図 3.10　$y=y_0$ からの質点の投げ上げ運動

3.2　質量 m の小さなボールを地上 $(y=0)$ から鉛直上方に初速度 v_0 で投げ上げる。ボールは速度に比例する空気抵抗力を受ける。その比例定数を b とする (図 3.11)。

① 運動方程式を作り，初期条件を整理せよ。

② 投げ上げてから t 秒後のボールの速度を求め，その速度を時間を横軸にとってグラフに表せ。

③ 投げ上げてからボールが最高点に達するまでの時間を求めよ。

④ ある特別な初速度 $v_0 = \dfrac{mg}{b}$ を与えたとき，質点の最高点の高さ h を表せ。

⑤ 質点に空気の抵抗力がはたらかない場合，④と同じ初速度を与えたときの質点の最高点の高さ h' を求め，h/h' を表せ。

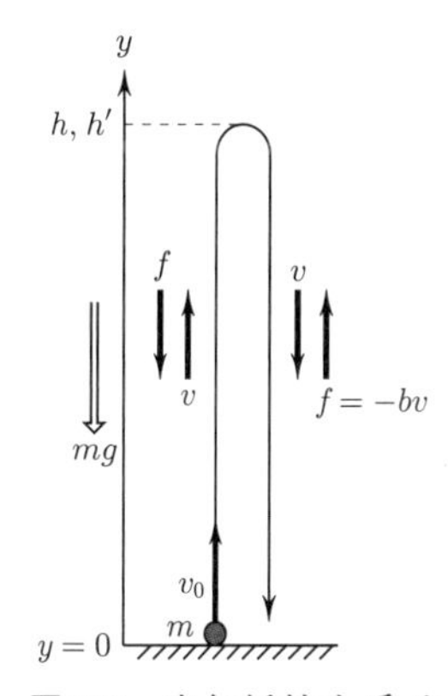

図 3.11　空気抵抗を受けるボールの投げ上げ運動

3.3　粘性抵抗 (速度に比例する抵抗力) を受けながら落下する小さな雨滴の終端速度を計算せよ。雨滴の半径 $r = 0.1$ mm，水の重量密度 $\rho = 1.0 \times 10^3$ kg/m^3，空気の粘性係数 $\eta = 2.0 \times 10^{-5}$N $\cdot$ s $\cdot$ m^{-2} とする。

3.4　**【発展問題】**　質量 m の物体が慣性抵抗 (速度の 2 乗に比例する抵抗力) を受けながら落下運動をしている場合の運動方程式を作り，速度 v について解け。ただし初期条件は $t=0$ のとき $v=0$ とし，y 軸上方を正の方向とする。

3.5　崖の上 $(0, y_0)$ から水平面と角度 θ をなす方向に質量 m のボールを初速度 $\boldsymbol{V}_0$ で投げ上げる (図 3.12)。

① このボールの運動方程式を x (水平) 成分，y (鉛直) 成分に分けて立て，投げ上げてから t 秒後の速度と位置をそれぞれ求めよ。

② $\theta = 30°$，初速度の大きさ $V_0 = 12$ m/s，$y_0 = 5.0$ m のとき，ボールは投げてから何秒後に投げたところより何 m 遠く (x_f) に着地するか？

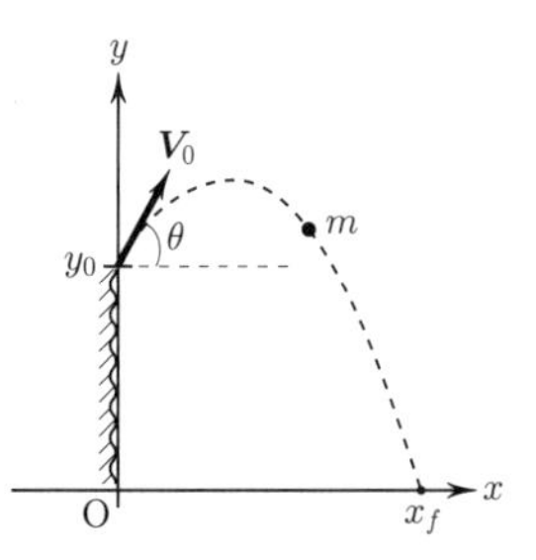

図 3.12　崖の上からのボールの投げ上げ運動

3.6　地上の原点 (0,0) に立っている少年が 35 m 先 $(\boldsymbol{r} = 35\boldsymbol{e}_x)$ の標的に向けて，質量 0.40 kg の小球を初速度 20 m/s で打ち出そうとしている。標的に命中させるた

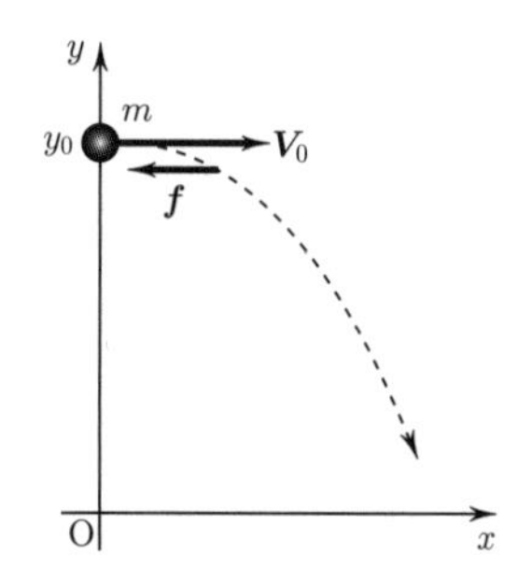

図 3.13　空気抵抗を受けながら，崖の上から水平投射された球の運動

めには仰角を何度にしたらよいか？

3.7　質量 m の球が，発射口 $(0, y_0)$ から初速度 $\boldsymbol{V}_0 = V_0\boldsymbol{e}_x$ で水平方向に飛び出した (図 3.13)。この球は空気の粘性抵抗 $\boldsymbol{f} = -b\boldsymbol{V}$ を受けながら進む。

① 球の運動方程式を水平方向成分，鉛直方向成分に分けて作れ。

② x，y 各成分について t 秒後の球の速度を求め，速度の各成分に対して時間 t に対するグラフを表せ。

③ この球の終端速度の向きと速度を求めよ。

4

簡単な運動 (2)
――円運動と単振動――

4.1 等速円運動

4.1.1 等速円運動の極座標表示

図 4.1 のように，原点 O を中心に半径 r で等速円運動をしている質点の位置 P の座標は，(x, y) で表すこともできるが，半径 r と角度 θ で表すこともできる (図 4.1, 図 4.2)。このような座標を (2 次元の) 極座標といい，(r, θ) で表す。r は円運動の半径であるが，$\boldsymbol{r}$ ベクトルの方向は**動径方向**と呼ばれる。

円運動なので $|\boldsymbol{r}|$ は一定である。θ は $t = 0$ のときに質点が通過した点 P_0 を基準とし，$\overline{OP_0}$ (x 軸) からみた動径 $\boldsymbol{r}$ の回転角を表す。

質点が t 秒間に点 P_0 から P に移動したとき弧 P_0P の長さ S は

$$S = r\theta \tag{4.1}$$

と表される。質点の速さ v は半径 r が一定であることを考えると

$$v = \frac{dS}{dt} = r\frac{d\theta}{dt} = r\dot{\theta} \tag{4.2}$$

となる。

$$\frac{d\theta}{dt} = \dot{\theta} = \omega \tag{4.3}$$

を角速度 (angular velocity) と呼び，ω と書く。単位は s^{-1} である。等速円運動の場合，動径方向への運動はないので速度の動径方向成分はゼロである。

一方，$r\dot{\theta}$ は速度の θ 方向成分*ということができ，動径方向とは常に垂直の方向成分 (円軌道の接線方向) になっている。したがって，速度ベクトルを r 方向と θ 方向に分けて表すと，

$$v_r = 0, \quad v_\theta = r\dot{\theta} \tag{4.4}$$

となる。また，回転角 θ は等速円運動であれば，$\theta = \omega t$ となる。

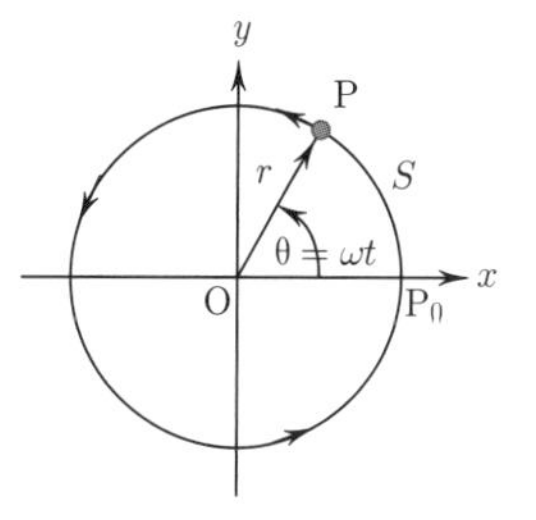

図 4.1 等速円運動の極座標表示

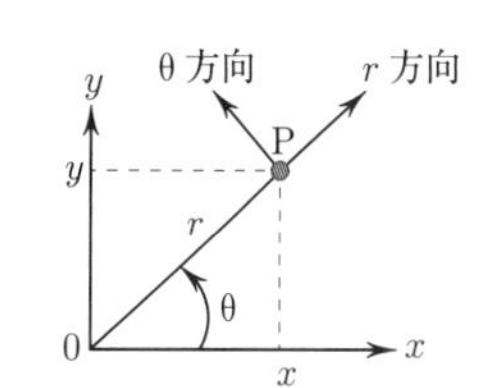

図 4.2 2 次元極座標。点 P の位置を原点 O からの距離 r と x 軸方向からの角度 θ とで表す。

* 角度 θ に方向があるというのはわかりにくいかもしれないが，θ が増える方向を θ 方向と名づける (図 4.2)。

[例題 **4.1**] 等速円運動

等速円運動の周期 T，角速度 ω，単位時間当たりの回転数 n の関係を示せ。

[解] 図 4.1 に示しているように，円弧の長さ S は，$S = r\theta$ であるから，円

周の長さは $\theta = 2\pi$ として，

$$円周 = 2\pi r$$

質点の速さを v とする。質点が一周するのに要する時間 T を周期 (period) と呼び，$T = \dfrac{2\pi r}{v}$ と表される。$v = r\omega$ であるから周期 T は，$T = \dfrac{2\pi}{\omega}$ となる。1 秒間に回転する**回転数** (number of rotations) n は，

$$n = \frac{1}{T} = \frac{\omega}{2\pi}$$

となる。単位は s^{-1} である。

4.1.2　等速円運動の xy 座標表示

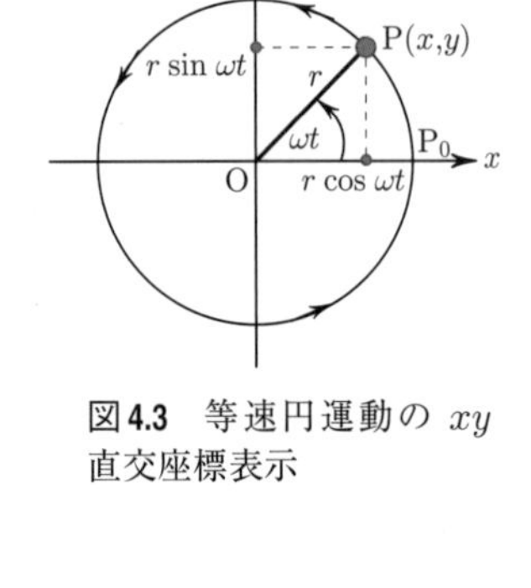

図 4.3　等速円運動の xy 直交座標表示

原点 O を中心に半径 r で等速円運動している質点の，位置ベクトルを $\boldsymbol{r}$ とする。$t = 0$ のとき質点が点 P_0 を通過し，$t = t$ のとき点 $P(x, y)$ を通過した。このときの質点の位置 $\boldsymbol{r}$，速度 $\boldsymbol{v}$，加速度 $\boldsymbol{a}$ を xy 座標系で表すと，図 4.3 より，

$$\boldsymbol{r} = (x, y) = (r\cos\omega t,\ r\sin\omega t) \tag{4.5}$$

$$\boldsymbol{v} = (v_x, v_y) = \left(\frac{dx}{dt}, \frac{dy}{dt}\right) = (-r\omega\sin\omega t,\ r\omega\cos\omega t) \tag{4.6}$$

$$\begin{aligned}\boldsymbol{a} = (a_x, a_y) &= \left(\frac{d^2x}{dt^2}, \frac{d^2y}{dt^2}\right) \\ &= (-r\omega^2\cos\omega t,\ -r\omega^2\sin\omega t) = -\omega^2\boldsymbol{r}\end{aligned} \tag{4.7}$$

となる。等速円運動では，質点は同じ速さで周回運動をしているので加速度が生じているとは不思議に思うかもしれないが，速度ベクトルの向きが常に変化していることに注目しよう*。

*　円運動の加速度は動径方向とは逆向きで円の中心を向いているので**向心加速度**と呼ばれることもある。

例題 4.2 で確かめるが，$\boldsymbol{r}$ と $\boldsymbol{v}$，$\boldsymbol{v}$ と $\boldsymbol{a}$ は互いに直交しており，加速度ベクトルは動径方向とは常に逆向きで円の中心を向いている。

式 (4.6)，(4.7) より，速度の大きさ $|\boldsymbol{v}|$ は

$$|\boldsymbol{v}| = v = \sqrt{(-r\omega\sin\omega t)^2 + (r\omega\cos\omega t)^2} = r\omega \tag{4.8}$$

となり，(4.4) と一致する。

また，加速度の大きさ $|\boldsymbol{a}|$ は，

$$|\boldsymbol{a}| = a = \sqrt{(-r\omega^2\cos\omega t)^2 + (-r\omega^2\sin\omega t)^2} = r\omega^2 \tag{4.9}$$

となる。

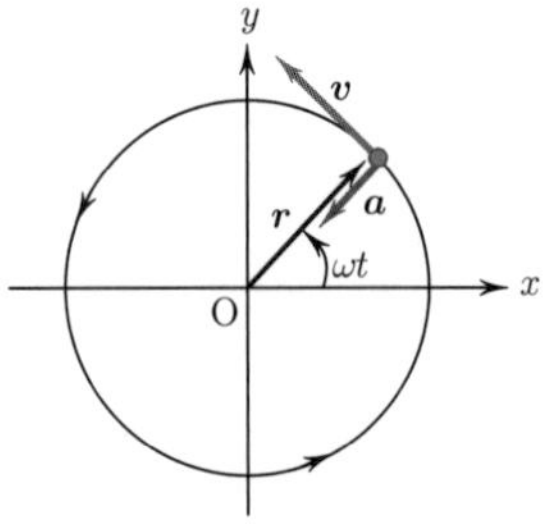

図 4.4　等速円運動の位置ベクトル，速度ベクトルと加速度ベクトルの関係　$\boldsymbol{r}$ と $\boldsymbol{v}$，$\boldsymbol{v}$ と $\boldsymbol{a}$ は互いに直交する。

[例題 4.2]　等速円運動のベクトル表示

図 4.3，4.4 のように，質点が等速円運動をしている。

(a) 位置ベクトル $\boldsymbol{r}$ を x 方向，y 方向の単位ベクトル $\boldsymbol{e}_x, \boldsymbol{e}_y$ を用いて表せ。

(b) 質点の速度ベクトル $\boldsymbol{v}$ を単位ベクトルを用いて表せ。

(c) 質点の加速度ベクトル $\boldsymbol{a}$ を単位ベクトルを用いて表せ。

(d) 位置ベクトル $\boldsymbol{r}$ と速度ベクトル $\boldsymbol{v}$ が互いに直交する (90° で交わる) こ

とを証明せよ。

(e) 速度ベクトル $\boldsymbol{v}$ と加速度ベクトル $\boldsymbol{a}$ が互いに直交することを証明せよ。

[解]

(a) $\boldsymbol{r} = r\cos\omega t\,\boldsymbol{e}_x + r\sin\omega t\,\boldsymbol{e}_y$

(b) $\boldsymbol{v} = \dfrac{dx}{dt}\boldsymbol{e}_x + \dfrac{dy}{dt}\boldsymbol{e}_y = -\omega r\sin\omega t\,\boldsymbol{e}_x + \omega r\cos\omega t\boldsymbol{e}_y$

(c) $\boldsymbol{a} = \dfrac{d^2x}{dt^2}\boldsymbol{e}_x + \dfrac{d^2y}{dt^2}\boldsymbol{e}_y = -\omega^2 r\cos\omega t\boldsymbol{e}_x - \omega^2 r\sin\omega t\boldsymbol{e}_y$

(d) $\boldsymbol{r}$ と $\boldsymbol{v}$ の内積がゼロになれば互いに直交することが証明できる。

$$\begin{aligned}\boldsymbol{r}\cdot\boldsymbol{v} &= r\cos\omega t \times (-\omega r\sin\omega t) + r\sin\omega t \times \omega r\cos\omega t\\ &= 0\\ \therefore\quad &\boldsymbol{r}\perp\boldsymbol{v}\end{aligned}$$

(e) $\boldsymbol{v}$ と $\boldsymbol{a}$ の内積をとる。

$$\begin{aligned}\boldsymbol{v}\cdot\boldsymbol{a} &= (-\omega r\sin\omega t)\times(-\omega^2 r\cos\omega t) + (\omega r\cos\omega t)\times(-\omega^2 r\sin\omega t)\\ &= 0\\ \therefore\quad &\boldsymbol{v}\perp\boldsymbol{a}\end{aligned}$$

4.1.3 円運動を引き起こす力——向心力——

等速円運動の加速度は，常に中心に向かう方向に生じていることがわかった。

このことは，この加速度を生じさせる力も $\boldsymbol{F} = m\boldsymbol{a}$ で表されるように常に中心に向かってはたらいていることを意味する。この，円運動を引き起こす力を向心力 (centripetal force) という。

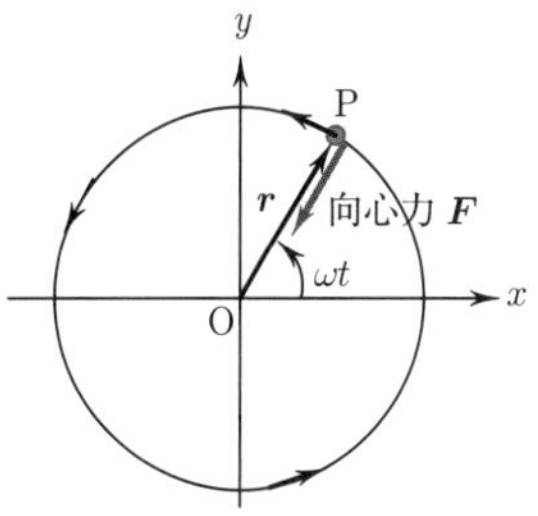

向心力の大きさは，

$$F = |\boldsymbol{F}| = m|\boldsymbol{a}| = mr\omega^2 = \frac{mv^2}{r} \tag{4.10}$$

向きも考慮に入れて r の増加方向を正の方向とすると

$$a = -\omega^2 r$$
$$F = -m\omega^2 r = -\frac{mv^2}{r} \tag{4.11}$$

と表される。

図 4.5 向心力ベクトル。動径ベクトルとは逆向きで円の中心方向を向く。

[例題 4.3] 向心力の一例 ——ハンマー投げ——

ハンマー投げでは選手がハンマーを投げるためにハンマーにつけた鎖の端を持ってぐるぐる円運動させ初速度を与える。ハンマーを円運動させるために選手にかかる負荷 (ハンマーに与える向心力) はどれだけの力だろうか。

ハンマーは競技では 1.2 m のワイヤーの先に約 7.0 kg の砲丸をつけた形になっている。簡単のためにワイヤーの質量は無視し，選手の腕の長さを 0.8 m，回転数 $n = 1.0\,\mathrm{s}^{-1}$ と仮定して計算せよ。

図 4.6　ハンマー投げ *

* https://commons.wikimedia.org/wiki/File:John_Flanagan.jpg より

[解]　質量 7.0 kg の砲丸を半径 2.0 m で円運動させるために必要な向心力 $\boldsymbol{F}$ の大きさは,

$$|\boldsymbol{F}| = F = mr\omega^2$$

回転数 $n = 1.0\,\mathrm{s}^{-1}$ のときの角速度 ω は, $\omega = 2\pi \times n$ より, $\omega = 2\pi\,\mathrm{s}^{-1}$ となるので,

$$F = 7.0\ \mathrm{kg} \times 2.0\ \mathrm{m} \times (2\pi\ \mathrm{s}^{-1})^2 = 550\,\mathrm{N}$$

向心力の大きさは, 550 N である。

選手が鎖から手を離した瞬間, 速度は円運動の接線方向を向くのでハンマーは円運動の接線方向に飛んでいく。諸君もオリンピックの競技映像などで見たことがあると思う。

4.2　単 振 動

4.2.1　円運動と単振動

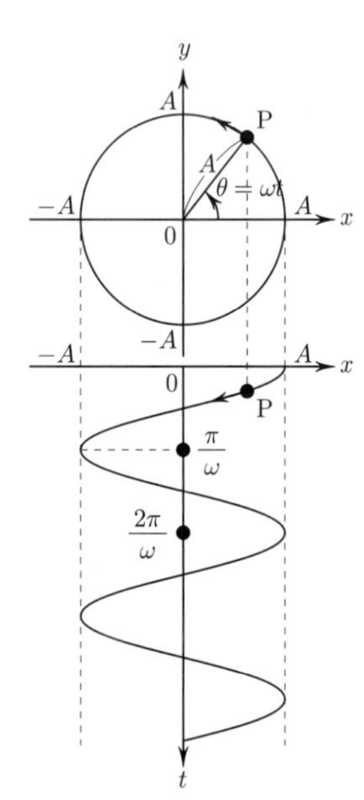

図 4.7　x 軸に投影された点 P の単振動運動

半径 A の円周上を一定の角速度で運動する点 P の運動を x 軸上にスクリーンを張って投影すると, 円運動の x 成分だけを取り出すことができる。この x 成分は,

$$x = A\cos\omega t \tag{4.12}$$

である。

点 P の x 座標は $t = 0$ で, $x = A$, $t = \dfrac{\pi}{\omega}$ で $x = -A$ というように x 軸上を往復運動する (図 4.7)。y 成分の $y = A\sin\omega t$ についても同様のことがいえる。

このような式 (4.12) で表される運動を**単振動** (simple harmonic oscillation) という。

単振動をしている質点の位置を $x = A\cos\omega t$ とすると, 速度 v は,

$$v = \frac{dx}{dt} = -\omega A\sin\omega t \tag{4.13}$$

加速度 a は,

$$a = \frac{d^2x}{dt^2} = -\omega^2 A \cos \omega t = -\omega^2 x \tag{4.14}$$

と表される。これらは円運動のときの速度と加速度の x 成分と一致している。A は振動の**振幅** (amplitude)，ω は**角振動数** (angular frequency) と呼ばれる。振動の周期 T は円運動と同じで $T = 2\pi/\omega$ となる。周期 T の逆数を円運動では回転数と呼んで n で表したが，単振動では**振動数** (frequency) と呼ばれ f で表す。

4.2.2 単振動を引き起こす力と運動方程式

単振動している質点の加速度に注目しよう。$a = -\omega^2 x$ は円運動の加速度の x 成分であるが，$x = 0$ を振動の中心の位置と考えると x は中心からのずれ (変位) となり，加速度はこの変位に比例し向きは常に変位と反対向きに生じている。単振動を引き起こす力は $\boldsymbol{F} = m\boldsymbol{a}$ であり，今の場合 $\boldsymbol{a} = -\omega^2\boldsymbol{x}$ と表されるから，

$$\boldsymbol{F} = m \times (-\omega^2 \boldsymbol{x}) = -(m\omega^2)\boldsymbol{x} \tag{4.15}$$

となる。この力は振動の中心からの変位 $\boldsymbol{x}$ に比例し，常に変位 $\boldsymbol{x}$ と逆向き，すなわち振動の中心を向く力である。これは質点の変位を常に元の位置に戻そうとする**復元力**であることに気付く。ゴムやばねなどこのような復元力をもつ物質は日常でもたくさんある。

$$m\omega^2 = k \tag{4.16}$$

とおき，k を**ばね定数**と呼ぶ。ばね定数の単位は N/m である。

復元力の式 (4.15) は

$$\boldsymbol{F} = -k\boldsymbol{x} \tag{4.17}$$

と表される。2.3.5 で述べたように，式 (4.17) の関係は**フックの法則**と呼ばれる。

運動の例として，ばね定数 k のばねの先につけられた質量 m の質点の運動を考えよう (図 4.8)。ばねが自然長のときの質点の位置を $x = 0$ (原点) とする。はじめに質点を $x = A$ までひっぱり，ばねを A だけ伸ばした後手を放すと，ばねの伸び縮みに従って質点は x 軸上を単振動する。床と質点の間には摩擦はないものとする。この運動の運動方程式は，

$$m\frac{d^2x}{dt^2} = -kx \tag{4.18}$$

となる。

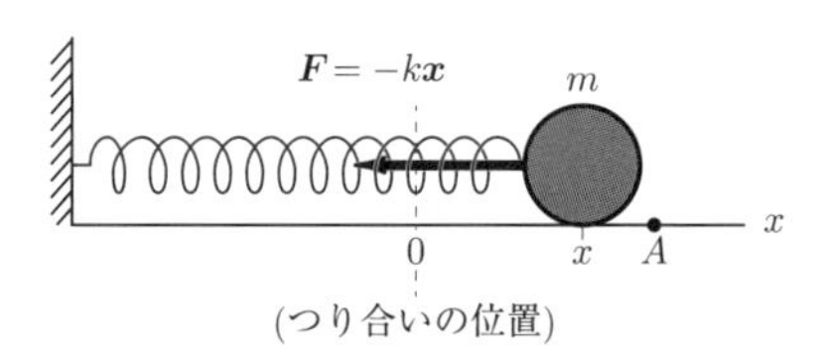

図 4.8 ばねにつながれたおもりの運動。ばねをつり合いの位置から A だけ伸ばして手を離すとおもりは単振動を始める。

式 (4.16) の関係から，

$$\frac{k}{m} = \omega^2 \tag{4.19}$$

と表されるので，式 (4.18) の両辺を m で割って整理すると，

$$\frac{d^2x}{dt^2} + \omega^2 x = 0 \tag{4.20}$$

となる。

式 (4.20) は力学では基本的な微分方程式で，右辺が 0 であるこのような形の微分方程式を**同次線形微分方程式** (homogeneous linear differential equationn) という。

この方程式を x について正面から解くことに挑戦する前に，まず例題を通して方程式とこれを満たす解の性質を見てみよう。

方程式 (4.20) を満たす関数 $x(t)$ は，2 回微分を行なうことにより負号がついて元の関数に戻る関数である sin 関数や cos 関数を考えるのが一番自然であろう。

そこで，$x(t)$ として

$$x(t) = \beta \sin(\omega t + \alpha) \tag{4.21}$$

と仮定してみる。β と α は未定定数である。式 (4.20) は 2 階の微分方程式であるから，本来なら 2 回積分して解 x を求めることになる。しかし，今は積分しないでいきなり解の関数を仮定してしまった。1 回の積分あたり 1 つの積分定数 (未定定数) が現れるから，この問題では 2 つの積分定数が現れているはずである。これを解 (4.21) の中に β と α の形でとり込んだ。

[例題 **4.4**] 単振動の運動方程式を満たす関数

式 (4.21) が，方程式 (4.20) の関係を満たしていることを確かめよ。その上で単振動を表す式 (4.21) に入っている 2 つの未定定数 α と β の値を初期条件を用いて決定せよ。

[解]　運動方程式

$$\frac{d^2x}{dt^2} + \omega^2 x = 0$$

に式 (4.21) を代入してみる。左辺第 1 項目は

$$\begin{aligned}\frac{d^2}{dt^2}\beta \sin(\omega t + \alpha) &= \frac{d}{dt}\omega\beta\cos(\omega t + \alpha)\\ &= -\omega^2\beta\sin(\omega t + \alpha) = -\omega^2 x\end{aligned}$$

となるので，式 (4.21) は方程式を満たしていることが確かめられた。つぎに，本文の問題設定より，初期条件を整理すると，$t = 0$ のとき，初期位置 $x(0) = A$，初期速度 $v(0) = 0$ となる。

式 (4.21) より速度を表す式を作ると，

$$v(t) = \frac{dx}{dt} = \omega\beta\cos(\omega t + \alpha)$$

この式に初期速度を代入する。

$$0 = \omega\beta\cos(\omega \times 0 + \alpha) = \omega\beta\cos\alpha$$

この関係が成立するためには $\cos\alpha$ がゼロでなければならない。

$$\therefore \quad \alpha = \frac{\pi}{2}$$

一方，式 (4.21) に初期位置を代入する。

$$A = \beta\sin(\omega \times 0 + \alpha) = \beta\sin\alpha$$

ここで，すでに $\alpha = \dfrac{\pi}{2}$ と決まっているので，$\sin\dfrac{\pi}{2} = 1$ となるから，

$$\beta = A$$

と決定できる。

$$\therefore \quad x(t) = A\sin\left(\omega t + \frac{\pi}{2}\right) = A\cos\omega t \qquad (4.22)$$

以上のように，未定定数を 2 つ含む単振動の式は，位置と速度の初期条件を入れることによって一義的に決定される。

図 4.9 に運動のようすをグラフに示す。

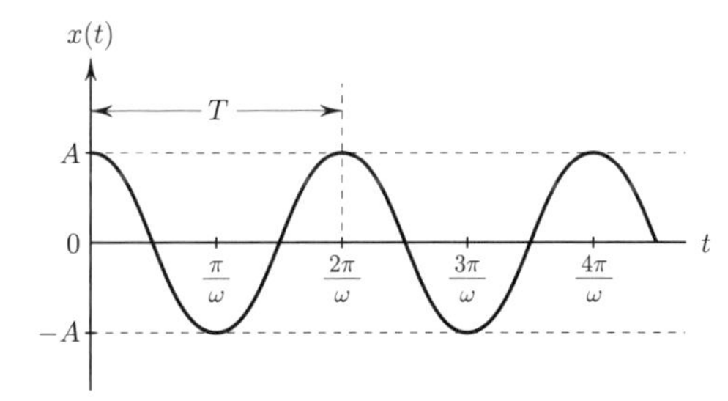

図 4.9 単振動 $x = A\cos\omega t$ のグラフ

ここで，式 (4.19) で $\dfrac{k}{m} = \omega^2$ とおいたので，

$$\omega = \sqrt{\frac{k}{m}} \text{：角振動数 (rad/s)}$$

振動の角振動数はおもりの質量 m が小さく，ばね定数 k が大きいほど大きくなることがわかる。さらに，

$$A \text{：振動の振幅 } (m), \qquad T = \frac{2\pi}{\omega} = 2\pi\sqrt{\frac{m}{k}} \text{：周期 (s)}$$

$$(\omega t + \alpha) \text{：位相 (phase)(rad)}, \qquad \alpha \text{：初期位相 (rad)}$$

である。未定定数として表される振幅，初期位相は上の例題で示したように運動の初期条件によって決定される。

4.2.3　単振動の運動方程式の解法

単振動をする質点の運動方程式 (4.20)

$$\frac{d^2x}{dt^2} + \omega^2 x = 0$$

の解き方の 1 つをここで示そう。

いま，方程式を満たす x として，$x = e^{\lambda t}$ とおいて式 (4.20) に代入する。

$$\lambda^2 e^{\lambda t} + \omega^2 e^{\lambda t} = 0$$

これより

$$\lambda^2 + \omega^2 = 0 \qquad \therefore \quad \lambda = \pm i\omega$$

これより $x = e^{i\omega t}$ と，$x = e^{-i\omega t}$ の 2 つの独立な解が得られる。先に述べたように式 (4.20) のような同次線形方程式では，この 2 つの独立な解にそれぞれ任意の定数をかけて加え合わせた結果もまた解になるのである。このような原理を**重ね合わせの原理** (principle of superposition) という。この加え合わせた解 (4.23) を方程式の**一般解** (general solution) と呼んでいる*1。

$$x = Be^{i\omega t} + B^* e^{-i\omega t} \tag{4.23}$$

ただし，B，B^* は任意の複素定数で，本来入るべき積分定数が形を変えて入っている。式 (4.21) と (4.23) が同じ解であることを見るために，

$$e^{\pm i\omega t} = \cos\omega t \pm i\sin\omega t$$

というオイラーの公式*2を使って式 (4.23) を整理すると，

$$x = (B + B^*)\cos\omega t + i(B - B^*)\sin\omega t$$

ここで，$(B + B^*) = A\sin\alpha$，$i(B - B^*) = A\cos\alpha$ とおくと*3，

$$x = A(\sin\alpha \times \cos\omega t + \cos\alpha \times \sin\omega t) = A\sin(\omega t + \alpha)$$

となり，式 (4.21) と一致する。

ここに現れた A，α は，やはり任意の定数で，式 (4.23) 中の B, B^* が姿を変えて出てきている。A は振幅，α は初期位相であり例題 4.4 で示したとおり，固有の運動の初期条件を与えれば，その運動に則した振動の式が得られる。

*1　この一般解 (4.23) が方程式 (4.20) を満たしていることを章末問題で確かめる。

*2　オイラーの関係式については付録 A 初等関数のまとめ A1.3，例題 A1.2 を参照。

*3　このように置くことに不自然な感じをもつ諸君も多いと思われるが，一般的に B, B^* は複素数であり互いに複素共役な数にとる。左の例では

$$B = \frac{A}{2}(\sin\alpha - i\cos\alpha)$$

$$B^* = \frac{A}{2}(\sin\alpha + i\cos\alpha)$$

となっている。複素関数である解 (4.23) を実数関数の形にするためにはこのように任意の定数を複素数にして変形する工夫をしなければならない。

[例題 4.5]　単振動の変位，速度，加速度

単振動運動の例として示した図 4.8 のような，ばねにつけられたおもりの運動を考える。おもりの位置 (変位) $x(t)$ は，式 (4.22) で表される。これより，おもりの速度，加速度を導きグラフに表せ。

[解]　図 4.10 を参照。

位置　　$x(t) = A\cos\omega t$

速度　　$v(t) = \dfrac{dx}{dt} = -\omega A\sin\omega t$

加速度　$a(t) = \dfrac{dv}{dt} = -\omega^2 A\cos\omega t$

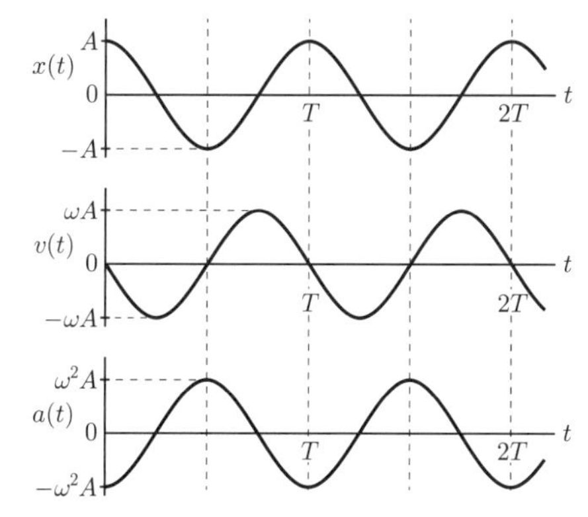

図 4.10 単振動の位置，速度，加速度のグラフ。位相がずれていくことに注意しよう。

[例題 4.6] 単振り子

一端を固定した長さ l の糸に質量 m のおもりをつるして鉛直面内で振動させる。この振り子を単振り子 (simple pendulum) という。振動の振れ角が小さいとき，単振り子の運動方程式を作り，振り子の周期を表せ。

[解] 図 4.11 に示すように，糸と垂線の角度を θ とすると，振り子の接線方向の力は

$$F = -mg\sin\theta$$

となる。マイナスの負号は θ が増える方向と逆の方向に力がはたらいているからである。この力が振り子を振動させる力となる。糸の方向 (動径方向) では糸の張力と重力 mg の糸方向の成分 $mg\cos\theta$ とがつり合っていておもりを拘束しているが運動には寄与しない。おもりの変位 s は円弧の長さとして $s = l\theta$，これらを運動方程式にすると，

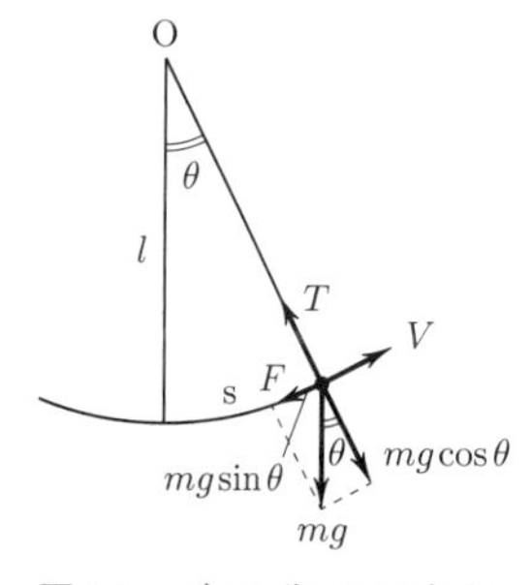

図 4.11 糸の先におもりをつけた単振り子

$$m\frac{d^2s}{dt^2} = ml\frac{d^2\theta}{dt^2} = -mg\sin\theta$$

となる。この方程式は右辺 sin の中に θ が入っているので，このままでは解けない。そこで，θ が小さい範囲 (おおむね 0.1 rad 以内) と限定して $\sin\theta \simeq \theta$ の近似をする。すると運動方程式は，

$$\frac{d^2\theta}{dt^2} = -\frac{g}{l}\theta$$

この方程式は，$\theta \to x$，$g/l = \omega^2$ と置き換えれば単振動の運動方程式 (4.18)，式 (4.20) と全く同じ形になる。したがって振動の式は，単振動の結果を利用できて，

$$\theta = \theta_0 \cos\left(\sqrt{\frac{g}{l}}t + \alpha\right)$$

となり，周期 T は $T = 2\pi\sqrt{l/g}$ となる。θ_0，α は未定定数であるが振動の振幅と初期位相がわかれば特定できる。この運動の式はおもりの位置についてではなく糸の振れ角 θ についてであることに注意しよう。

4.3 減 衰 振 動

単振動は振動の基本的な形だが，実際はたとえば空気中で振動運動が起きても時間が経つとだんだん振動の振幅が小さくなっていって，ついに止まってしまう。むしろこのような現象の方が日常的である。

空気や水，油などの中での振動運動は媒質の粘性などで振動体の速度に比例した抵抗力がはたらく。このような場合，たとえば図 4.12 に示すような振動運動を取り上げよう。

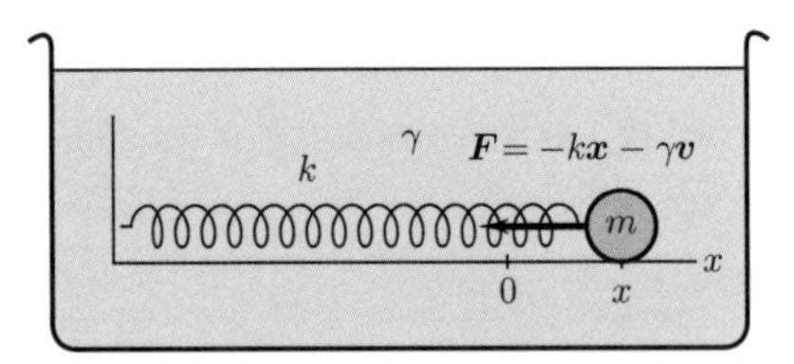

図 4.12　減衰振動。k はばね定数，γ は媒質の粘性に関係する抵抗の比例係数である。k と γ の大小関係で振動のようすが変わる。

基本的な単振動の運動方程式 (4.18) に振動体の速度に比例した抵抗力 $-\gamma v$ を加えた方程式を作ると，

$$m\frac{d^2x}{dt^2} = -kx - \gamma\frac{dx}{dt} \tag{4.24}$$

ただし，k は ばね定数，γ は速度に比例する抵抗係数である。

後の解析のために，ここで $\omega^2 = k/m$，$2\beta = \gamma/m$ とおこう。すると運動方程式は，

$$\frac{d^2x}{dt^2} + 2\beta\frac{dx}{dt} + \omega^2 x = 0 \tag{4.25}$$

となる。方程式 (4.25) の解を $x = e^{\lambda t}$ とおいて方程式に代入すると，

$$\lambda^2 + 2\beta\lambda + \omega^2 = 0 \tag{4.26}$$

$$\lambda = -\beta \pm \sqrt{\beta^2 - \omega^2} \tag{4.27}$$

を得る。これより，式 (4.25) の解として 2 つの独立な解 (4.28)，(4.29) が得られる。

$$x = e^{-\beta t} \cdot e^{\sqrt{\beta^2-\omega^2}t} \tag{4.28}$$

$$x = e^{-\beta t} \cdot e^{-\sqrt{\beta^2-\omega^2}t} \tag{4.29}$$

4.2.3 の式 (4.23) にならって，方程式 (4.25) の一般解は，この 2 つの解の和として表されるので，

$$x(t) = A_1 e^{-\beta t} \cdot e^{\sqrt{\beta^2-\omega^2}t} + A_2 e^{-\beta t} \cdot e^{-\sqrt{\beta^2-\omega^2}t} \tag{4.30}$$

となる。A_1，A_2 は未定定数である。

式 (4.30) をわかりやすい振動の式に変形して，振動のようすがわかるようにしてみよう。注意しなければならないのは，式 (4.30) の中の $\beta^2 - \omega^2$ が β と ω の大小関係で正になるか負になるかということで，これによって運動のようすががらりと変わる。

以下，場合に分けて見て行こう。

(i) $\beta^2-\omega^2<0$ の場合 (媒質の抵抗の効果よりばねの復元力の効果の方が強い場合)：

$\beta^2-\omega^2=-(\omega^2-\beta^2)=-\omega'^2$ と置き換えよう。$\sqrt{\beta^2-\omega^2}=\sqrt{-\omega'^2}=i\omega'$ となるので，

$$x(t)=e^{-\beta t}\cdot[Be^{i\omega' t}+B^*e^{-i\omega' t}] \tag{4.31}$$

となる。式 (4.31) のカッコの中は式 (4.23) と同じ形つまり単振動を表す式の形になっている。したがって，式 (4.22) と同じ形に変形できる*。

$$[Be^{i\omega' t}+B^*e^{-i\omega' t}]=A\sin(\omega' t+\alpha)$$

$$\therefore\quad x(t)=Ae^{-\beta t}\sin(\omega' t+\alpha) \tag{4.32}$$

ここで，A と α は未定定数である。$Ae^{-\beta t}$ は振動の振幅であり，振幅は時間とともに小さくなっていく。

$\sin(\omega' t+\alpha)$ は角振動数 ω' の振動を表す。$\omega'=\sqrt{\omega^2-\beta^2}$ であり，抵抗のない状態での角振動数 ω に比べて媒質の粘性の強さに依存して小さくなっている。このような振動を**減衰振動** (damped oscillation) という (図 4.13)。

* 4.2.3 単振動の運動方程式の解き方参照

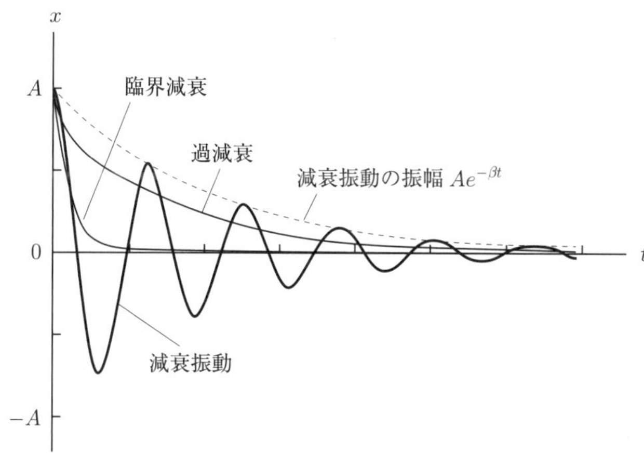

図 4.13 減衰振動，過減衰，臨界減衰の運動のようす

(ii) $\beta^2-\omega^2>0$ の場合 (媒質の抵抗の効果の方がばねの復元力の効果より強い場合)：

$\beta^2-\omega^2=\kappa^2$ とおくことにすると，式 (4.27) は，

$$\lambda=-\beta\pm\kappa$$

となり，方程式 (4.25) の一般解は，

$$x(t)=Ce^{-(\beta-\kappa)t}+De^{-(\beta+\kappa)t}=e^{-\beta t}(Ce^{\kappa t}+De^{-\kappa t}) \tag{4.33}$$

となる。β，κ は実数かつ $x(t)$ も実数関数でなければならないので C, D は実数の未定定数となる。$\beta+\kappa>0$，$\beta-\kappa>0$ なので，この一般解のどちらの項も減衰曲線となる。したがって $x(t)$ も減衰曲線となる。

この運動は，振動せずにゆっくり減衰していく。**過減衰** (overdamped oscillation) と呼ばれる (図 4.13)。

(iii) $\beta^2 - \omega^2 = 0$ の場合 (媒質の抵抗の効果とばねの復元力の効果が特別の関係にある場合)：

$\omega = \beta$ であれば，式 (4.27) は $\lambda = -\beta$ となり，方程式 (4.25) の解は

$$x(t) = Je^{-\beta t} \tag{4.34}$$

の形でただ 1 つ重解となる。しかしこれだけでは，方程式の一般解の決まりとして「未定定数を含む 2 つの独立な解の和」の形の解を作ることはできない。何とかしてもう 1 つの解を見つけなければならないが，今までの方法では見つけることができない。

そこで考え方を変えて，今までの解の形を参考にして方程式の解を

$$x(t) = y(t)e^{-\beta t} \tag{4.35}$$

と，おいてみる。$y(t)$ は t の関数という意味で，たとえば減衰振動での式 (4.32) の場合は $y(t) = A\sin(\omega' t + \alpha)$ に相当するといった関数である。式 (4.34) では $y(t) = J$ に相当し，これも解の 1 つということだ。

式 (4.35) をもとの方程式 (4.25) に代入すると，

$$\frac{d^2y}{dt^2} + (\omega^2 - \beta^2)y = 0$$

を得る。さらに $\omega^2 - \beta^2 = 0$ の条件を入れると

$$\frac{d^2y}{dt^2} = 0 \tag{4.36}$$

となる。式 (4.36) の関係を満たす y は時間 t の 1 次関数なので

$$y = J + Kt$$

を式 (4.36) の一般解としよう。もとの方程式 (4.25) の解は，

$$x(t) = (J + Kt)e^{-\beta t} \tag{4.37}$$

となる。$x(t)$ は実数関数なので J, K は実数の未定定数となる。これは，J, K という 2 つの未定定数を含むので，(iii) の場合の一般解である。

この運動は，振動せずに過減衰の場合より速やかに減衰する。**臨界減衰** (critically damped oscillation) と呼ばれる。図 4.13 に示すように，最も速やかに平衡点に落ち着く。摩擦等の抵抗とばねなどの復元力をうまく調節して $\omega = \beta$ の関係を実現できれば臨界減衰がおきる。自動ドアの開閉や計器の指針などいろいろなところで応用されている。

[例題 4.7]　減衰振動の形

図 4.12, 4.13 にあるように，抵抗係数 γ の媒質の中でばね定数 k のばねの先につけた質量 m のおもりをばねの平衡点から x_0 だけ引き延ばして静かに手を放した場合を例にとり，式 (4.32) の未定定数 A と α を決定せよ。

［解］ 求めたい未定定数は2つなので，初期条件2つがわかれば決定できる。題意より初期条件は $t=0$ のとき，$x=x_0$，初速度 $v=0$ である。これを式 (4.32) と，おもりの速度を表す式

$$v(t)=\frac{dx}{dt}=Ae^{-\beta t}\{\omega'\cos(\omega' t+\alpha)-\beta\sin(\omega' t+\alpha)\} \qquad (4.38)$$

に代入する。式 (4.38) より，

$$0=Ae^0\{\omega'\cos(\alpha)-\beta\sin(\alpha)\}$$
$$\frac{\omega'}{\beta}=\tan\alpha$$

これより $\alpha=\tan^{-1}\dfrac{\omega'}{\beta}$ となる。$\omega\gg\beta$ であれば α は $\pi/2$ に近づく。

一方，式 (4.32) からは，

$$x_0=Ae^0\sin(\alpha)=A\sin\alpha$$

これより，

$$A=\frac{x_0}{\sin\alpha}$$

となる。

α が $\pi/2$ に近づくほど A は x_0 に近づくが，その程度は ω' と β との比に依存する。

$$x(t)=\frac{x_0}{\sin\alpha}e^{-\beta t}\cdot\sin(\omega' t+\alpha), \quad \alpha=\tan^{-1}\frac{\omega'}{\beta} \qquad (4.39)$$

となる。ここで，$\omega'=\sqrt{\omega^2-\beta^2}$，$\omega^2=k/m$，$\beta=\gamma/2m$ である。

4.4 【発展】強制振動

今まで扱ってきた振動運動は，系の外から加えられる力のないいわゆる自由振動だったが，この節では外からの力を受ける系の振動を考察する。これを**強制振動** (forced oscillation) という。強制振動の運動方程式は，単振動の基本的な方程式に外からの力 $F(t)$ を加えた式で与えられる

$$m\ddot{x}+kx=F(t)$$

あるいは

$$\ddot{x}+\omega_0^2 x=\frac{1}{m}F(t) \qquad (4.40)$$

である。$m\omega_0^2=k$ の関係は単振動の場合と同様である。おもりとばねとの自然な振動 (自由振動) の角振動数を ω_0 としている。$F(t)$ は系に外からはたらく力である。特に興味ある場合として，外からの力も周期関数である場合を考える。

$$F(t)=F_0\cos\omega t \qquad (4.41)$$

$$\frac{d^2x}{dt^2}+\omega_0^2 x=\frac{F_0}{m}\cos\omega t \qquad (4.42)$$

この方程式は 2 階の**非同次** (inhomogeneous) **線形微分方程式**と呼ばれる。2 階の微分方程式なので積分定数を 2 つもつものが一般解である。

一方，右辺 $=0$ とおいた方程式は (4.18) でも現れた単振動を表す方程式である。そこでも触れたように，このような右辺が 0 (x を含まない項がない) の方程式を**同次線形微分方程式**と呼ぶ。

ここで，式 (4.42) の一般解を求めてみよう。式 (4.42) はいうまでもなく

$$\frac{d^2x}{dt^2}+\omega_0^2x=0$$

という自由な振動 (これが単振動であることはすでに 4.2 節で学んだ) に右辺の周期的外力 (強制力) が加わった振動の方程式であり，その解は両者が合成された振動の重ねあわせで表されるであろうと推測される。つまり

非同次線形微分方程式の一般解 $=$ 同次線形微分方程式の一般解
$+$ 非同次線形微分方程式の特殊解*1

と表すことができる。このように「非同次線形微分方程式の一般解は，対応する同次微分方程式の一般解と非同次微分方程式の特殊解の和に等しい」ということは，数学的に証明することができる*2, *3。

非同次式の特殊解として，何か 1 つ方程式 (4.42) を満たす関数を見つければよいので，たとえば $\tilde{x}=B\cos\omega t$ とおいて式 (4.42) に代入してみると

$$B=\frac{F_0}{m(\omega_0^2-\omega^2)}$$

となるので

$$\tilde{x}=\frac{1}{\omega_0^2-\omega^2}\frac{F_0}{m}\cos\omega t$$

という特殊解を得る。同次式の一般解は 4.2.3 で $x(t)=A\cos(\omega_0t+\alpha)$ と求められているので，一般解としては

$$x(t)=A\cos(\omega_0t+\alpha)+\frac{1}{\omega_0^2-\omega^2}\frac{F_0}{m}\cos\omega t \tag{4.43}$$

となる。式 (4.43) の第 1 項は，自由振動の項であり，第 2 項は外力による強制振動の項である。

たとえばブランコでいえば，第 2 項は外から与える押す力によっておきる振動運動であり，自由振動と同じ $\omega\approx\omega_0$ の角振動数で押すとき効果が最大になることは諸君も経験していると思う。このように $\omega\approx\omega_0$ になるとき，振幅が大きくなる現象のことを**共振** (resonance) という。

[例題 4.8]　強制振動の例

強制振動を起こす具体的な一例として，図 4.14 に示すように，質量 m のおもりをつけたばねの他端を持って，式 (4.41) の形の力がおもりにはたらくように角振動数 ω で周期的に左右に動かすとする。おもりの運動の初期条

*1　任意定数を含む微分方程式の解を一般解というが，この任意定数が特定の値をとった解を特殊解 (paticular solution) という。

*2　たとえば和達三樹著「物理のための数学」参照。

*3　6 章 6.5.2，式 (6.41) 以降の議論にも同じ考え方を用いている。参照されたい。

件は，$t=0$ のとき $x=0$，$v=0$ とする。おもりは初め止まっているが，外からの力の加え方によって振動運動を始める。一般解 (4.43) に含まれる未定定数を決定して運動の状態を表せ。

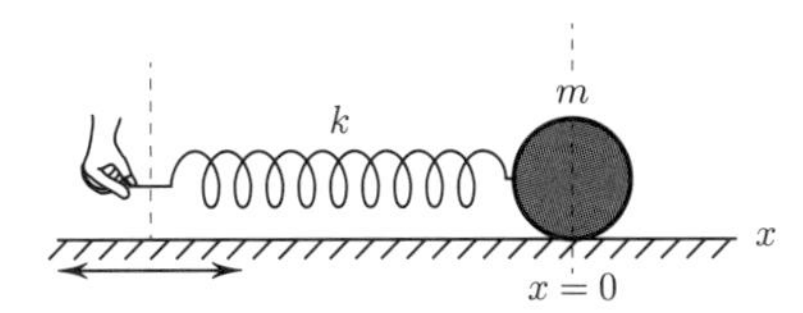

図 4.14　強制振動を与える例

［解］　強制振動の一般解 (4.43) より，おもりの速度を求めると，

$$v(t)=\frac{dx}{dt}=-A\omega_0\sin(\omega_0 t+\alpha)-\frac{\omega}{\omega_0^2-\omega^2}\frac{F_0}{m}\sin\omega t$$

となる。速度の初期条件を入れると，

$$v(0)=0=-A\omega_0\sin(\alpha)-\frac{\omega}{\omega_0^2-\omega^2}\frac{F_0}{m}\times 0$$

となるので，$\alpha=0$ と決まる。さらに，位置の初期条件を入れると，

$$x(0)=0=A\cos(0)+\frac{1}{\omega_0^2-\omega^2}\frac{F_0}{m}\cos 0$$

これより，

$$A=-\frac{1}{\omega_0^2-\omega^2}\frac{F_0}{m}$$

振動運動の式は，

$$x(t)=\frac{1}{\omega_0^2-\omega^2}\frac{F_0}{m}(\cos\omega t-\cos\omega_0 t) \tag{4.44}$$

となる。外力は $\cos\omega t$ に比例しているが，おもりの振動運動は外力の振動とおもりとばねの自由振動の差になっている。

［共振］　式 (4.44) は，ω が ω_0 に近づくと振動の振幅は無限大になっていくので共振状態になりそうであるが，$(\cos\omega t-\cos\omega_0 t)$ もゼロに近づくので運動としては 0/0 の不定形になって，運動の様子がはっきり見えない。そこで，式 (4.44) を $\omega\to\omega_0$ の極限をとって共振状態の様子を見てみよう。

$$\begin{aligned}\lim_{\omega\to\omega_0}x(t)&=\lim_{\omega\to\omega_0}\frac{1}{\omega_0^2-\omega^2}\frac{F_0}{m}(\cos\omega t-\cos\omega_0 t)\\&=-\lim_{\omega\to\omega_0}\frac{F_0}{m}\left(\frac{1}{\omega_0+\omega}\right)\left(\frac{\cos\omega t-\cos\omega_0 t}{\omega-\omega_0}\right)\\&=-\frac{F_0}{m}\left(\frac{1}{2\omega_0}\right)\lim_{\omega\to\omega_0}\left(\frac{\cos\omega t-\cos\omega_0 t}{\omega-\omega_0}\right)\\&=-\frac{F_0}{m}\left(\frac{1}{2\omega_0}\right)\left(\frac{d}{d\omega}\cos\omega t\right)_{\omega=\omega_0}\\&=\left[\frac{F_0}{m}\left(\frac{1}{2\omega_0}\right)t\right]\sin\omega_0 t\end{aligned} \tag{4.45}$$

となる。共振状態の運動には次のような特徴がある。

① 式 (4.45) の [ ] の中が振動の振幅であるが，振動の振幅は時間に比例して大きくなっていく。

② $\sin\omega_0 t = \cos(\omega_0 t - \pi/2)$ からわかるように，振れの位相が外からの力の位相より $\pi/2$ ずれ (遅れ) る。

①の振幅については，外力を加え続けていると振幅が無限大になってしまいそうであるが，実際には抵抗力が必ずはたらくので有限にとどまる (図 4.15)。

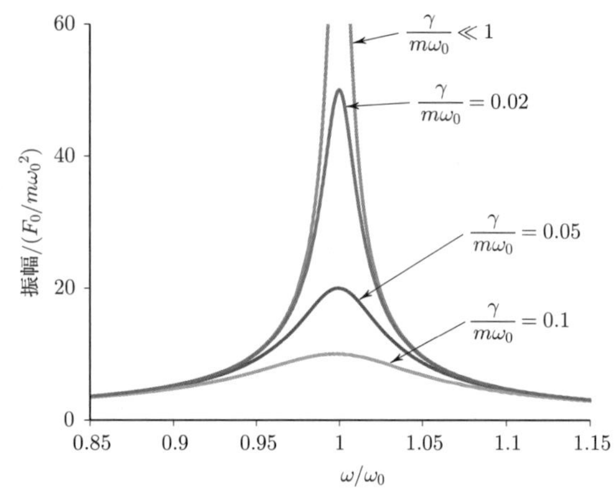

図 4.15　共振曲線。外から加わる振動の角振動数 ω が振動系固有の角振動数 ω_0 に十分近くなると振動の振幅が非常に大きくなる。

粘性抵抗がはたらく場合，図 4.12 で設定した媒質の粘性抵抗係数 γ を使うと，共振時の振幅 R は，

$$R(\omega) = \frac{F_0}{m}\frac{1}{\sqrt{(\omega_0^2 - \omega^2)^2 + \left(\frac{\gamma}{m}\omega\right)^2}} \tag{4.46}$$

と表される*。図 4.15 に式 (4.46) の結果を横軸に ω/ω_0，縦軸に振幅をとったグラフにして示す。

*　式 (4.46) の導出は章末問題 4.8 で行う。

次に，式 (4.44) を別の面から見てみよう。式 (4.44) は，

$$\begin{aligned} x(t) &= \frac{1}{\omega_0^2 - \omega^2}\frac{F_0}{m}(\cos\omega t - \cos\omega_0 t) \\ &= \left[\frac{2}{\omega^2 - \omega_0^2}\frac{F_0}{m}\sin\left(\frac{\omega - \omega_0}{2}t\right)\right]\sin\left(\frac{\omega + \omega_0}{2}t\right) \end{aligned} \tag{4.47}$$

となる。式 (4.47) をみると $\omega \sim \omega_0$ のとき，$\sin\left(\frac{\omega + \omega_0}{2}t\right)$ が本来の振動を表しており [ ] の中がその振動の振幅を表している。これは，長い周期 $\frac{4\pi}{\omega - \omega_0}$ をもつ振幅の中に短い周期 $\frac{4\pi}{\omega + \omega_0}$ をもつ振動があることを示して

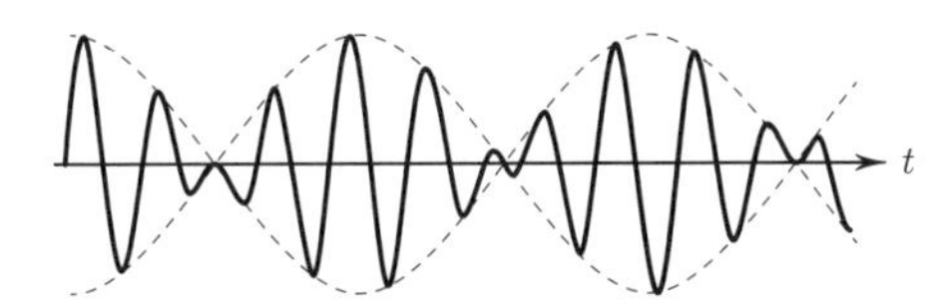

図 4.16　うなりのようすの一例

いる (図 4.16)。このように振幅が大きな周期で波打っている現象をうなり (beat) と呼ぶ。

4章のまとめ

- 質点が半径 R の円にそって一定の速さで回転しているとき，その質点は等速円運動をしているという。その質点には向心力が作用している。
- 円運動をしている質点が 1 秒間に回転する角度を角速度といい，ω で表す。周期 T は $2\pi/\omega$ となる。
- 等速円運動を x 軸または y 軸に投影した運動を単振動という。たとえば $x(t) = A\cos\omega t$ と表される。A は振幅，ω は角振動数と呼ばれる。
- 単振動をしている質点には変位に比例する復元力がはたらいている。
- 単振動をしている質点に媒質の粘性抵抗が加わると減衰振動となる。
- 振動を起こす復元力の効果より抵抗力の効果の方が大きいと過減衰となり，両者の効果が等しいとき振動が速やかにおさまる臨界減衰となる。
- 単振動の運動に外からの力を加えた運動を強制振動という。
- 強制振動の外力が周期的な力の場合，その力の振動数が単振動の固有振動数に近づくと，振幅が非常に大きくなる共振が起きる。

問　題

4.1　2003 年室伏広治選手の出した最高記録は，84.9 m であった。投てきの記録写真をみるとハンマーの投げ上げ仰角は 40° であった (図 4.17)。このときの投てきの瞬間のハンマーの速度を計算し，室伏選手のハンマーに与えた向心力を推定せよ。ハンマーはワイヤーの長さ 1.20 m，砲丸の質量 7.00 kg，室伏選手の腕の長さ 0.80 m とし，ワイヤーの質量は無視する。

4.2　木星は質量 $M_J = 1.90 \times 10^{27}$ kg，半径 $R_J = 7.14 \times 10^7$ m，自転周期 0.414 日の惑星である。このデータから次の問いに答えよ。

①木星の赤道表面での重力加速度 g_J は地球表面での重力加速度の何倍か？ (3 章式 (3.2) 参照)

②木星の第一衛星イオは木星の赤道面にあり，ほぼ完全な円軌道を描いていてその軌道半径は 4.22×10^8 m である。イオにはたらく向心力は木星とイオの間の万有引力と考えて，イオの公転周期を求めよ。

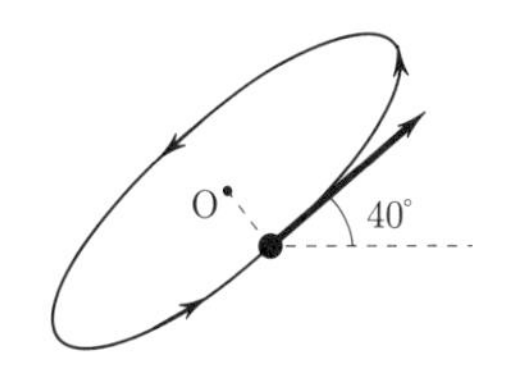

図 4.17　ハンマー投げの，ハンマーの回転方向と初速度の方向

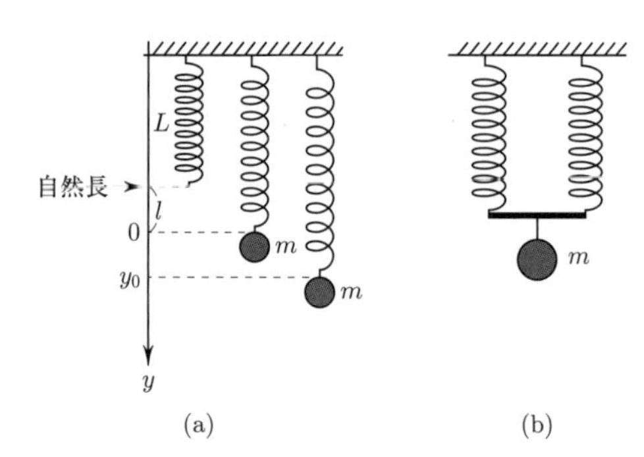

図 **4.18**　(a) 問題 4.3 ① ② の図，(b) 問題 4.3 ③ の図

4.3　自然の長さが L で質量の無視できるばねがある。

①ばねの上端を固定し，質量 m のおもりを吊るしたら，長さが l だけ伸びて静止した。ばね定数 k を表せ。

②このばねをさらに y_0 だけ伸ばして静かに手を離したら，おもりは振動を始めた。鉛直下向きを y の正の方向として，この運動の運動方程式を表せ (図 4.18(a)) (単振動の方程式となることを確かめよ)。

③①と全く同じばねを 2 本並列にたばね，質量 m のおもりを吊るす。この状態で振動させたときの周期 T' は②の振動の周期 T の何倍か？ (図 4.18(b))

4.4　地上で周期が同じばね振り子 (問題 4.3，図 4.18(a) の形) と単振り子 (例題 4.7 の形) を月面上に持って行って振動させると周期はどのようになるか論じよ。ただし，月面上の重力は地球上の重力の 6 分の 1 とする。

4.5　単振動の運動方程式の一般解 (4.23) が，もとの方程式 (4.20) を満たしていることを確かめよ。

4.6　臨界減衰の場合，方程式 (4.25) の一般解として式 (4.37) を導いたが，この解が元の方程式 (4.25) を満たしていることを確かめよ。

4.7　強制振動の一般解 (4.43) が方程式 (4.42) を満たしていることを確かめよ。

4.8【発展】　強制振動に粘性抵抗がはたらく場合，共振時の振幅 R が

$$R(\omega) = \frac{F_0}{m}\frac{1}{\sqrt{(\omega_0^2-\omega^2)^2+\left(\frac{\gamma}{m}\omega\right)^2}}$$

と表されることを導け。γ を媒質の粘性抵抗係数とする。

5

仕事とエネルギー

多くの場合，物体を動かすには力が必要である。力を加えて物体を動かすと仕事をしたことになるのは，我々の日常でも経験することである。この仕事は，重力がかかっている物体などではポテンシャルエネルギーとして蓄えられる。物体が動くとこのポテンシャルエネルギーは変化するが，これと運動エネルギーの和は一定となる。これを力学的エネルギー保存則という。本章ではこれらのことを勉強していこう。

5.1　1 次元系の仕事とポテンシャルエネルギー

図 5.1 のように，重量上げの選手が重力に逆らってバーベルを持ち上げるとき，選手がする仕事 (work) を考えてみよう。

図 5.1　重力に逆らってバーベルを持ち上げる。

いま，バーベルを微小な高さ Δy だけ持ち上げるときする仕事 W_1 と，$2\Delta y$ 持ち上げるときする仕事 W_2 を比べると，$2\Delta y$ だけ持ち上げるのは Δy だけ持ち上げるのを 2 回したのと同じなので，W_2 は W_1 の 2 倍になる。よって仕事 W は Δy に比例する。また，2 つのバーベルを持ち上げる場合にはバーベルを持ち上げる力 F も仕事 W も 1 つのバーベルを持ち上げる場合の 2 倍になる。よって仕事 W は F にも比例することになる。結局，仕事 W は力 F とバーベルの持ち上がった微小な高さ Δy の両方に比例するので，F と Δy の積に比例する。比例定数は一番簡単に 1 とおくことにしよう。

よって次式を得る。

$$W = F\Delta y \tag{5.1}$$

では，高さが y_0 から有限の y_1 まで変わる間にした仕事 $W(y_0 \to y_1)$ はどう表されるだろうか？微小の高さ Δy だけ持ち上げるのにした仕事は式 (5.1) で表されるのだから，これを y について y_0 から y_1 まで積分すれば $W(y_0 \to y_1)$ が求まる。

$$W(y_0 \to y_1) = \int_{y_0}^{y_1} F\,dy \tag{5.2}$$

この式を導くのに，バーベルというのは具体例として挙げただけで，バーベルであるという特徴はどこにもつかっていない。よってこの式は一般的に成り立つと考えられる。つまり一般に物体に力 F を加え y_0 から y_1 まで動かしたときに F がする仕事 $W(y_0 \to y_1)$ は F を y_0 から y_1 まで積分すればよい。

さて，バーベルに戻って仕事 $W(y_0 \to y_1)$ を実際に計算してみよう。十分ゆっくりバーベルを持ち上げる場合を考えることにすると，加速度は十分小さく無視できるので，バーベルを持ち上げる力 F と重力 F_{g} はつり合っている。すなわち大きさが等しく向きが反対である。よって

$$F = -F_{\mathrm{g}} \tag{5.3}$$

となる。いま g を重力加速度の大きさとすると重力は $F_{\mathrm{g}} = -mg$ となる。負符号がついているのは y は地面から上向きに測っているのに対し，重力 F_{g} は下向きにかかっているからである。これより

$$\begin{aligned} W(y_0 \to y_1) &= \int_{y_0}^{y_1} F\,dy = -\int_{y_0}^{y_1} F_{\mathrm{g}}\,dy = \int_{y_0}^{y_1} mg\,dy \\ &= mg(y_1 - y_0) \end{aligned} \tag{5.4}$$

となる。

次に F がした仕事はどうなったのか考えてみよう。高さ y_0 から y_1 まで持ち上げられたバーベルは y_0 まで落ちる間に，滑車を介して紐でつながった地面の上のブロックを動かすこともできる。すなわち仕事をする能力をもっている。F がした仕事はバーベルの仕事をする能力として蓄えられていることになる。このバーベルが高さ y_1 から y_0 まで落ちる間に重力 F_{g} のする仕事 $W(y_1 \to y_0)$ は，式 (5.2) より

$$W(y_1 \to y_0) = \int_{y_1}^{y_0} F_{\mathrm{g}}\,dy \tag{5.5}$$

となる。これより

$$W(y_1 \to y_0) = \int_{y_1}^{y_0} F_{\mathrm{g}}\,dy = -\int_{y_1}^{y_0} mg\,dy = mg(y_1 - y_0) \tag{5.6}$$

となる。ここで式 (5.4) と (5.6) は同じになったが，式 (5.4) は y_0 から y_1 までバーベルを持ち上げる力がした仕事であり，一方，式 (5.6) は y_1 から y_0 まで重力がした仕事であることに注意しよう。

いま，バーベルは直接 y_1 から y_0 まで動くと考えたが，例題 5.1 に示すように重力のする仕事は運動の始点 y_1 と終点 y_0 だけにより途中の経路によらない。このように，仕事が運動の始点と終点だけに依存し，途中の経路によらない力を**保存力** (conservative force) という。いま，y_0 を固定してしまえば $W(y \to y_0)$ は y だけの関数である。そして保存力 F に対しては

$$W(y \to y_0) = \int_{y}^{y_0} F\,dy = U(y) \tag{5.7}$$

として y だけの関数 $U(y)$ を定義することができる。$U(y)$ を y_0 を基準点とした**ポテンシャルエネルギー** (potential energy)，または**位置エネルギー**と呼ぶ。重力の場合は

$$U(y) = \int_{y}^{y_0} F_{\mathrm{g}}\,dy = -\int_{y}^{y_0} mg\,dy = mg(y - y_0) \tag{5.8}$$

である。式 (5.7), (5.8) の $W(y \to y_0) = U(y)$ は y から y_0 までバーベルが動く間に重力がする仕事として求めたが，y にあるバーベルが y_0 まで "動いたとしたら" することのできる仕事とも考えることができる。つまり $U(y)$ は y にある物体が y_0 まで動く間にすることのできる潜在的な仕事の能力を表している。"ポテンシャル" とは "潜在的" という意味である。これが $U(y)$ をポテンシャルエネルギーと呼ぶ理由である。重力に抗してバーベルを持ち上げるのに力 F がした仕事 $mg(y_1 - y_0)$（式 (5.4)）は重力のポテンシャルエネルギー，式 (5.8) で $y = y_1$ とした $U(y_1)$ として蓄えられているのである。

さて，

$$U(y) = \int_y^{y_0} F_g \, dy = -\int_{y_0}^{y} F_g \, dy \tag{5.9}$$

なので，この式の両辺を y で微分すると次式を得る。

$$F_g = -\frac{dU(y)}{dy} \tag{5.10}$$

このように，重力によるポテンシャルエネルギーを微分することによって，バーベルにかかる重力が求まる。このような関係，つまりポテンシャルエネルギーを微分することによって力が求まるという関係は，これから見ていくように保存力 (conservative force) に対しては一般的に成り立つ。

[例題 **5.1**] 重力が保存力であること，そのポテンシャルエネルギーと力

高さが y にある質量 m のバーベルが y_0 まで動いたとき，重力がする仕事 $W(y \to y_0)$ を複数の径路に対して求め，重力が保存力であることを示せ。

[解]　2つの径路でバーベルを y から y_0 まで動かすときに重力がする仕事を計算する。まず直接 y から y_0 まで動かすのに要する仕事 $W(1 : y \to y_0)$ を求める。$F_g = -mg$ なので式 (5.2) より

$$\begin{aligned} W(1 : y \to y_0) &= \int_y^{y_0} F_g dy = -\int_y^{y_0} mg \, dy \\ &= mg(y - y_0) \end{aligned} \tag{5.11}$$

となる。次にバーベルを一度 $y_2 > y_0$ まで持ち上げてその後 y_0 まで戻したときの仕事 $W(2 : y \to y_0)$ を計算する。

$$\begin{aligned} W(2 : y \to y_0) &= \int_y^{y_2} F_g \, dy + \int_{y_2}^{y_0} F_g \, dy \\ &= -\int_y^{y_2} mg \, dy - \int_{y_2}^{y_0} mg \, dy \\ &= mg(y - y_2) + mg(y_2 - y_0) \\ &= mg(y - y_0) \end{aligned} \tag{5.12}$$

よって

$$W(1 : y \to y_0) = W(2 : y \to y_0)$$

となり，バーベルを y から y_0 まで動かすのに要する仕事は 2 通りの径路で同じであることを示すことができた。さらに式 (5.12) より，他の経路をとっても y_0 と y さえ決まっていればどのような経路をとっても仕事は変わらないことがわかるだろう。したがって重力は保存力である。

[例題 5.2] 摩擦力は保存力ではない

摩擦力は保存力ではないことを示せ。

[解]　図 5.2 のように，地面の上の質量 M の物体に力を加えて，2 通りの径路で $x = x_0$ から x_1 まで動かすときに摩擦力 F_{fric} がする仕事を考えよう。1 つ目の径路では直接 $x = x_0$ から $x_1 > x_0$ まで動かす。このときの仕事を $W(1 : x_0 \to x_1)$ とする。2 つ目の径路ではまず $x = x_0$ から $x_2 > x_1$ まで動かし，次に x_1 まで戻す。このときの仕事を $W(2 : x_0 \to x_1)$ とする。この 2 通りのやり方でした仕事が違えば，

$$W(x_0 \to x_1) = \int_{x_0}^{x_1} F_{\text{fric}}\, dy \tag{5.13}$$

の積分は始点と終点だけの関数ではなくなり，摩擦力は保存力ではないことを示したことになる。

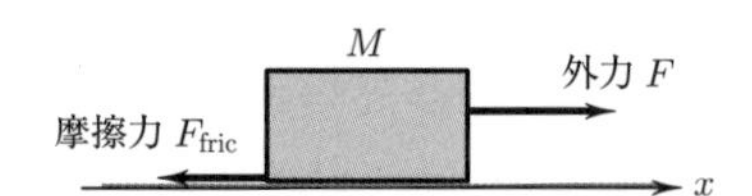

図 5.2　地面の上の物体を動かそうとすると摩擦力がはたらく。

まず 1 つ目の径路を考える。物体を押す力 F が最大静摩擦力を超えるまでは物体は止まっている。止まっている間は変位が 0 なので，F のする仕事は 0 である。F が最大静摩擦力を超えると物体は動きだし，物体には動摩擦力 $F_{\text{k}} = -\mu_{\text{k}} Mg$ がはたらく。$-$ の符号がついているのは摩擦力は物体が動く正の方向と逆向きにはたらくからである。ここで，μ_{k} は物体と地面の間の動摩擦係数である*。よって式 (5.2) と同様に仕事 $W(1 : x_0 \to x_1)$ は

$$\begin{aligned} W(1 : x_0 \to x_1) &= \int_{x_0}^{x_1} F_{\text{k}}\, dx \\ &= -\int_{x_0}^{x_1} \mu_{\text{k}} Mg\, dx \\ &= -\mu_{\text{k}} Mg(x_1 - x_0) \end{aligned} \tag{5.14}$$

となる。

* 2 章の式 (2.47) を参照。

次に 2 番目の径路での仕事 $W(2 : x_0 \to x_1)$ を求める。

$$W(2 : x_0 \to x_1) = \int_{x_0}^{x_2} F_{\text{k}}\, dx + \int_{x_2}^{x_1} F_{\text{k}}\, dx \tag{5.15}$$

第 1 項で x_0 にある物体を x_2 まで動かすとき物体は x 軸の正の方向に動くので動摩擦力は負の方向にはたらき $F_{\text{k}} = -\mu_{\text{k}} Mg$ となるが，第 2 項で x_2 にあ

る物体を $x_1 < x_2$ まで戻すとき物体は x 軸の負の方向に動くので，動摩擦力は正の方向にはたらき $F_\mathrm{k} = \mu_\mathrm{k} Mg$ となることに注意すると

$$
\begin{aligned}
W(2 : x_0 \to x_1) &= \int_{x_0}^{x_2} -\mu_\mathrm{k} Mg\,dx + \int_{x_2}^{x_1} \mu_\mathrm{k} Mg\,dx \\
&= -\mu_\mathrm{k} Mg(x_2 - x_0) + \mu_\mathrm{k} Mg(x_1 - x_2) \\
&= -\mu_\mathrm{k} Mg(2x_2 - x_1 - x_0) \qquad (5.16)
\end{aligned}
$$

を得る。これより

$$
W(1 : x_0 \to x_1) \neq W(2 : x_0 \to x_1)
$$

となる。このように摩擦力のする仕事は途中の経路に依存し始点と終点だけでは決まらない。したがって，摩擦力は保存力ではない。

5.2　1次元系の運動エネルギー，エネルギー保存則

前節に続いて，ある1次元の軸（x 軸とする）にそってのみ運動できる質量 m の物体を考えよう。時刻 t の物体の座標を $x(t)$，速度を $v(t)$ とする。t の関数であることが明らかなときは単に x, v と記すこともある。ニュートンの運動方程式 (2.37) は，いまの場合

$$
m\frac{d^2x(t)}{dt^2} = F \qquad (5.17)
$$

で与えられる。ここで，F は物体にかかる力である。$v(t) = \dfrac{dx(t)}{dt}$ なので式 (5.17) は $v(t)$ を使って

$$
m\frac{dv(t)}{dt} = F \qquad (5.18)
$$

とも表される。式 (5.18) の両辺に $v(t)$ をかけて，時刻 t_0 から t_1 まで定積分する。まず左辺は

$$
\begin{aligned}
m\int_{t_0}^{t_1} \frac{dv(t)}{dt} v(t)\,dt &= \frac{1}{2}m\int_{t_0}^{t_1} \frac{d}{dt}[v(t)^2]\,dt = \frac{1}{2}m\left[v(t)^2\right]_{t_0}^{t_1} \\
&= \frac{1}{2}mv(t_1)^2 - \frac{1}{2}mv(t_0)^2 \qquad (5.19)
\end{aligned}
$$

となる。一方，右辺は

$$
\begin{aligned}
\int_{t_0}^{t_1} Fv(t)\,dt &= \int_{t_0}^{t_1} F\frac{dx(t)}{dt}\,dt = \int_{x(t_0)}^{x(t_1)} F\,dx \\
&= W(x(t_0) \to x(t_1)) \qquad (5.20)
\end{aligned}
$$

となる。$W(x(t_0) \to x(t_1))$ は，前節で登場した物体を $x(t_0)$ から $x(t_1)$ まで動かす間に力 F がした仕事 (5.2) である。ここで，F は保存力であるとする。すると $W(x(t_0) \to x(t_1))$ は始点 $x(t_0)$ を固定すれば $x(t_0)$ と $x(t_1)$ を結ぶ経路によらず $x(t_1)$ だけの関数である。よって任意の座標を x_0 として

$$
W(x(t_0) \to x(t_1)) = W(x(t_0) \to x_0 \to x(t_1)) \qquad (5.21)
$$

が成り立つ。ここで $W(x(t_0) \to x_0 \to x(t_1))$ は物体を $x(t_0)$ から x_0 を経て $x(t_1)$ まで動かすときにする仕事である。そして $W(x(t_0) \to x_0 \to x(t_1))$ は，$x(t_0)$ から x_0 まで動かすときにする仕事 $W(x(t_0) \to x_0)$ と，x_0 から $x(t_1)$ まで動かすときにする仕事 $W(x_0 \to x(t_0))$ を足せばよいので

$$W(x(t_0) \to x_0 \to x(t_1)) = W(x(t_0) \to x_0) + W(x_0 \to x(t_1)) \quad (5.21')$$

となる。さらに，式 (5.21′) で $x(t_0) = x(t_1)$ とおくと

$$W(x(t_1) \to x_0 \to x(t_1)) = W(x(t_1) \to x_0) + W(x_0 \to x(t_1)) \quad (5.22)$$

となる。保存力の場合，物体をある始点から終点まで動かすときにする仕事は始点と終点の座標だけに依存するので，$W(x(t_1) \to x_0 \to x(t_1))$ は物体が $x(t_1)$ にずっと静止していたときの仕事 $W(x(t_1) \to x(t_1)) = 0$ に等しい。したがって

$$W(x(t_1) \to x_0) = -W(x_0 \to x(t_1)) \quad (5.22')$$

となる。よって式 (5.21), (5.21′), (5.22), (5.22′) より

$$W(x(t_0) \to x(t_1)) = W(x(t_0) \to x_0) - W(x(t_1) \to x_0) \quad (5.23)$$

を得る。ここで，式 (5.7) に登場したポテンシャルエネルギー $U(x)$（ただし今の場合は x_0 を基準点とする x の関数）を使うと

$$W(x(t_0) \to x_0) = U(x(t_0))$$
$$W(x(t_1) \to x_0) = U(x(t_1)) \quad (5.24)$$

となるので

$$W(x(t_0) \to x(t_1)) = U(x(t_0)) - U(x(t_1)) \quad (5.25)$$

を得る。式 (5.19) と 式 (5.25) が等しいので，

$$\frac{1}{2}mv(t_1)^2 - \frac{1}{2}mv(t_0)^2 = U(x(t_0)) - U(x(t_1)) \quad (5.26)$$

$$\frac{1}{2}mv(t_1)^2 + U(x(t_1)) = \frac{1}{2}mv(t_0)^2 + U(x(t_0)) \quad (5.27)$$

を得る。いま $t = t_0$ での x と v を与えると上の式の右辺の値は決まり，t_1 をどのようにとっても上の式が成り立つのだから

$$\frac{1}{2}mv(t)^2 + U(x(t)) = \text{一定} \quad (5.28)$$

となる。つまりポテンシャルエネルギーと

$$\frac{1}{2}mv(t)^2 \quad (5.29)$$

の和が常に一定となるのである。ここで $\frac{1}{2}mv(t)^2$ はポテンシャルエネルギーと足すことができるので，ポテンシャルエネルギーと同じ次元をもった量，すなわちエネルギーの一種である。これを**運動エネルギー** (kinetic energy) と呼ぶ。すると，式 (5.28) は**ポテンシャルエネルギーと運動エネルギーの和は一定であること**を示している。この両者の和を**力学的エネルギー** (mechanical energy)，これが一定であることを**力学的エネルギー保存則** (conservation of mechanical energy) と呼ぶ*。

* 物理では，ある物理量が一定であることを保存するという。

［例題 **5.3**］保存力がする仕事はポテンシャルエネルギーの基準点に依存しない

2点間を物体が動くとき，保存力がする仕事のポテンシャルエネルギーによる表し方は，基準点の取り方に依存しないことを示せ。

［解］ 式 (5.26) に登場する $U(x(t_1))$, $U(x(t_0))$ は，基準点を x_0 としたときのポテンシャルエネルギーである。基準点がはっきりわかるように，これを $U(x(t_1);x_0))$, $U(x(t_0);x_0)$ と表そう。いま，基準点を x_1 としたときのポテンシャルエネルギー $U(x;x_1)$ を考えると，

$$U(x;x_0) = \int_x^{x_0} F dx = \int_x^{x_1} F dx + \int_{x_1}^{x_0} F dx \tag{5.30}$$

なので

$$U(x;x_0) = U(x;x_1) + U(x_1;x_0) \tag{5.31}$$

となる。これより保存力がする仕事，式 (5.26) の右辺は

$$\begin{aligned} &U(x(t_0);x_0) - U(x(t_1);x_0) \\ &\quad = \{U(x(t_0);x_1) + U(x_1;x_0)\} - \{U(x(t_1);x_1) + U(x_1;x_0)\} \\ &\quad = U(x(t_0);x_1) - U(x(t_1);x_1) \end{aligned} \tag{5.32}$$

となり，基準点の取り方に依存しない。

［例題 **5.4**］自由落下運動において力学的エネルギーが保存すること

3章の図 3.2 のように，高さ $y = h$ から初速度 0 で質量 m の物体を落とした場合，力学的エネルギーが保存することを示せ。

［解］ 時刻 $t = 0$ に物体を落としたとすると，物体の座標 y と速度 v は式 (3.9), (3.11) のように

$$y = h - \frac{1}{2}gt^2 \tag{5.33}$$

$$v = -gt \tag{5.34}$$

となる。また基準点 y_0 を 0 とすると，式 (5.8) より $U(y) = mgy$ となり，

$$\begin{aligned} \frac{1}{2}mv^2 + U(y) &= \frac{1}{2}mg^2t^2 + mg\left(h - \frac{1}{2}gt^2\right) \\ &= mgh \end{aligned} \tag{5.35}$$

2行目は $t = 0$ でのポテンシャルエネルギーで，$t = 0$ では運動エネルギーは 0 なのでこれは $t = 0$ での力学的エネルギーでもある。よって1行目右辺の時刻 t の運動エネルギーとポテンシャルエネルギーの和である力学的エネルギーは2行目の $t = 0$ での力学的エネルギーに等しく一定であり，力学的エネルギーが保存することが示された。

[例題 5.5] 単振動において力学的エネルギーが保存すること

図 5.3 のように，水平面上で一端が固定されたばね定数 k のばねの他端に質量 m の物体がついている。ばねを自然長から l だけ伸ばし静かに離して運動させたとき，力学的エネルギーが保存することを示せ。

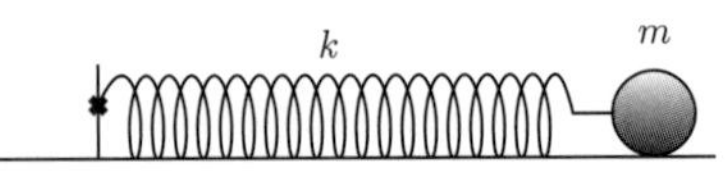

図 5.3 水平面上で一端が固定され他端に質量 m の物体がついたばね定数 k のばね

[解]　自然長からの伸びを x とおくと運動方程式は

$$m\frac{d^2x(t)}{dt^2} = -kx(t) \tag{5.36}$$

となる。ここで $\omega = \sqrt{k/m}$ とおくと，

$$\frac{d^2x}{dt^2} + \omega^2 x = 0 \tag{5.37}$$

を得る。時刻 $t = 0$ に物体を放したとすると，物体の座標 x と速度 v は例題 4.5 より

$$x = l\cos(\omega t) \tag{5.38}$$

$$v = -l\omega\sin(\omega t) \tag{5.39}$$

となる。また，ポテンシャルエネルギー $U(x)$ は力が $-kx$ なので，基準点を $x = 0$ とすると

$$U(x) = \int_x^0 (-kx)dx = \frac{1}{2}kx^2 \tag{5.40}$$

となる。$U(x)$ の形を図 5.4 に示す。

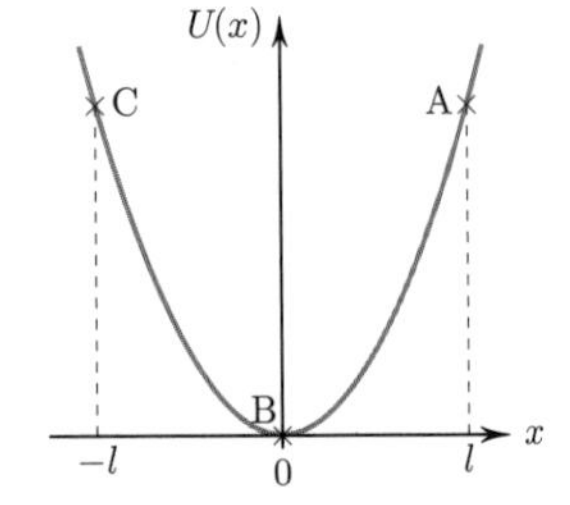

図 5.4 ばねのポテンシャルエネルギー $U(x) = \dfrac{1}{2}kx^2$

これより，時刻 t での運動エネルギーとポテンシャルエネルギーの和は

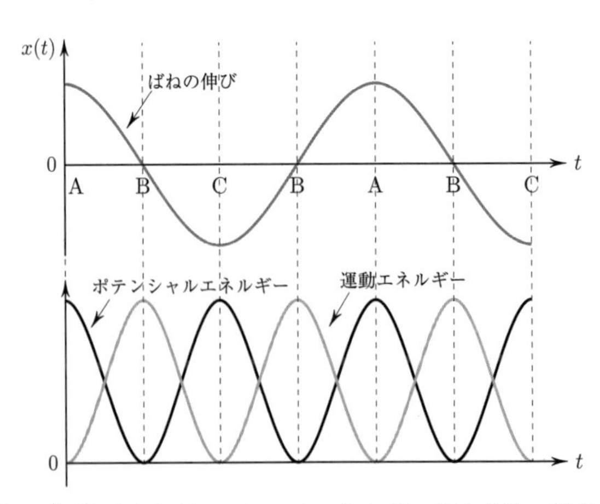

図 5.5 ばねの伸び $x(t)$ とポテンシャルエネルギー $U(x(t))$，運動エネルギー $mv(t)^2/2$。ポテンシャルエネルギーと運動エネルギーの和は常に一定となる。A, B, C は対応するポテンシャル中の位置を示す。

$$
\begin{aligned}
\frac{1}{2}mv(t)^2 + U(x(t)) &= \frac{1}{2}ml^2\omega^2\sin(\omega t)^2 + \frac{1}{2}kl^2\cos(\omega t)^2 \\
&= \frac{1}{2}kl^2\{\cos(\omega t)^2 + \sin(\omega t)^2\} \\
&= \frac{1}{2}kl^2 \qquad (5.41)
\end{aligned}
$$

となり，時刻 t の力学的エネルギーは，$t=0$ でのポテンシャルエネルギー ($t=0$ での力学的エネルギー) に等しく一定であり，力学的エネルギーが保存することが示された。図 5.5 に，ばねの伸び $x(t)$ とポテンシャルエネルギー $U(x(t))$，運動エネルギー $\frac{1}{2}mv(t)^2$ の時間変化を示す。

5.3　2, 3 次元系の運動エネルギー，ポテンシャルエネルギー，エネルギー保存則

さて，この節では前節までの議論を 2, 3 次元の運動に拡張しよう。つまり，物体の動きは 1 次元の軸上に制限されることなく，2 次元の平面上，または 3 次元の空間内を動く場合を考える。2 次元平面や 3 次元空間では，力 $\boldsymbol{F}$ や物体の変位 $\boldsymbol{r}$ はベクトルとなる。このとき $\boldsymbol{F}$ のした仕事はどう考えればよいだろうか？　もし力 $\boldsymbol{F}$ と物体の変位 $\Delta\boldsymbol{r}$ の方向が直交していれば，$\boldsymbol{F}$ の方向への変位は 0 なので仕事も 0 と考えられる。図 5.6 のように $\boldsymbol{F}$ と $\Delta\boldsymbol{r}$ のなす角度が θ であったなら，仕事 W は $\boldsymbol{F}$ の大きさ F に $\boldsymbol{F}$ 方向の変位をかければよいだろう。よって，$\Delta\boldsymbol{r}$ の大きさを Δr として

$$W = F\Delta r\cos\theta = \boldsymbol{F}\cdot\Delta\boldsymbol{r} \qquad (5.42)$$

と $\boldsymbol{F}$ と $\Delta\boldsymbol{r}$ の内積で与えられる。

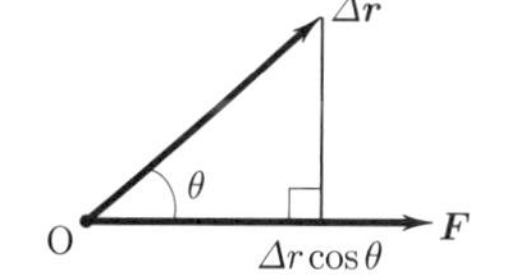

図 5.6　2, 3 次元の場合の力と変位と仕事

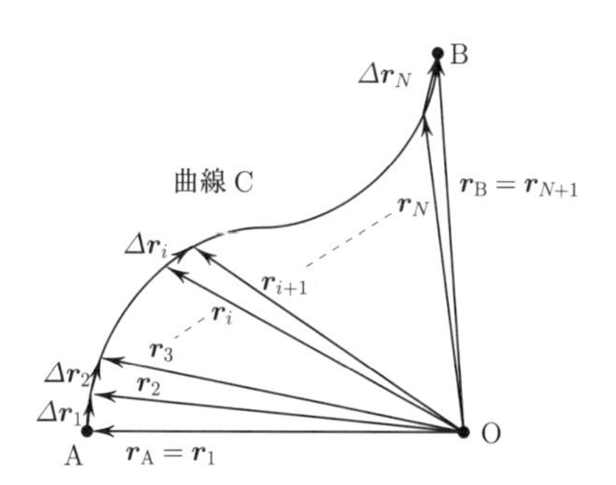

図 5.7　曲線 C を微小なベクトル $\Delta\boldsymbol{r}_1, \Delta\boldsymbol{r}_2, \ldots \Delta\boldsymbol{r}_i, \ldots, \Delta\boldsymbol{r}_N$ に分割する。

次に，ある物体に力 $\boldsymbol{F}$ を加えて，図 5.7 のように曲線 C にそって位置 $\boldsymbol{r}_\mathrm{A}$ から $\boldsymbol{r}_\mathrm{B}$ まで運ぶのに要する仕事 W を考えよう。そのために C を微小な線分の区間 $\Delta\boldsymbol{r}_1, \Delta\boldsymbol{r}_2, \ldots \Delta\boldsymbol{r}_i, \ldots, \Delta\boldsymbol{r}_N$ に分割し，各区間での力を $\boldsymbol{F}_i$ と記す。すると，求める仕事 W は各区間での仕事を全て足せばよいので

$$W(\mathrm{C}:\boldsymbol{r}_\mathrm{A}\to\boldsymbol{r}_\mathrm{B})\simeq\sum_{i=1}^{N}\boldsymbol{F}_i\cdot\Delta\boldsymbol{r}_i$$

と表される。上の式が $\simeq$ となっているのはもともとの曲線 C を微小な線分の区間 $\Delta\boldsymbol{r}_i$ に分割して近似しているからである。全ての微小ベクトル $\Delta\boldsymbol{r}_i$ の長さを無限小に持っていく極限をとれば，この分割は厳密になる。この極限で和は積分になり次のように表される。

$$\begin{aligned}W(\mathrm{C}:\boldsymbol{r}_\mathrm{A}\to\boldsymbol{r}_\mathrm{B})&=\lim_{\{|\Delta\boldsymbol{r}_i|\to0\}}\sum_i\boldsymbol{F}_i\cdot\Delta\boldsymbol{r}_i\\&=\int_{\mathrm{C}:\boldsymbol{r}_\mathrm{A}\to\boldsymbol{r}_\mathrm{B}}\boldsymbol{F}\cdot d\boldsymbol{r}\end{aligned}\tag{5.43}$$

ここで，最後の積分は曲線 C にそって位置 $\boldsymbol{r}_\mathrm{A}$ から $\boldsymbol{r}_\mathrm{B}$ まで積分するという意味であり，**線積分** (line intearal) と呼ばれる。これは $\boldsymbol{F}$ と $d\boldsymbol{r}$ のなす角度を $\theta(\boldsymbol{r})$ とすれば

$$\int_{\mathrm{C}:\boldsymbol{r}_\mathrm{A}\to\boldsymbol{r}_\mathrm{B}}\boldsymbol{F}\cdot d\boldsymbol{r}=\int_{\mathrm{C}:\boldsymbol{r}_\mathrm{A}\to\boldsymbol{r}_\mathrm{B}}F(\boldsymbol{r})\cos\theta(\boldsymbol{r})dr\tag{5.44}$$

とも表される。

［例題 5.6］ 2 次元の線積分

次の 2 種類の力

(i)　$\boldsymbol{F}(\boldsymbol{r})=(F_x(x,y),F_y(x,y))=(xy^2,x^2y)$
(ii)　$\boldsymbol{F}(\boldsymbol{r})=(F_x(x,y),F_y(x,y))=(x^2y,xy^2)$

を図 5.8 に示す始点 (0,0) から終点 (1,1) に至る 3 種類の経路

C_1 ; (0,0) から x 軸に沿って (1,0) まで移動し，その後 y 軸に平行に (1,1) まで移動する。
C_2 ; (0,0) から (1,1) まで直線 $y=x$ に沿って移動する。
C_3 ; (0,0) から (1,1) まで曲線 $y=x^2$ に沿って移動する。

にそって線積分を計算せよ。

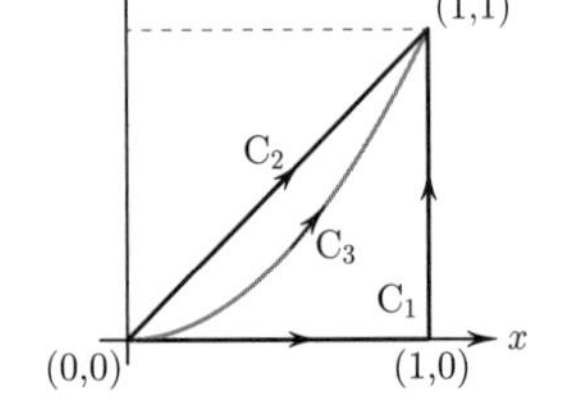

図 5.8　始点 (0,0) から終点 (1,1) に至る 3 種類の経路 C_1,C_2,C_3

［解］　成分で表せば $d\boldsymbol{r}=(dx,dy)$ なので以下のように計算できる。

(i) の力の場合

C_1 にそっての線積分

$$\begin{aligned}\int_{\mathrm{C}_1}\boldsymbol{F}(\boldsymbol{r})\cdot d\boldsymbol{r}&=\int_{\mathrm{C}_1}\{F_x(x,y)dx+F_y(x,y)dy\}\\&=\int_0^1F_x(x,0)dx+\int_0^1F_y(1,y)dy\\&=0+\int_0^1ydy\\&=\frac{1}{2}\end{aligned}$$

C_2 にそっての線積分

$$\begin{aligned}\int_{C_2} \boldsymbol{F}(\boldsymbol{r})\cdot d\boldsymbol{r} &= \int_{C_2}\{F_x(x,y)dx + F_y(x,y)dy\}\\ &= \int_0^1 F_x(x,x)dx + \int_0^1 F_y(y,y)dy\\ &= \int_0^1 x^3dx + \int_0^1 y^3dy\\ &= \frac{1}{2}\end{aligned}$$

C_3 にそっての線積分

$$\begin{aligned}\int_{C_3} \boldsymbol{F}(\boldsymbol{r})\cdot d\boldsymbol{r} &= \int_{C_3}\{F_x(x,y)dx + F_y(x,y)dy\}\\ &= \int_0^1 F_x(x,x^2)dx + \int_0^1 F_y(\sqrt{y},y)dy\\ &= \int_0^1 x^5dx + \int_0^1 y^2dy\\ &= \frac{1}{2}\end{aligned}$$

$\boldsymbol{F} = (F_x, F_y) = (xy^2, x^2y)$ に対しては 3 種類の経路で線積分の結果は一致する。

(ii) の力の場合

C_1 にそっての線積分

$$\begin{aligned}\int_{C_1} \boldsymbol{F}(\boldsymbol{r})\cdot d\boldsymbol{r} &= \int_{C_1}\{F_x(x,y)dx + F_y(x,y)dy\}\\ &= \int_0^1 F_x(x,0)dx + \int_0^1 F_y(1,y)dy\\ &= 0 + \int_0^1 y^2dy\\ &= \frac{1}{3}\end{aligned}$$

C_2 にそっての線積分

$$\begin{aligned}\int_{C_2} \boldsymbol{F}(\boldsymbol{r})\cdot d\boldsymbol{r} &= \int_{C_1}\{F_x(x,y)dx + F_y(x,y)dy\}\\ &= \int_0^1 F_x(x,x)dx + \int_0^1 F_y(y,y)dy\\ &= \int_0^1 x^3dx + \int_0^1 y^3dy\\ &= \frac{1}{2}\end{aligned}$$

C_3 にそっての線積分

$$\int_{C_3} \boldsymbol{F}(\boldsymbol{r})\cdot d\boldsymbol{r} = \int_{C_3}\{F_x(x,y)dx + F_y(x,y)dy\}$$

$$
\begin{aligned}
&= \int_0^1 F_x(x,y)dx + \int_0^1 F_y(x,y)dy \\
&= \int_0^1 F_x(x,x^2)dx + \int_0^1 F_y(\sqrt{y},y)dy \\
&= \int_0^1 x^4 dx + \int_0^1 y^{5/2}dy \\
&= \frac{17}{35}
\end{aligned}
$$

$\boldsymbol{F} = (F_x, F_y) = (x^2y, xy^2)$ に対しては 3 種類の経路で線積分の結果は異なる。このように一般には始点と終点が一致していても線積分の結果は経路に依存する。

さて前節で 1 次元の場合に行ったように，2,3 次元の場合にも運動エネルギーとポテンシャルエネルギーを定義し，力学的エネルギー保存則を導こう。質量 m の物体のニュートンの運動方程式は，式 (2.37) のように $\boldsymbol{r}(t)$ を時刻 t の位置ベクトルとして

$$
m\frac{d^2\boldsymbol{r}(t)}{dt^2} = \boldsymbol{F} \tag{5.45}
$$

で与えられる。ここで $\boldsymbol{F}$ は物体にかかる力である。時刻 t の物体の速度ベクトルを $\boldsymbol{v}(t)$ とすれば $\boldsymbol{v}(t) = \dfrac{d\boldsymbol{r}(t)}{dt}$ なので，式 (5.45) は

$$
m\frac{d\boldsymbol{v}(t)}{dt} = \boldsymbol{F} \tag{5.46}
$$

となる。この式の両辺と $\boldsymbol{v}(t)$ の内積をとり，時刻 t_0 から t_1 まで定積分する。まず左辺は速度ベクトル $\boldsymbol{v}(t)$ の大きさ $|\boldsymbol{v}(t)| = v(t)$ を用いて

$$
\begin{aligned}
m\int_{t_0}^{t_1} \frac{d\boldsymbol{v}(t)}{dt}\cdot\boldsymbol{v}(t)\,dt &= \frac{1}{2}m\int_{t_0}^{t_1}\frac{d}{dt}[\boldsymbol{v}(t)\cdot\boldsymbol{v}(t)]\,dt \\
&= \frac{1}{2}m\left[v(t)^2\right]_{t_0}^{t_1} \\
&= \frac{1}{2}mv(t_1)^2 - \frac{1}{2}mv(t_0)^2
\end{aligned} \tag{5.47}
$$

と表される。一方，右辺は

$$
\begin{aligned}
\int_{t_0}^{t_1} \boldsymbol{F}\cdot\boldsymbol{v}(t)\,dt &= \int_{t_0}^{t_1}\boldsymbol{F}\cdot\frac{d\boldsymbol{r}(t)}{dt}\,dt = \int_{\boldsymbol{r}(t_0)}^{\boldsymbol{r}(t_1)}\boldsymbol{F}\cdot d\boldsymbol{r} \\
&= W(\mathrm{C};\boldsymbol{r}(t_0)\to\boldsymbol{r}(t_1))
\end{aligned} \tag{5.48}
$$

となる。ここで $W(\mathrm{C};\boldsymbol{r}(t_0)\to\boldsymbol{r}(t_1))$ は物体を経路 C にそって $\boldsymbol{r}(t_0)$ から $\boldsymbol{r}(t_1)$ まで動かす間に力 $\boldsymbol{F}$ がした仕事，式 (5.43) である。いま経路 C は時刻 $t = t_0$ で初期条件 $\boldsymbol{r}(t_0), \boldsymbol{v}(t_0)$ から出発し運動方程式 (5.45)，あるいは (5.46) に従って時刻 t_1 まで物体が運動する軌跡である。

ここで，力 $\boldsymbol{F}$ のもとでは $W(\mathrm{C};\boldsymbol{r}(t_0)\to\boldsymbol{r}(t_1))$ が始点 $\boldsymbol{r}(t_0)$ と終点 $\boldsymbol{r}(t_1)$ だ

けに依存し，途中の経路 C に依存しない場合を考えよう。このような性質をもつ力 $\boldsymbol{F}$ を保存力と呼ぶことは 1 次元の場合と同じである。[例題 5.6] の力 $\boldsymbol{F} = (xy^2, x^2y)$ は 2 次元の場合の保存力の例である。$W(\mathrm{C}; \boldsymbol{r}(t_0) \to \boldsymbol{r}(t_1))$ は経路 C によらないので，これを単に $W(\boldsymbol{r}(t_0) \to \boldsymbol{r}(t_1))$ と書くことにする。このとき，

$$
\begin{aligned}
W(\boldsymbol{r}(t_0) \to \boldsymbol{r}(t_1)) &= \int_{\boldsymbol{r}(t_0)}^{\boldsymbol{r}(t_1)} \boldsymbol{F}\, d\boldsymbol{r} \\
&= \int_{\boldsymbol{r}(t_0)}^{\boldsymbol{0}} \boldsymbol{F}\, d\boldsymbol{r} + \int_{\boldsymbol{0}}^{\boldsymbol{r}(t_1)} \boldsymbol{F}\, d\boldsymbol{r} \\
&= \int_{\boldsymbol{r}(t_0)}^{\boldsymbol{0}} \boldsymbol{F}\, d\boldsymbol{r} - \int_{\boldsymbol{r}(t_1)}^{\boldsymbol{0}} \boldsymbol{F}\, d\boldsymbol{r} \\
&= U(\boldsymbol{r}(t_0)) - U(\boldsymbol{r}(t_1))
\end{aligned}
\tag{5.49}
$$

となる。$U(\boldsymbol{r})$ は基準点を $\boldsymbol{0}$ とした位置 $\boldsymbol{r}$ でのポテンシャルエネルギーである。$W(\boldsymbol{r}(t_0) \to \boldsymbol{r}(t_1))$ が途中の経路によらないので，$U(\boldsymbol{r})$ も途中の経路によらず $\boldsymbol{r}$ だけの関数となる。式 (5.47) と (5.49) が等しいので，

$$
\begin{aligned}
\frac{1}{2}mv(t_1)^2 - \frac{1}{2}mv(t_0)^2 &= U(\boldsymbol{r}(t_0)) - U(\boldsymbol{r}(t_1)) \\
\frac{1}{2}mv(t_0)^2 + U(\boldsymbol{r}(t_0)) &= \frac{1}{2}mv(t_1)^2 + U(\boldsymbol{r}(t_1))
\end{aligned}
\tag{5.50}
$$

を得る。よって

$$
\frac{1}{2}mv(t)^2 + U(\boldsymbol{r}(t)) = \text{一定} \tag{5.51}
$$

となる。ここで $\frac{1}{2}mv(t)^2$ は 1 次元の場合の式 (5.29) と同様に運動エネルギーである。$U(\boldsymbol{r}(t))$ は位置 $\boldsymbol{r}$ でのポテンシャルエネルギーである。式 (5.28) は 2,3 次元でもポテンシャルエネルギーと $\frac{1}{2}mv(t)^2$ の和，つまり力学的エネルギーが常に一定となることを示している。つまり 2,3 次元でも**力学的エネルギー保存則**が成り立つのである。

[例題 5.7] 放物運動において力学的エネルギーが保存すること

時刻 $t = 0$ で地表の原点から初速度 $\boldsymbol{v}_0 = (v_{x0}, v_{y0}, v_{z0})$ で打ち出された質量 m の物体の力学的エネルギーが保存することを示せ。

[解] 3.2.1 の議論を今の場合に拡張すれば，時刻 t での物体の位置ベクトル $\boldsymbol{r} = (x, y, z)$ と速度ベクトル $\boldsymbol{v} = (v_x, v_y, v_z)$ は以下のようになることはすぐにわかるだろう。

$$
\begin{aligned}
x &= v_{x0}t \\
y &= v_{y0}t
\end{aligned}
$$

$$z = v_{z0}t - \frac{1}{2}gt^2$$
$$v_x = v_{x0}$$
$$v_y = v_{y0}$$
$$v_z = v_{z0} - gt$$

これより時刻 t での力学的エネルギーは

$$\begin{aligned}\frac{1}{2}m\boldsymbol{v}^2 + U(\boldsymbol{r}) &= \frac{1}{2}m(v_x^2 + v_y^2 + v_z^2) + mgz \\ &= \frac{1}{2}m\{v_{x0}^2 + v_{y0}^2 + (v_{z0} - gt)^2\} + mg\left(v_{z0}t - \frac{1}{2}gt^2\right) \\ &= \frac{1}{2}m(v_{x0}^2 + v_{y0}^2 + v_{z0}^2) = 一定\end{aligned}$$

よって力学的エネルギーが保存することが示された。

[例題 5.8]【発展】万有引力が保存力であること

質量 M の物体からみて位置 $\boldsymbol{r}$ にある質量 m の物体がうける万有引力 $\boldsymbol{F}(\boldsymbol{r})$

$$\boldsymbol{F}(\boldsymbol{r}) = -G\frac{mM}{r^2}\frac{\boldsymbol{r}}{r} \tag{5.52}$$

が保存力であることを示せ。ここで G は万有引力定数 であり，$r = |\boldsymbol{r}|$ である。

[解]　質量 m の物体が $\boldsymbol{r}_0$ から $\boldsymbol{r}_1$ まで経路 C にそって動くとき，万有引力 $\boldsymbol{F}(\boldsymbol{r})$ のする仕事

$$W(\mathrm{C}:\boldsymbol{r}_0 \to \boldsymbol{r}_1) = \int_{\mathrm{C}:\boldsymbol{r}_0 \to \boldsymbol{r}_1} \boldsymbol{F} \cdot d\boldsymbol{r} \tag{5.53}$$

が経路 C に依存しないことを示せばよい。$\boldsymbol{F}(\boldsymbol{r})$ の大きさを $F(\boldsymbol{r})$，$\boldsymbol{r}$ の方向の単位ベクトルを $\boldsymbol{e}_r = \boldsymbol{r}/r$ とすると $\boldsymbol{F}(\boldsymbol{r}) = F(\boldsymbol{r})\boldsymbol{e}_r = F(r)\boldsymbol{e}_r$ である。力の大きさ $F(\boldsymbol{r})$ は $F(r) = GmM/r^2$ となり，原点からの距離 r だけの関数となる。さらに位置 $\boldsymbol{r}$ の原点からの距離を R とおくと

$$F(r) = F(R) = -\frac{GmM}{R^2}, \quad \boldsymbol{F}(\boldsymbol{r}) = F(R)\,\boldsymbol{e}_r$$

であり，$\boldsymbol{e}_r = \boldsymbol{r}/R$ となる*。

式 (5.53) の積分の一部の微小区間 $d\boldsymbol{r}$ を考える。図 5.9 で C 上の $\boldsymbol{r} + d\boldsymbol{r}$ の点 B から $\boldsymbol{r}$ の延長線に下ろした垂線の足を A とすると，$d\boldsymbol{r}$ の大きさは無限小なので，図の直角三角形 OAB の底辺の長さ $\overline{\mathrm{OA}}$ は斜辺の長さ $\overline{\mathrm{OB}} = |\boldsymbol{r} + d\boldsymbol{r}| = R + dR$ と等しくなる。ただし，$|d\boldsymbol{r}| \neq dR$ であることには注意願いたい。よって図より $\boldsymbol{e}_r \cdot d\boldsymbol{r} = dR$ を得る。これより式 (5.53) は

* r と R の違い。
式 (5.53) の $d\boldsymbol{r}$ は位置 $\boldsymbol{r}$ での曲線 C に沿った無限小のベクトルである。したがって，$dr = |d\boldsymbol{r}|$ も曲線 C に沿った無限小の長さの変化分である。以下ではこの dr を原点からの距離の無限小の変化分 dR と区別する必要があるので，原点からの距離を R と書くことにする。

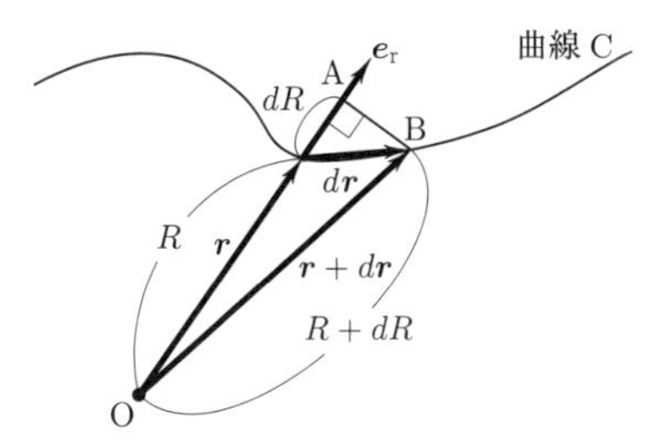

図 5.9　位置 R での曲線 C に沿った無限小のベクトルの $d\boldsymbol{r}$, 原点からの距離の変化分 dR, および位置ベクトル $\boldsymbol{r}$ の方向の単位ベクトル $\boldsymbol{e}_r = \boldsymbol{r}/R$。ここで R は原点からの距離。$d\boldsymbol{r}$ の大きさは無限小なので $\overline{\mathrm{OA}} = \overline{\mathrm{OB}}$ となる。

$$\begin{aligned}
\int_{\mathrm{C}:\boldsymbol{r}_0\to\boldsymbol{r}_1} \boldsymbol{F}\cdot d\boldsymbol{r} &= \int_{\mathrm{C}:\boldsymbol{r}_0\to\boldsymbol{r}_1} F(R)\boldsymbol{e}_r\cdot d\boldsymbol{r} \\
&= \int_{\mathrm{C}:\boldsymbol{r}_0\to\boldsymbol{r}_1} F(R)\,dR \\
&= -GmM\int_{r_0}^{r_1}\frac{1}{R^2}dR
\end{aligned} \tag{5.54}$$

となる。ここで $r_0 = |\boldsymbol{r}_0|$, $r_1 = |\boldsymbol{r}_1|$ である。上の式の積分はすぐに実行できて

$$\begin{aligned}
-GmM\int_{r_0}^{r_1}\frac{1}{R^2}dR &= GmM\left[\frac{1}{R}\right]_{r_0}^{r_1} \\
&= -GmM\left(\frac{1}{r_1}-\frac{1}{r_0}\right)
\end{aligned} \tag{5.55}$$

となる。これは明らかに r_0 と r_1 を結ぶ途中の経路 C によらない。よって万有引力は保存力である。

さて 1 次元で保存力の場合，ポテンシャルエネルギー $U(x)$ がわかれば力 $F(x)$ が求まった。2, 3 次元ではどうなるであろうか？　保存力 $\boldsymbol{F}(\boldsymbol{r}) = (F_x(\boldsymbol{r}), F_y(\boldsymbol{r}), F_z(\boldsymbol{r}))$ が作る原点を基準点とした位置 $\boldsymbol{r}_1 = (x_1, y_1, z_1)$ でのポテンシャルエネルギー $U(\boldsymbol{r}_1)$ を考え，$\boldsymbol{r}_1$ が微小なベクトル $\Delta\boldsymbol{r} = (\Delta x, \Delta y, \Delta z)$ だけ増えたとき，U がどのように変化するか考えよう。

$$\begin{aligned}
U(\boldsymbol{r}_1+\Delta\boldsymbol{r}) &= \int_{\boldsymbol{r}_1+\Delta\boldsymbol{r}}^{\boldsymbol{0}} \boldsymbol{F}(\boldsymbol{r})\cdot d\boldsymbol{r} \\
&= -\int_{\boldsymbol{0}}^{\boldsymbol{r}_1+\Delta\boldsymbol{r}} \boldsymbol{F}(\boldsymbol{r})\cdot d\boldsymbol{r} \\
&= -\int_{\boldsymbol{0}}^{\boldsymbol{r}_1} \boldsymbol{F}(\boldsymbol{r})\cdot d\boldsymbol{r} - \int_{\boldsymbol{r}_1}^{\boldsymbol{r}_1+\Delta\boldsymbol{r}} \boldsymbol{F}(\boldsymbol{r})\cdot d\boldsymbol{r} \\
&= U(\boldsymbol{r}_1) - \int_{\boldsymbol{r}_1}^{\boldsymbol{r}_1+\Delta\boldsymbol{r}} \boldsymbol{F}(\boldsymbol{r})\cdot d\boldsymbol{r}
\end{aligned} \tag{5.56}$$

上の積分の第 2 項の積分区間の大きさ $|\Delta \boldsymbol{r}|$ は微小なので，$\boldsymbol{r}_1$ から $\boldsymbol{r}_1 + \Delta \boldsymbol{r}$ までの積分において被積分関数 $\boldsymbol{F}(\boldsymbol{r})$ は一定で，$\boldsymbol{F}(\boldsymbol{r}) \simeq \boldsymbol{F}(\boldsymbol{r}_1)$ と見なせる。よって

$$
\begin{aligned}
-\int_{\boldsymbol{r}_1}^{\boldsymbol{r}_1+\Delta \boldsymbol{r}} \boldsymbol{F}(\boldsymbol{r}) \cdot d\boldsymbol{r} &\simeq -\boldsymbol{F}(\boldsymbol{r}_1) \cdot \int_{\boldsymbol{r}_1}^{\boldsymbol{r}_1+\Delta \boldsymbol{r}} d\boldsymbol{r} \\
&= -\boldsymbol{F}(\boldsymbol{r}_1) \cdot \Delta \boldsymbol{r} \\
&= -(F_x(\boldsymbol{r}_1)\Delta x + F_y(\boldsymbol{r}_1)\Delta y + F_z(\boldsymbol{r}_1)\Delta z) \qquad (5.57)
\end{aligned}
$$

を得る。式 (5.56)，(5.57) より

$$
\begin{aligned}
&U(\boldsymbol{r}_1 + \Delta \boldsymbol{r}) - U(\boldsymbol{r}_1) \simeq -(F_x(\boldsymbol{r}_1)\Delta x + F_y(\boldsymbol{r}_1)\Delta y + F_z(\boldsymbol{r}_1)\Delta z) \\
&U(x_1 + \Delta x, y_1 + \Delta y, z_1 + \Delta z) - U(x_1, y_1, z_1) \\
&\qquad \simeq -(F_x(\boldsymbol{r}_1)\Delta x + F_y(\boldsymbol{r}_1)\Delta y + F_z(\boldsymbol{r}_1)\Delta z) \qquad (5.58)
\end{aligned}
$$

となる。上の式で $\simeq$ となっているのは微小な区間 $\Delta \boldsymbol{r}$ で被積分関数を一定と見なしたからである。これは $|\Delta \boldsymbol{r}| \to 0$ の極限をとると厳密となる。そこで，上の 2 行目の式で $\Delta y = \Delta z = 0$ とし，両辺を Δx で割って $\Delta x \to 0$ の極限をとると，

$$
\lim_{\Delta x \to 0} \frac{\{U(x_1 + \Delta x, y_1, z_1) - U(x_1, y_1, z_1)\}}{\Delta x} = -F_x(x_1, y_1, z_1) \qquad (5.59)
$$

ここで，左辺の量は 3 変数 x_1, y_1, z_1 の関数である $U(x_1, y_1, z_1)$ の y_1, z_1 を一定として x_1 を無限小だけ変化させたときの U の変化の割合であり，偏微分 $\partial U(x_1, y_1, z_1)/\partial x_1$ である。偏微分の詳細については付録 A.1.2 を参照されたい。これより

$$
F_x(x_1, y_1, z_1) = -\frac{\partial U(x_1, y_1, z_1)}{\partial x_1} \qquad (5.60)
$$

変数を表す文字を変えると

$$
F_x(x, y, z) = -\frac{\partial U(x, y, z)}{\partial x} \qquad (5.61)
$$

となる。$\boldsymbol{F}$ の y, z 成分も同様に表されるので結局，

$$
\begin{aligned}
\boldsymbol{F}(x, y, z) &= -\left(\frac{\partial U(x, y, z)}{\partial x}, \frac{\partial U(x, y, z)}{\partial y}, \frac{\partial U(x, y, z)}{\partial z}\right) \qquad (5.62) \\
&= -\nabla U(x, y, z) \qquad (5.63) \\
&= -\nabla U(\boldsymbol{r}) \qquad (5.64) \\
&= -\mathrm{grad}\, U(\boldsymbol{r}) \qquad (5.65)
\end{aligned}
$$

となり，2, 3 次元の場合も保存力はポテンシャルエネルギーを微分することにより求まる。ここで

$$
\nabla = \left(\frac{\partial}{\partial x}, \frac{\partial}{\partial y}, \frac{\partial}{\partial z}\right) \qquad (5.66)
$$

は位置ベクトル $\boldsymbol{r}(x, y, z)$ の関数に作用する微分の演算子で，∇ はナブラ，grad はグラジェントまたは勾配と呼ぶ。

章末問題 5.4 で示すが，ベクトル $\nabla U(\boldsymbol{r}) = \mathrm{grad}\, U(\boldsymbol{r})$ は $U(\boldsymbol{r})$ が最も増大する方向，つまり $U(\boldsymbol{r})$ が位置 $\boldsymbol{r}$ での山の高さを示すとすれば山の登り勾配が最も急な方向を向いている。したがって

$$\boldsymbol{F}(\boldsymbol{r}) = -\nabla U(\boldsymbol{r}) = -\mathrm{grad}\, U(\boldsymbol{r})$$

は $U(\boldsymbol{r})$ が最も減少する方向，山の下り勾配が最も急な方向を向いている。力はポテンシャルエネルギーの下り勾配が最も急な方向にはたらくのである。

5章のまとめ

- 物体をある力を受けながら始点から終点まで動かすときに要する仕事が，始点と終点を結ぶ経路によらないとき，その力を保存力という。
- 物体をある保存力を受けながら始点から終点まで動かすときに要する仕事は終点と始点のポテンシャルエネルギーの差となる。
- ポテンシャルエネルギーと運動エネルギーの和を力学的エネルギーという。
- 保存力のみがはたらく場合，力学的エネルギーは保存する。
- 保存力は，ポテンシャルエネルギーを微分することによって得られる。

問　題

5.1　無限に遠方のある点を基準点とした場合の位置 $\boldsymbol{r}$ での万有引力のポテンシャルエネルギー $U(\boldsymbol{r})$ を求めよ。さらに基準点が無限に遠方にありさえすれば，$U(\boldsymbol{r})$ は基準点の取り方によらないことを示せ。

5.2　無限遠点を基準点としたときの質量 m の物体の地表での重力ポテンシャルエネルギーを求めよ。さらに，ロケットを地表から鉛直上方に打ち上げ無限遠点まで飛ばすとき，必要な最小の初期速度の大きさを求めよ。

5.3　国際宇宙ステーションは地上 400 km の軌道を回っている。質量 $16.0\,\mathrm{t} = 16.0 \times 10^3\,\mathrm{kg}$ の補給船が地表から国際宇宙ステーションまで到達するのに必要なエネルギーの下限を求めよ。ロケットの燃料として使われる水素と酸素の混合物の燃焼エネルギーは 1 kg あたり約 $30\,\mathrm{MJ} = 30 \times 10^6\,\mathrm{J}$ である。上記の下限のエネルギーを得るために必要な燃料の量を求めよ。

5.4　位置の関数である $f(\boldsymbol{r})$ が位置 $\boldsymbol{r}$ から微小変位 $\Delta\boldsymbol{r}$ だけ移動しても不変なら $f(\boldsymbol{r}) = f(\boldsymbol{r} + \Delta\boldsymbol{r})$ となる。また $\boldsymbol{r}$ が $\nabla f(\boldsymbol{r})$ の方向に少しだけ変位したときの $f(\boldsymbol{r})$ の大きさは δ を微少量として $f(\boldsymbol{r} + \delta\nabla U(\boldsymbol{r}))$ となる。これらのことより，ベクトル $\nabla f(\boldsymbol{r}) = \mathrm{grad}\, f(\boldsymbol{r})$ は $f(\boldsymbol{r})$ がもっとも増加する方向を向くことを示せ。

摩擦の起こる原因

2 章に続き，この 5 章でも摩擦力が登場した。実際，我々が日常生活で経験するほとんどの運動では摩擦が効いて運動の邪魔をしており，外力を加え続けなければ運動は止まってしまう。このことが慣性の法則，“力がはたらかなければ物体は等速度運動をする”の発見を遅らせたと考えられる。実際アリストテレスは“物体は一定の力がはたらくとき等速度運動をし，力がはたらかなければ静止する”と考えていた。しかし摩擦は運動の邪魔をするだけではない。靴と床の間の摩擦がなければ我々は歩くこともできず，タイヤと道路の間の摩擦がなければ自動車も走ることができない。このように摩擦は多くの運動にとって必要なものでもある。

この摩擦が発生する原因については昔から議論され，20 世紀の半ばから次のような凝着説が信じられている。“我々のまわりのほとんどの物体の表面はどんなに滑らかに見えても，十分細かく見れば凸凹している。2 つの物体の表面をくっつけ荷重を加えると，両方の表面の凸と凸だけが真に接触する。この部分を真実接触点という。真実接触点では原子間力や分子間力による凝着が起こる。一方の物体に力を加え相対運動を起こすためには，この凝着を切らねばならない。そのために必要な力が摩擦力である。”というものである。真実接触点の総面積を真実接触面積と呼ぶ。図 5.10 に真実接触点のようすを示す。

2 章のコラムに記した摩擦の法則の最初の 2 つが成り立つ原因は，この真実接触面積が見かけの接触面積によらず荷重に比例し，単位面積あたりの凝着を切るのに必要な力が一定であることによるとして説明される。

摩擦は至る所に現れ大きな効果をもたらすので古代から研究されてきた。しかし，摩擦が起こるのが 2 つの物体が接している界面であり，摩擦が起こっているその場を観測するのが困難なことなどが原因で，摩擦の研究はなかなか進まなかった。上記の凝着説も現在でも，万人が信じている訳ではない。しかし近年の実験技術の進歩などにより原子・分子スケールの摩擦の研究や，摩擦が起こっている界面の様子の観測が可能になってきた。一方，省エネルギー，環境問題の解決のためにも，摩擦の制御は大きな問題であり，その解決が強く望まれている。いま，摩擦の研究は大きく進みつつある。

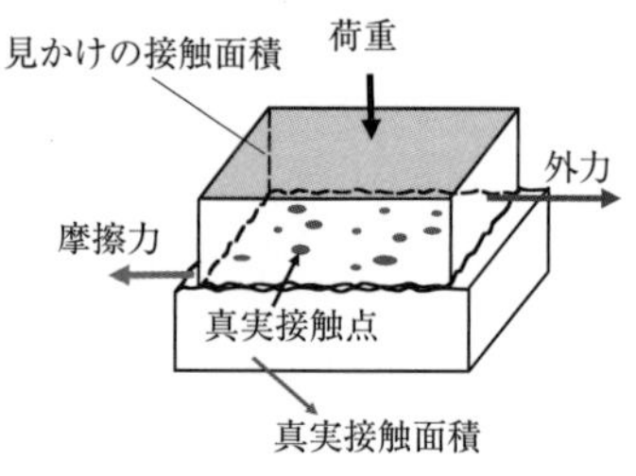

図 5.10　摩擦と真実接触点，真実接触面積。

6

中心力と惑星の運動，ケプラーの法則

1 章にも記したように，人類は長い間，太陽が地球のまわりをまわるという天動説を信じてきたが，16 世紀になってコペルニクスが地球や他の惑星が太陽のまわりをまわっているという地動説を発表した。しかし当時の限られた観測事実を説明するという点では，天動説も地動説も五十歩百歩であった。一方，ケプラーは 1609 年から 1619 年にかけて太陽のまわりをまわる惑星の運動について今日では“ケプラーの法則”と呼ばれる 3 つの法則が成り立つことを発見した。このケプラーの法則の発見によって初めて観測事実から地動説が支持されたと言えよう。この章では人類の自然観，世界観，宇宙観を変えた，歴史の上で極めて重要なこの法則を，ニュートンの万有引力の法則と運動方程式から導く。

6.1 ケプラーの法則と万有引力，中心力と角運動量保存則

6.1.1 ケプラーの法則

まずケプラーの法則を説明しよう。ケプラーは，師ティコ・ブラーエの膨大な観測データをもとに太陽のまわりをまわる惑星の運動について“ケプラーの法則”と呼ばれる次の 3 つの法則が成り立つことを発見した。

第 **1** 法則： 惑星は太陽を焦点の一つとする楕円軌道を描く。

第 **2** 法則： 惑星が太陽のまわりを単位時間にまわる角度と，惑星と太陽の

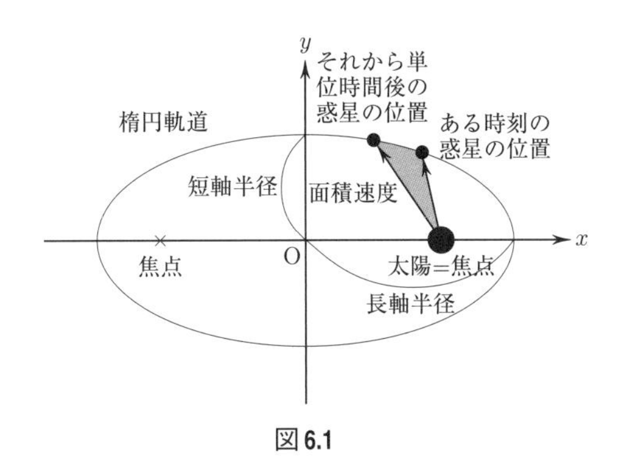

図 **6.1**

距離の **2** 乗をかけた量は一定である (面積速度一定の法則)。

第 3 法則： 惑星が太陽のまわりをまわる周期は楕円軌道の長軸半径の **3/2** 乗に比例する。

この章では，このケプラーの 3 つの法則を太陽と惑星の間にはたらく万有引力と運動方程式から導く。

6.1.2　万有引力と中心力

2, 3, 5 章にも登場したが，ニュートンは距離 r だけ離れた質量 m と M の 2 つの物体の間にはその大きさが次の式に従う引力—**万有引力** (universal gravitation)—が常にはたらくことを発見した。

$$F(r) \simeq G\frac{mM}{r^2} \tag{6.1}$$

ここで，G は**万有引力定数** (gravitational constant) と呼ばれる定数でその大きさは

$$G = 6.67 \times 10^{-11}\,\mathrm{N \cdot m^2/kg^2} \tag{6.2}$$

である。これは引力なので，図 6.2 のように互いに引き合う方向にはたらく。したがって，質量 M の質点からみて位置 $\boldsymbol{r}$ にある質量 m の質点にはたらく万有引力は方向まで考えると

$$\boldsymbol{F}(\boldsymbol{r}) = -G\frac{mM}{r^2}\frac{\boldsymbol{r}}{r} \tag{6.3}$$

となる*。式 (6.1) の $-$ 符号は引力であることを表している。

*　正確に言えば，2 つの質点の間に式 (6.3) の力がはたらく。しかし，実際の物体のように大きさをもっていても，2 つの物体の形がそれぞれ球対称なら，球の中心間を結ぶベクトルを $\boldsymbol{r}$，その大きさを r として式 (6.3) の力がはたらくことを示すことができる。また物体の大きさが物体間の距離に比べ十分小さく無視できるときも，式 (6.3) の力がはたらくと考えることができる。

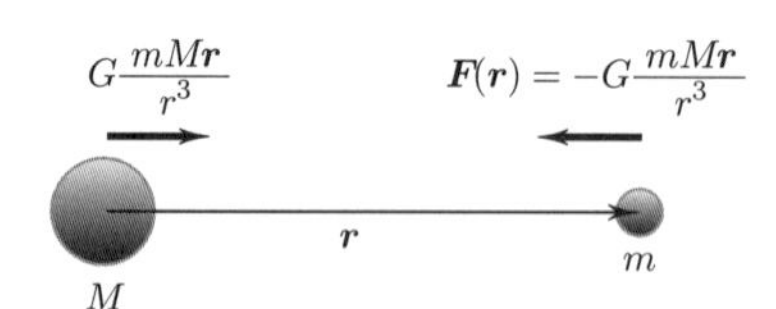

図 6.2　万有引力

これは万有引力，全ての物が有する引力，なので，全ての質量をもった物の間に，リンゴと地球の間にも太陽と地球の間にもはたらく。

この万有引力は，式 (6.3) からわかるように，その大きさは 2 つの物体を結ぶ向きにはよらず，その間の距離と 2 つの物体の個性，たとえば質量や電荷などだけに依存し，その向きは 2 つの物体を結ぶ直線に平行である。このような性質をもった力を**中心力** (central force) という。

中心力は特殊なものと思うかもしれないが，そんなことはない。まず，図 6.3 のように，静止している 2 つの物体の位置ベクトルを $\boldsymbol{r}_1, \boldsymbol{r}_2$ とし，それ以外の物体は十分遠方にありその影響は無視できるとしよう。そうすると，方向として考えられるのは，2 つの物体を結ぶ直線に平行な方向，すなわち図のように $(\boldsymbol{r}_1 - \boldsymbol{r}_2)$ の方向と $(\boldsymbol{r}_2 - \boldsymbol{r}_1)$ の方向だけである。他に特別な方向はないのであるから，力がはたらくとすればこれらの方向，$(\boldsymbol{r}_1 - \boldsymbol{r}_2)$ の方向か $(\boldsymbol{r}_2 - \boldsymbol{r}_1)$

の方向にはたらく。また力の大きさも，特別な位置はないのであるから 2 物体の間の距離 $|\boldsymbol{r}_1 - \boldsymbol{r}_2|$ と 2 つの物体の個性，たとえば質量や電荷など，だけで決まることになる。よって 2 つの物体の間にはたらく力は中心力となる。このように中心力は極めて一般的に現れる力である。

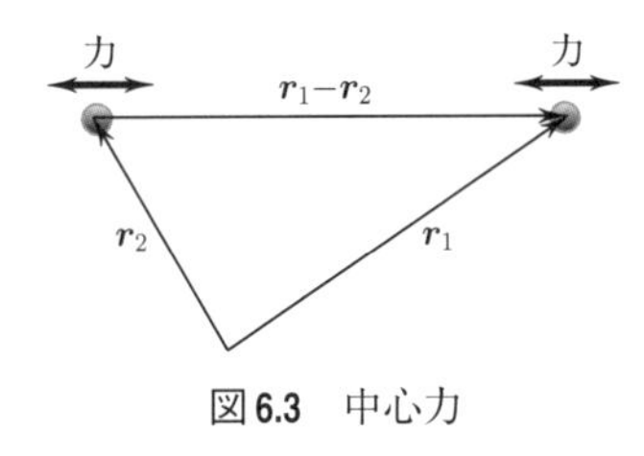

図 6.3　中心力

6.1.3　角運動量保存則

中心力のはたらく系においては，以下に示す**角運動量保存則** (angular momentum conservation law) が成り立つ。質点の速度 $\dfrac{d\boldsymbol{r}}{dt}$ に質量 m をかけたものを**運動量** (momentum) $\boldsymbol{p} = m\dfrac{d\boldsymbol{r}}{dt}$ という。この運動量 $\boldsymbol{p}$ と位置ベクトルを用いて，

$$\boldsymbol{\ell} \equiv \boldsymbol{r} \times \boldsymbol{p} \tag{6.4}$$

として定義される量 $\boldsymbol{\ell}$ をこの系の**角運動量** (angular momentum) という。この角運動量 $\boldsymbol{\ell}$ の時間変化を計算してみよう。

$$\begin{aligned}\frac{d\boldsymbol{\ell}}{dt} &= \frac{d}{dt}(\boldsymbol{r} \times \boldsymbol{p}) \\ &= \frac{d\boldsymbol{r}}{dt} \times \boldsymbol{p} + \boldsymbol{r} \times \frac{d\boldsymbol{p}}{dt} \\ &= m\frac{d\boldsymbol{r}}{dt} \times \frac{d\boldsymbol{r}}{dt} + \boldsymbol{r} \times \boldsymbol{F}\end{aligned} \tag{6.5}$$

最後の行では運動量で表したニュートンの運動方程式 $\dfrac{d\boldsymbol{p}}{dt} = m\dfrac{d^2\boldsymbol{r}}{dt^2} = \boldsymbol{F}$ を使った。ここで最後の行の式の第 1 項は同じベクトルどうしの外積なので 0 となる。また第 2 項も $\boldsymbol{F}$ は中心力なので，その向きは $\boldsymbol{r}$ と平行となり，平行なベクトルどうしの外積で 0 となる。したがって

$$\frac{d\boldsymbol{\ell}}{dt} = 0 \tag{6.6}$$

となり，角運動量は一定で時間変化しない。これを**角運動量保存則**という。

[例題 6.1]　等速円運動する質点の角運動量

xy 平面内で原点を中心として半径 R，角速度 ω で等速円運動する質点の角運動量を求め，角運動量がどのような量か考えよ (図 6.4)。

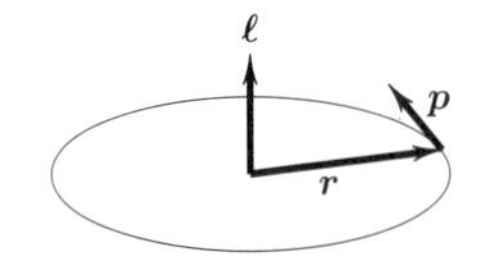

図 6.4　角運動量

[解]　いま質点の位置ベクトル $\boldsymbol{r} = (x, y, z)$ は次のように表される。

$$\begin{aligned} x &= R\cos\omega t \\ y &= R\sin\omega t \\ z &= 0 \end{aligned} \tag{6.7}$$

これより運動量ベクトル $\boldsymbol{p} = (p_x, p_y, p_z)$ は

$$\begin{aligned} p_x &= -mR\omega\sin\omega t \\ p_y &= mR\omega\cos\omega t \\ p_z &= 0 \end{aligned} \tag{6.8}$$

となる。よって角運動量ベクトル $\boldsymbol{\ell} = (\ell_x, \ell_y, \ell_z) = \boldsymbol{r} \times \boldsymbol{p}$ は

$$\begin{aligned} \ell_x &= yp_z - zp_y = 0 \\ \ell_y &= zp_x - xp_z = 0 \\ \ell_z &= xp_y - yp_x \\ &= mR^2\omega(\cos^2\omega t + \sin^2\omega t) \\ &= mR^2\omega \end{aligned} \tag{6.9}$$

このように角運動量ベクトルは，回転する平面に垂直で，角速度 × 回転半径の 2 乗に比例する量である。

6.2　2 次元極座標

ケプラーの法則を説明するためには，ちょっとした数学的準備が必要となってくる。この節では，その数学的準備である 2 次元極座標について勉強しよう。

次節で示すが，太陽のまわりをまわる惑星の運動は，太陽とその惑星を含むある平面内の運動である。そこで質点の平面内の運動を考えよう。その平面内に x 軸と y 軸をとると質点の位置 $\boldsymbol{r}$ は $\boldsymbol{r} = (x, y)$，速度 $\boldsymbol{v}$ は $\boldsymbol{v} = (\dot{x}, \dot{y})$ と表される。ここで文字の上に付いた点 $\dot{}$ は時間微分を表す記号である。しかし，位置と速度の表し方はこればかりではない。いま，質点の位置ベクトル $\boldsymbol{r}$ の大きさ，すなわち質点の原点からの距離を r，x 軸からの角度を φ とすると，図 6.5 からわかるように，

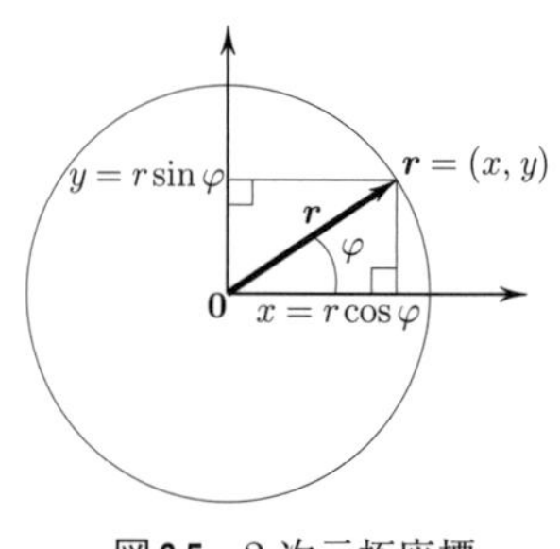

図 6.5　2 次元極座標

$$\begin{aligned} x &= r\cos\varphi \\ y &= r\sin\varphi \end{aligned} \tag{6.10}$$

となる。このように，r と φ で 2 次元平面の点の位置を表すことができる。(r, φ) を **2 次元極座標** (2 dimensional polar coodinates) という。次節でみるように，太陽のまわりの星の運動を考えるときはこの 2 次元極座標を使うのが便利である，上の式を時刻 t で微分して

$$\begin{aligned} \dot{x} &= \dot{r}\cos\varphi - r\dot{\varphi}\sin\varphi \\ \dot{y} &= \dot{r}\sin\varphi + r\dot{\varphi}\cos\varphi \end{aligned} \tag{6.11}$$

となる。さらにこの式を t で微分すると

$$\begin{aligned}\ddot{x} &= \ddot{r}\cos\varphi - 2\dot{r}\dot{\varphi}\sin\varphi - r\ddot{\varphi}\sin\varphi - r\dot{\varphi}^2\cos\varphi \\ \ddot{y} &= \ddot{r}\sin\varphi + 2\dot{r}\dot{\varphi}\cos\varphi + r\ddot{\varphi}\cos\varphi - r\dot{\varphi}^2\sin\varphi\end{aligned} \tag{6.12}$$

を得る。一方，中心力 $\boldsymbol{F}(\boldsymbol{r})$ の x 成分 $F_x(\boldsymbol{r})$，y 成分 $F_y(\boldsymbol{r})$ も $\boldsymbol{F}(\boldsymbol{r})$ の符号付きの大きさ $F(r)$ を用いて*

$$\begin{aligned}F_x(\boldsymbol{r}) &= F(r)\cos\varphi \\ F_y(\boldsymbol{r}) &= F(r)\sin\varphi\end{aligned} \tag{6.13}$$

となるので，x, y 成分の運動方程式は

$$m\ddot{x} = F_x(\boldsymbol{r}) = F(r)\cos\varphi \tag{6.14}$$

$$m\ddot{y} = F_y(\boldsymbol{r}) = F(r)\sin\varphi \tag{6.15}$$

となる。ここで式 (6.14) に $\cos\varphi$，式 (6.15) に $\sin\varphi$ をかけたものを足すと

$$m\ddot{x}\cos\varphi + m\ddot{y}\sin\varphi = F(r)(\cos\varphi^2 + \sin\varphi^2) = F(r) \tag{6.16}$$

一方，式 (6.14) に $\sin\varphi$ をかけたものから式 (6.15) に $\cos\varphi$ をかけたものを引くと，

$$m\ddot{x}\sin\varphi - m\ddot{y}\cos\varphi = F(r)(\cos\varphi\sin\varphi - \sin\varphi\cos\varphi) = 0 \tag{6.17}$$

となる。この 2 つの式 (6.16)，(6.17) に式 (6.12) を代入して少し計算すると

$$m(\ddot{r} - r\dot{\varphi}^2) = F(r) \tag{6.18}$$

$$m(2\dot{r}\dot{\varphi} + r\ddot{\varphi}) = 0 \tag{6.19}$$

となる。このように，2 次元極座標 (r, φ) を用いても平面内の質点の位置 (6.10)，速度 (6.11)，加速度 (6.12)，ニュートンの運動方程式 (6.18), (6.19) を表すことができる。

* $\boldsymbol{F}(r)$ が $\boldsymbol{r}$ と同じ向きのとき $F(r)$ は正，逆向きのとき負とすれば $(F_x(r), F_y(r))$ は (x, y) と同じように $F(r)$ と φ を使って表されることはわかるだろう。

6.3　第 2 法則 (面積速度一定の法則)

では，まず第 2 法則を導こう。図 6.1, 6.6 のように惑星が太陽のまわりをまわるとき，惑星と太陽を結ぶ線分が単位時間に通る面積 $\dot{S}$ は**面積速度** (area velocity) と呼ばれる。単位時間に惑星が太陽のまわりをまわる角度 $\dot{\varphi}$ は十分小さいので，この間，惑星と太陽の間の距離 r は変化しないと見なすことができる。したがって，この面積に対応する部分は半径 r が一定の扇形となり，その中心角は $\dot{\varphi}$ である。これより

$$\dot{S} = \frac{1}{2}r^2\dot{\varphi} \tag{6.20}$$

となる。したがって，ケプラーの第 2 法則 “惑星が太陽のまわりを単位時間にまわる角度と惑星と太陽の距離の 2 乗をかけた量は一定である” は “面積度速度が一定である” と同じことである。このため，第 2 法則は**面積速度一定の法則** (conservation of area velocity) とも呼ばれる。

さて，6.1.3 でみたように，太陽のまわりの惑星の角運動量は保存する。し

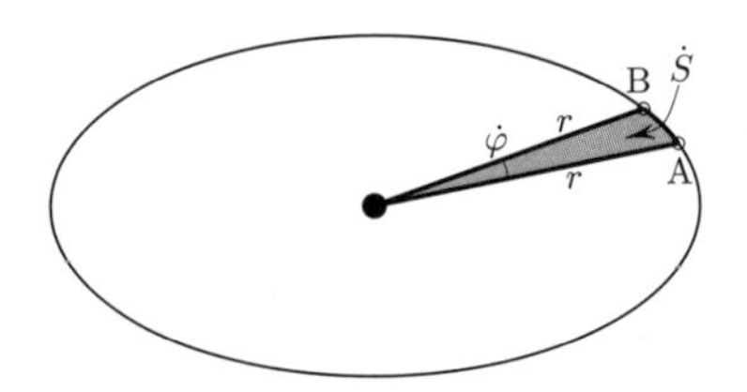

図6.6　面積速度 $\dot{S}$ は図で太陽と点 A,B を結ぶ線分および弧 AB で囲まれた扇形の部分

たがって

$$\ell_z = xp_y - yp_x = 一定 \tag{6.21}$$

である。一方，2 次元極座標を使うと式 (6.10), (6.11) より

$$x = r\cos\varphi, \qquad y = r\sin\varphi$$
$$\dot{x} = \dot{r}\cos\varphi - r\dot{\varphi}\sin\varphi, \qquad \dot{y} = \dot{r}\sin\varphi + r\dot{\varphi}\cos\varphi$$

なので

$$\begin{aligned}\ell_z &= mr\cos\varphi\times(\dot{r}\sin\varphi + r\dot{\varphi}\cos\varphi) - mr\sin\varphi\times(\dot{r}\cos\varphi - r\dot{\varphi}\sin\varphi)\\ &= mr^2(\cos^2\varphi + \sin^2\varphi)\dot{\varphi}\\ &= mr^2\dot{\varphi}\\ &= 一定\end{aligned} \tag{6.22}$$

となる。ここで，$\dot{\varphi}$ は単位時間当たりに惑星が太陽のまわりをまわる角度であり，それに太陽と惑星の間の距離の 2 乗 r^2 をかけたものが一定となることが示された。したがって，第 2 法則が導かれた。つまり第 2 法則とは角運動量保存則に他ならなかったわけである。

6.4　円錐曲線

これも次節で示すが，太陽のまわりの星の運動の軌跡は**円錐曲線** (conic curve) と呼ばれる曲線を描く。円錐曲線とは**楕円** (ellipse)，**放物線** (parabola)，**双曲線** (hyperbola) の総称で，図 6.7(a), (b), (c) のように，円錐を平面で切ったときの切り口に現れる曲線である。円錐の軸に水平な平面で切れば図 6.7(a) のように円が現れることはすぐにわかるだろう。平面を少し傾けたとき現れるのが**楕円**である。円は楕円の一種である。さらに平面を傾けて円錐の表面の傾きよりも大きくするともはや切り口は閉じた形にならず，図 (b) のようにある方向には無限に広がる。このとき現れるのが**双曲線**である。そして平面の傾きが楕円と双曲線の境の大きさのとき，すなわち円錐の表面の傾きと一致したとき図 (c) のように**放物線**が現れる。実際に円錐を平面で切ったとき，これらの円錐曲線が現れることは章末問題を参照されたい。

さてこれら円錐曲線のうち楕円と双曲線は 2 つの焦点をもち，楕円は 2 つの**焦点** (focal points) からの距離 r, r' の和が一定，

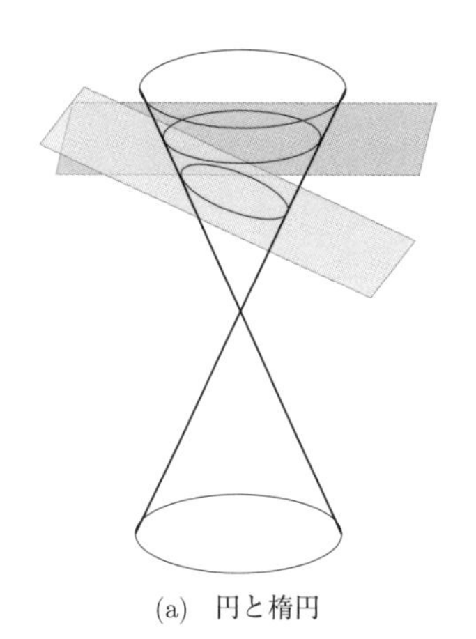
(a) 円と楕円

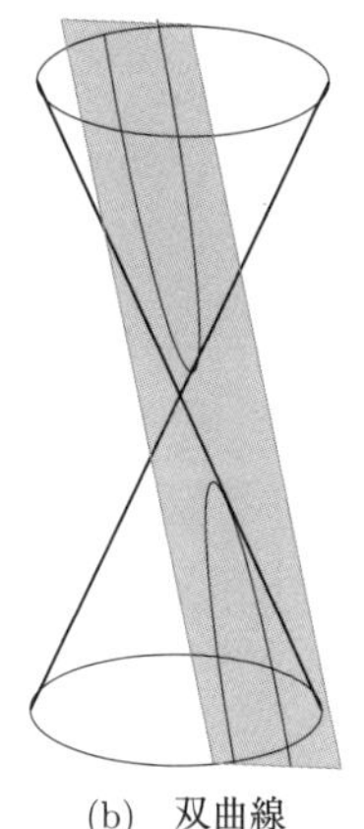
(b) 双曲線

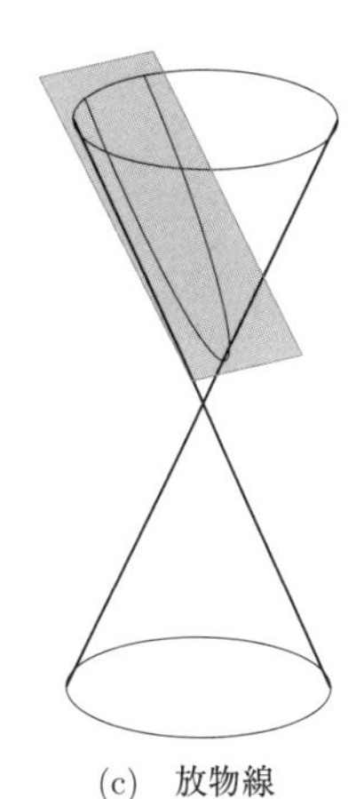
(c) 放物線

図 6.7　円錐曲線

$$r + r' = 一定 \tag{6.23}$$

双曲線は差が一定,

$$r - r' = 一定 \tag{6.24}$$

という特徴がある。付録 B で示すが，これらの性質より楕円の式

$$\frac{x^2}{a^2} + \frac{y^2}{b^2} = 1 \tag{6.25}$$

と双曲線の式,

$$\frac{x^2}{a^2} - \frac{y^2}{b^2} = 1 \tag{6.26}$$

を得る。式 (6.25) からわかるように，楕円は半径 1 の円を x 方向に a 倍，y 方向に b 倍，拡大したものである。そしてこの楕円は図 6.8 のように x 軸上の点 $(a, 0), (-a, 0)$ と，y 軸上の点 $(0, b), (0, -b)$ をとおる。$a \geq b$ なので a, b をそれぞれ楕円の**長軸半径** (major radius)，**短軸半径** (minor radius) という。

次に，図 6.8 のように，一方の焦点 F からの距離 r と x 軸からの角度 φ を用いた 2 次元極座標で楕円の式を表すと,

$$r = \frac{l}{1 + \epsilon \cos\varphi} \tag{6.27}$$

となる。ここで

$$l = \frac{b^2}{a} \tag{6.28}$$

$$\epsilon = \frac{c}{a} = \frac{\sqrt{a^2 - b^2}}{a} \tag{6.29}$$

である。ただし，c は原点から 1 つの焦点までの距離である。楕円では $c < a$ で $0 \leq \epsilon < 1$ となるが，この ϵ は焦点の離れている程度を表しているので**離心率** (essenfricity) と呼ばれる。

次に双曲線を考えよう。図 6.9 のように楕円と同様の 2 次元極座標で双曲線を表すと,

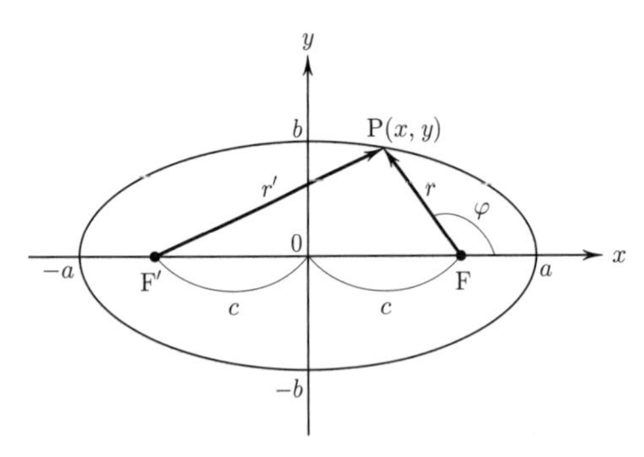

図 6.8　楕円の焦点と長軸半径，短軸半径

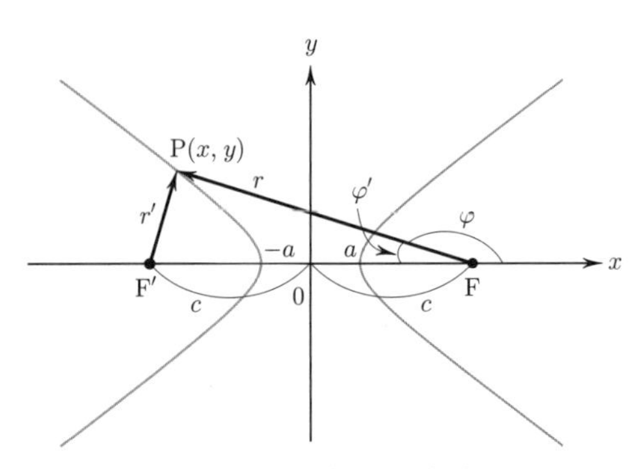

図 6.9　双曲線とその焦点

$$r = \frac{l}{1 - \epsilon \cos \varphi} \tag{6.30}$$

となる。双曲線の場合 $a < c$ である。図 6.9 の $\varphi' = \pi - \varphi$ を用いれば cos の前の符号が変わり

$$r = \frac{l}{1 + \epsilon \cos \varphi'}$$

を得る。ここで改めて φ' を φ とおくと

$$r = \frac{l}{1 + \epsilon \cos \varphi} \tag{6.31}$$

となり，楕円の極座標表示の式 (6.27) と同じ式で表すことができる。ただし双曲線の場合 $1 < \epsilon$ である。

もう一つの円錐曲線である放物線は

$$r = \frac{l}{1 + \cos \varphi} \tag{6.32}$$

と表される。ここで φ は x 軸からの角度であることは楕円，双曲線の場合と同じだが，距離 r は原点からの距離である。図 6.10 に式 (6.32) の放物線を示す。

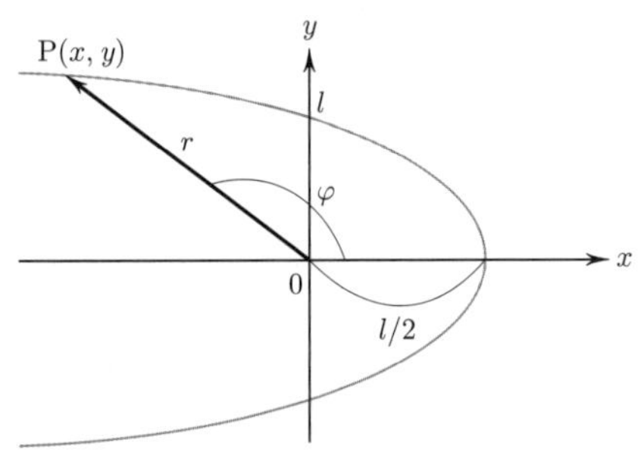

図 6.10　放物線

結局，円錐曲線は全て

$$r = \frac{l}{1 + \epsilon \cos \varphi} \tag{6.33}$$

の形で表される。角度 φ を測る軸が異なれば，一般には

$$r = \frac{l}{1 + \epsilon \cos(\varphi - \varphi_0)} \tag{6.34}$$

となる。ここで φ_0 は角度を測る軸によって決まる定数である。そして，楕円，放物線，双曲線はそれぞれ $0 < \epsilon < 1$, $\epsilon = 1$, $1 < \epsilon$ の場合に対応する。詳しくは付録 B を参照されたい。

6.5　惑星の運動とケプラーの第 1，第 3 法則

6.5.1　惑星の平面運動

さあ，準備はできた。いよいよケプラーの第 1，第 3 法則を説明し，これをニュートンの運動方程式と万有引力の法則から説明しよう。

ケプラーの法則を説明していくのだが，その前に惑星の運動は太陽と惑星を含む平面内の運動となることを示そう。太陽からみた地球の位置ベクトルを $\boldsymbol{r} = (x, y, z)$，運動量ベクトルを $\boldsymbol{p} = (p_x, p_y, p_z) = m\dot{\boldsymbol{r}}$ とすると，太陽のまわりの地球の角運動量は，式 (6.4)

$$\boldsymbol{\ell} = \boldsymbol{r} \times \boldsymbol{p}$$

で表される。時刻 $t = 0$ で位置ベクトル $\boldsymbol{r}$，運動量ベクトル $\boldsymbol{p} = m\dot{\boldsymbol{r}}$ を含む平面を考えそれを xy 平面とすると，位置ベクトルと運動量ベクトルの z 成分は 0 である。すなわち $z = 0$，$p_z = 0$。よって

$$\begin{aligned} \ell_x &= yp_z - zp_y = 0 \\ \ell_y &= zp_x - xp_z = 0 \end{aligned} \tag{6.35}$$

となる。いま太陽と地球の間にはたらく力は万有引力であるが，万有引力は中心力なので，6.3 節でみたように太陽のまわりの地球の角運動量は保存する。したがって，$t = 0$ で $l_x = l_y = 0$ なら，そのあと未来永劫にわたって $\ell_x = \ell_y = 0$ であり，$\boldsymbol{\ell}$ はつねに z 軸方向を向いている。$\boldsymbol{\ell} = \boldsymbol{r} \times \boldsymbol{p}$ なので，$\boldsymbol{r}$ は $\boldsymbol{\ell}$ とつねに直交する。よって，惑星はいつまでも xy 平面上を運動し続ける。したがって，惑星の運動は太陽と惑星を含む平面内の運動となる。

6.5.2　第 1 法則

次に，第 1 法則を示そう。運動方程式は 2 次元極座標を用いた式 (6.18) に万有引力の式 (6.1) を代入して

$$m(\ddot{r} - r\dot{\varphi}^2) = -G\frac{mM}{r^2} \tag{6.36}$$

となる。負符号は引力であることを示す。ここで，r は φ の関数なので

$$\frac{dr}{dt} = \frac{dr}{d\varphi}\frac{d\varphi}{dt} = \frac{\ell_z}{mr^2}\frac{dr}{d\varphi} \tag{6.37}$$

となる。最後の式を導くときに式 (6.22) を使った。

[例題 6.2] $u = 1/r$ **のみたす方程式**

$u = 1/r$ とおき，式 (6.37) より u が

$$\frac{d^2u}{d\varphi^2} + u = \frac{Gm^2M}{l_z^2}$$

を満たすことを示せ。

[解]　$u = 1/r$ とおくと，式 (6.37) は

$$r = \frac{1}{u}$$

$$\frac{dr}{d\varphi} = \frac{dr}{du}\frac{du}{d\varphi} = -\frac{1}{u^2}\frac{du}{d\varphi} \tag{6.38}$$

となるので，式 (6.37) の計算を続けると

$$\frac{dr}{dt} = \frac{\ell_z}{mr^2}\left(-\frac{1}{u^2}\frac{du}{d\varphi}\right) = -\frac{\ell_z}{m}\frac{du}{d\varphi} \tag{6.39}$$

をえる。さらにこれを t でもう一度微分すると，m も ℓ_z も一定なので

$$\frac{d^2r}{dt^2} = -\frac{\ell_z}{m}\frac{d^2u}{d\varphi^2}\frac{d\varphi}{dt} = -\left(\frac{\ell_z}{m}\right)^2\frac{d^2u}{d\varphi^2}u^2 \tag{6.40}$$

となる。ここで再び (6.22) を使った。これらより式 (6.36) は

$$-m\left(\frac{\ell_z}{m}\right)^2\frac{d^2u}{d\varphi^2}u^2 - \frac{m}{u}\left(\frac{\ell_z}{m}\right)^2u^4 = -GmMu^2$$

$$\frac{1}{m}\frac{d^2u}{d\varphi^2} + \frac{u}{m} = \frac{GmM}{\ell_z^2}$$

$$\frac{d^2u}{d\varphi^2} + u = \frac{Gm^2M}{\ell_z^2} \tag{6.41}$$

さて，式 (6.41) は 2 階の微分方程式なので，一般解は積分定数を 2 つ含む。逆に式 (6.41) の解で積分定数を 2 つ含むものは一般解である。式 (6.41) で右辺 $= 0$ ならこれは見慣れた調和振動子の運動方程式である。その一般解は式 (4.21) と同じく次のような形である。

$$u = A\cos(\varphi - \varphi_0) \tag{6.42}$$

ここで A と φ_0 が積分定数である。これから式 (6.41) の一般解は，式 (6.41) の特解，すなわち (6.41) の式の解のどれか一つ (解なら何でもよい)，と式 (6.42) との和となる。なぜなら，その和は式 (6.41) の解で，かつ積分定数を 2 つ含むからである。式 (6.41) の解の一つはすぐにわかるように

$$u = \frac{Gm^2M}{\ell_z^2} \tag{6.43}$$

である。これより式 (6.41) の一般解は

$$u = A\cos(\varphi - \varphi_0) + \frac{Gm^2M}{\ell_z^2} \tag{6.44}$$

となる。いま $u = 1/r$ なので

$$r = \frac{1}{Gm^2M/\ell_z^2 + A\cos(\varphi - \varphi_0)} \tag{6.45}$$

となるが，ここで

$$l = \frac{\ell_z^2}{Gm^2M} \tag{6.46}$$

$$\epsilon = A\ell \tag{6.47}$$

とおけば

$$r = \frac{l}{1 + \epsilon\cos(\varphi - \varphi_0)} \tag{6.48}$$

となる。いま r は太陽からの距離なので，これはまさに太陽を焦点の一つとする円錐曲線の式 (6.34) である。これを導くのに用いたのは，太陽のまわりの星の運動が満たす角運動量保存則とニュートンの運動方程式，および万有引力の式である。よって太陽のまわりの星の運動は一般には円錐曲線のどれか，すなわち楕円か放物線か双曲線の軌道を描くことがわかる。どの軌道になるかは式 (6.48) で ϵ によって決まり $0 < \epsilon < 1$ なら楕円，$\epsilon = 1$ なら放物線，$1 < \epsilon$ なら双曲線の軌道となる。このうち放物線と双曲線の軌道を描く星は，はるかかなたから太陽の近くに飛んできて再びはるか彼方に去って行く。楕円軌道を描く星だけが太陽のまわりをまわり続ける。よって太陽のまわりをまわる惑星は太陽を焦点の一つとする楕円軌道を描く。これで第 1 法則を導くことができた。

6.5.3　第 3 法則

最後に第 3 法則を導こう。惑星の運動の周期を T とおく。第 2 法則 (角運動量保存則) 式 (6.22) より，

$$\frac{1}{2}r^2\dot{\varphi} = \frac{1}{2}\frac{\ell_z}{m} = 一定 \tag{6.49}$$

である。これは面積速度，すなわち図 6.6 の太陽，点 A,B で囲まれた扇形の部分の面積 $\dot{S}$ であった。$\dot{S}$ は一定なので，T は惑星の楕円軌道の面積 S を $\dot{S}$ で割ったものに一致する。すなわち

$$T = \frac{S}{\dot{S}} = \frac{2mS}{\ell_z} \tag{6.50}$$

となる。楕円の面積 S は楕円の長軸半径，短軸半径をそれぞれ a, b として πab で与えられる (章末問題参照)。一方，式 (6.28) より

$$l = \frac{b^2}{a}$$

なので

$$b = \sqrt{al} \tag{6.51}$$

となる。

[例題 **6.3**] 周期 T の表式

式 (6.51), (6.46) を用いて

$$T = 2\pi \frac{a^{3/2}}{(GM)^{1/2}}$$

となることを示せ。

[解]　式 (6.51) を用いると式 (6.50) は

$$T = \frac{\pi ab}{\ell_z/(2m)} = \frac{\pi a^{3/2} l^{1/2}}{\ell_z/(2m)} \tag{6.52}$$

となる。式 (6.46) より $l = \ell_z^2/Gm^2M$ なので

$$\begin{aligned} T &= 2\pi m a^{3/2} \sqrt{\frac{\ell_z^2}{Gm^2M}} \frac{1}{\ell_z} \\ &= 2\pi \frac{a^{3/2}}{(GM)^{1/2}} \end{aligned} \tag{6.53}$$

をえる。

a は楕円軌道の長軸半径であり，GM の値は太陽のまわりをまわる全ての惑星に共通なので，第 3 法則「惑星が太陽のまわりをまわる周期は楕円軌道の長半径の 3/2 乗に比例する」が導かれた。

参考のため，表 6.1 に太陽系の 8 つの惑星とハレー彗星の軌道のパラメーターを示す。

表 6.1　太陽系の 8 つの惑星とハレー彗星の公転周期 T (年)，離心率 ϵ，地球の軌道長半径との比。地球の軌道長半径は 1.5×10^{11} m である。8 つの惑星の軌道は円に近いことがわかる (Wikipedia より)。

	水星	金星	地球	火星	木星	土星	天王星	海王星	ハレー彗星
公転周期 (年)	0.24	0.62	1.0	1.9	12	29	84	165	75
離心率	0.21	0.01	0.02	0.09	0.05	0.05	0.05	0.01	0.97
地球の軌道長半径との比			1						

6章のまとめ

- 円錐曲線には楕円，放物線，双曲線の3種類があり，それぞれ

$$r = \frac{l}{1 + \epsilon \cos\varphi}$$

と表すことができる。楕円，放物線，双曲線はそれぞれ $0 < \epsilon < 1$，$\epsilon = 1$，$1 < \epsilon$ の場合に対応する。

- 太陽のまわりをまわる惑星の運動は次の“ケプラーの法則”が成り立つ。

  第1法則　惑星は太陽を焦点の一つとする楕円軌道を描く。

  第2法則　惑星が太陽のまわりを単位時間にまわる角度と，惑星と太陽の距離の2乗をかけた量は一定である (面積速度一定の法則)。

  第3法則　惑星が太陽のまわりをまわる周期は楕円軌道の長半径の3/2乗に比例する。

  これらはニュートンの運動方程式と万有引力の式から導くことができる。

問　　題

6.1　円錐は $z = \alpha\sqrt{x^2 + y^2}$，平面は $z = \beta x + \gamma$ と表すことができる。これらより円錐を平面で切ったとき3種類の円錐曲線，すなわち楕円，双曲線，放物線が現れることを示せ。

6.2　楕円の面積 S は楕円の長軸半径，短軸半径をそれぞれ a, b として πab で与えられることを示せ。

6.3　表6.1より，太陽系の8つの惑星とハレー彗星の軌道長半径と地球の軌道長半径の比を求め，表の空欄を埋めよ。

6.4　静止衛星は地球上のある地点から見て常に同じ位置に見えるように，静止軌道と呼ばれる赤道上空のある高度の地球の自転軸を中心とする円軌道を地球の自転周期と同じ1日の周期でまわっている。静止軌道の高度を求めよ。

太陽系の惑星

この章では太陽系には8つの惑星があると記した。しかし，2006年の半ばまでは太陽系には9つの惑星があった。2006年に惑星が1つ消えてなくなったわけではない。それまでは冥王星も惑星とされてきたが，2006年8月に開かれた国際天文学連合の総会でそれまで明確でなかった太陽系の惑星の定義が定まり，冥王星はその定義を満たさないため惑星として数えられなくなったのである。ちなみにそのとき決められた太陽系の惑星の定義とは，

i.　太陽の周囲を公転している。

ii.　ある程度以上大きく重力の効果で形が決まる結果，ほぼ球形である。

iii.　その軌道の近傍に他の天体がない。

の3つを満たすものである。冥王星の軌道の近傍には他の多くの天体があり3番目の条件を満たさないため惑星ではないことになり，準惑星と呼ばれることになった。準惑星とは上のiとiiを満たすものである。惑星と準惑星以外の太陽のまわりを回る天体を太陽系小天体という。彗星も太陽系小天体の一種であり，その核のまわりにガスやチリが集まっているものである。ただし，彗星のなかには太陽のまわりを回り続けず，一度太陽に近づいた後，遠方に去って行ってしまい二度と戻ってこないものもある。つまり，双曲線軌道，または放物線軌道をとるものもあるのである。有名な彗星であるハレー彗星は楕円軌道を描き，太陽のまわりをまわり続ける。

7
質点系の運動

前章までは，一つの質点 (大きさをもたない物体) の運動について議論してきた。本章では，いくつかの質点が互いに力を及ぼしあいながら運動する状況を考察する。この複数の質点を一つのまとまりとみなし「質点系」あるいは単に「系」と呼ぶ。物体間にはたらく力には，2 章で議論したように必ず作用反作用の関係があることから，さまざまな物理量が時間に依存しないこと (保存則) を導くことができる。また，有限の大きさをもつ物体は微小な質点の集まりと捉えることができるため，8 章のテーマである剛体力学の基礎ともなる。

7.1　運動量と角運動量

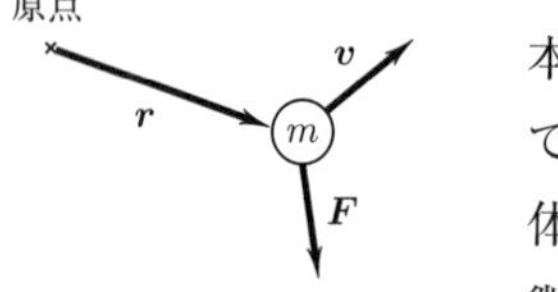

図 7.1　空間中を運動する物体の位置・速度・力

本章では，複数の物体が互いに力を及ぼしあいながら行う運動を考える。本節ではまず，6 章で導入した，運動量と角運動量について再考する。運動量は物体の並進運動を，角運動量はある点のまわりの物体の回転運動を，それぞれ特徴づける量である。

図 7.1 のように，質量 m の物体が空間中を運動する状況を考える。ある時刻 t における原点からの位置ベクトルを $\boldsymbol{r}$，物体の速度を $\boldsymbol{v}$, 物体にはたらいている力 (複数の力がはたらいているときは，それらの合力) を $\boldsymbol{F}$ とする。2 章でみたように，これらの量は，運動方程式*

$$m\ddot{\boldsymbol{r}} = m\dot{\boldsymbol{v}} = \boldsymbol{F} \tag{7.1}$$

で結ばれている。

*　変数の上のドットは時間微分を表す。たとえば
$$\dot{x} = \frac{dx}{dt},\ \ddot{x} = \frac{d^2x}{dt^2}$$
である。

この物体の時刻 t における**運動量** (momentum) を，

$$\boldsymbol{p} = m\boldsymbol{v} = m\dot{\boldsymbol{r}} \tag{7.2}$$

により，質量と速度の積として定義する。運動量は速度と同じ方向をもつベクトル量である。また，この物体の**角運動量** (angular momentum) を，

$$\boldsymbol{\ell} = \boldsymbol{r} \times \boldsymbol{p} = m\boldsymbol{r} \times \dot{\boldsymbol{r}} \tag{7.3}$$

により，物体の位置と運動量との外積として定義する。角運動量もまたベクトル量であり，位置 $\boldsymbol{r}$ と速度 $\boldsymbol{v}$ とで張られる面と垂直である。この面は原点から見た物体の回転面であるから，角運動量は回転軸の方向を向いている，と言

うこともできる (図 6.4)。位置 $\boldsymbol{\ell}$ と速度 $\boldsymbol{v}$ が平行の場合には，ベクトルの外積の性質より $\boldsymbol{\ell}=\mathbf{0}$ となるが，これは物体が原点に対して回転していないことを表している。

運動量の時間変化を調べてみよう。式 (7.2) を時間で微分すると，物体の質量 m が時間に依存しないことから，

$$\dot{\boldsymbol{p}} = m\dot{\boldsymbol{v}} \tag{7.4}$$

が得られる。ここで運動方程式 (7.1) より

$$\dot{\boldsymbol{p}} = \boldsymbol{F} \tag{7.5}$$

となる。つまり，物体にはたらく力 $\boldsymbol{F}$ が，その物体の運動量の時間的変化率を決めている。物体にはたらく力を，時刻 t_1 から t_2 の間にわたって時間的に積分した量を考える。

$$\boldsymbol{I}(t_2, t_1) = \int_{t_1}^{t_2} \boldsymbol{F}(t')dt' \tag{7.6}$$

この量は**力積** (impulse) とよばれるベクトル量である。時間内において力の向きがあまり変わらなければ，力積の向きは力の向きと概ね一致する。式 (7.5) を時刻 t_1 から t_2 まで積分すると

$$\int_{t_1}^{t_2} \dot{\boldsymbol{p}}\,dt = \int_{t_1}^{t_2} \boldsymbol{F}(t)\,dt$$

より

$$\boldsymbol{p}(t_2) - \boldsymbol{p}(t_1) = \boldsymbol{I}(t_2, t_1) \tag{7.7}$$

が導かれる。つまり，ある時間内に物体にはたらく力積が，運動量の増分となって現れる。

次に，角運動量の時間変化を調べてみよう。式 (7.3) を時間で微分すると，

$$\dot{\boldsymbol{\ell}} = \dot{\boldsymbol{r}} \times \boldsymbol{p} + \boldsymbol{r} \times \dot{\boldsymbol{p}} \tag{7.8}$$

となる。ここで，第 1 項は $\dot{\boldsymbol{r}} \times \boldsymbol{p} = m\dot{\boldsymbol{r}} \times \dot{\boldsymbol{r}}$ であり，式 (6.5) と同様に同じベクトルどうしの外積となっているため，ベクトルの外積の性質により零になる。また第 2 項に運動方程式 (7.5) を適用すると，

$$\dot{\boldsymbol{\ell}} = \boldsymbol{r} \times \boldsymbol{F} \tag{7.9}$$

が得られる。ここで

$$\boldsymbol{N} = \boldsymbol{r} \times \boldsymbol{F} \tag{7.10}$$

を**力のモーメント** (moment of force) あるいは**トルク** (torque) と呼ぶ。つまり，物体にはたらく力のモーメント $\boldsymbol{N}$ が，その物体の角運動量の時間的変化率を決めている。

位置 $\boldsymbol{r}$，力 $\boldsymbol{F}$，力のモーメント $\boldsymbol{N}$ の向きを見るために，図 7.2 のように物体が xy 平面内を向いた力 $\boldsymbol{F}$ を受けて xy 平面内を運動する場合を考えよう。このとき，力 $\boldsymbol{F}$ が z 軸正方向から見て左 (右) 回りにはたらく場合は，図のように力のモーメント $\boldsymbol{N}$ は z 軸正 (負) 方向のベクトルになる。

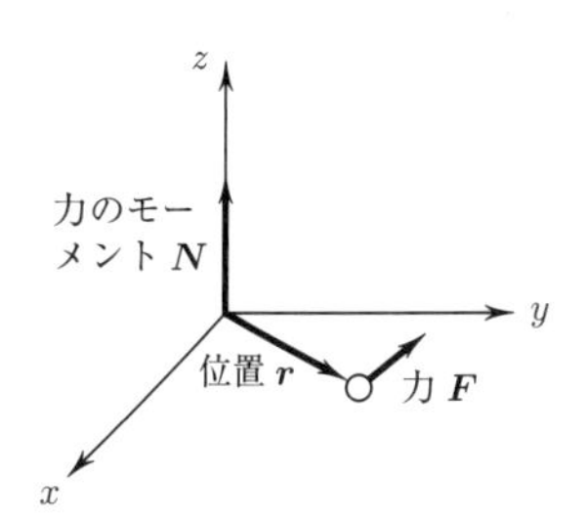

図 7.2 位置 $\boldsymbol{r}$，力 $\boldsymbol{F}$，力のモーメント $\boldsymbol{N}$ の関係

7.2 二体問題

7.2.1 重心座標と相対座標

複数の物体が互いに力をおよぼしつつ行う運動の最も簡単な場合として，二体問題 (two-body problem) と呼ばれる，二つの物体の運動を考えよう。特に，二つの物体にはたらく力が互いの相互作用のみであり，他の物体からの力を全く受けない場合を考えよう。具体的には，宇宙空間中にあり万有引力で引き合っている二つの星をイメージすればよい。また摩擦のない水平面上での物体の運動も，重力が垂直抗力によって打ち消されるために，互いに及ぼす力のみによる運動と考えることができる。

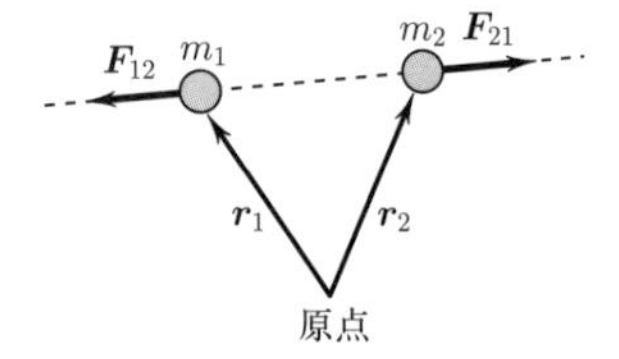

図7.3　相互作用しながら運動する二つの物体

考える状況を図 7.3 に示す。質量 m_1, m_2 の物体 1, 2 があり，それぞれの位置ベクトルを $\boldsymbol{r}_1, \boldsymbol{r}_2$ とする。物体 1 が物体 2 から受ける力を $\boldsymbol{F}_{12}$，物体 2 が物体 1 から受ける力を $\boldsymbol{F}_{21}$ と記す。両者は，作用反作用の関係

$$\boldsymbol{F}_{12} + \boldsymbol{F}_{21} = \boldsymbol{0} \tag{7.11}$$

で結ばれている。$\boldsymbol{F}_{12}$ や $\boldsymbol{F}_{21}$ は二つの物体を結ぶ直線の向きにはたらく。つまり $\boldsymbol{F}_{12}$ や $\boldsymbol{F}_{21}$ は $\boldsymbol{r}_1 - \boldsymbol{r}_2$ に平行である。また，$\boldsymbol{F}_{12}$ や $\boldsymbol{F}_{21}$ は二つの物体の位置 $\boldsymbol{r}_1, \boldsymbol{r}_2$ の関数であるが，特に相対位置 $\boldsymbol{r}_1 - \boldsymbol{r}_2$ だけの関数であることが重要である。

物体 1, 2 の運動方程式は

$$m_1\ddot{\boldsymbol{r}}_1 = \boldsymbol{F}_{12}(\boldsymbol{r}_1 - \boldsymbol{r}_2) \tag{7.12}$$

$$m_2\ddot{\boldsymbol{r}}_2 = \boldsymbol{F}_{21}(\boldsymbol{r}_1 - \boldsymbol{r}_2) \tag{7.13}$$

である。これは $\boldsymbol{r}_1, \boldsymbol{r}_2$ に関する連立微分方程式であるが，変数 $\boldsymbol{r}_1, \boldsymbol{r}_2$ が混ざり合っているため解くのが難しい。そこで変数変換

$$\boldsymbol{r}_G = \frac{m_1\boldsymbol{r}_1 + m_2\boldsymbol{r}_2}{m_1 + m_2} \tag{7.14}$$

$$\boldsymbol{r} = \boldsymbol{r}_1 - \boldsymbol{r}_2 \tag{7.15}$$

を行う。$\boldsymbol{r}_G$ は質量により重みづけした二物体の平均位置を表しており，二物体の**重心座標** (center-of-mass coordinate) と呼ばれる。一方，$\boldsymbol{r}$ は物体 2 から見た物体 1 の位置を表しており，**相対座標** (relative coordinate) と呼ばれる。$\boldsymbol{r}_1, \boldsymbol{r}_2$ を $\boldsymbol{r}_G, \boldsymbol{r}$ によって表す式は

$$\boldsymbol{r}_1 = \boldsymbol{r}_G + \frac{m_2}{m_1 + m_2}\boldsymbol{r} \tag{7.16}$$

$$\boldsymbol{r}_2 = \boldsymbol{r}_G - \frac{m_1}{m_1 + m_2}\boldsymbol{r} \tag{7.17}$$

である。この変数変換により，運動方程式 (7.12), (7.13) は

$$M\ddot{\boldsymbol{r}}_G = \boldsymbol{0} \tag{7.18}$$

$$\mu\ddot{\boldsymbol{r}} = \boldsymbol{F}_{12}(\boldsymbol{r}) \tag{7.19}$$

と変換されることがわかる。ただし，M, μ は二物体の**全質量** (total mass)，**換算質量** (reduced mass) と呼ばれる量であり，それぞれ

$$M = m_1 + m_2 \tag{7.20}$$

$$\frac{1}{\mu} = \frac{1}{m_1} + \frac{1}{m_2} \tag{7.21}$$

によって定義される。式 (7.18) は $\boldsymbol{r}_G$ のみの運動方程式，(7.19) は $\boldsymbol{r}$ のみの運動方程式になっている。つまり，二つの質点の運動方程式 (7.12), (7.13) を重心運動と相対運動を表す方程式に分離することができた。重心運動については特に簡単になり，式 (7.18) より重心位置が等速直線運動をすることがわかる。一方，相対運動については，換算質量 μ をもつ一個の物体の運動 (一体問題) に帰着することができた。

［例題 **7.1**］重心と換算質量の極限値

物体 2 の質量が物体 1 の質量よりもはるかに大きい極限 $m_1/m_2 \to 0$ を考える。重心位置 $\boldsymbol{r}_G$，換算質量 μ はどんな値に近づくか。

［解］ (7.14) より $\boldsymbol{r}_G \to \boldsymbol{r}_2$ であるから，重心位置は物体 2 の位置に近づく。また，(7.21) より $\mu \to m_1$ であるから，換算質量は物体 1 の質量に近づく。よって重心位置を原点に選んだ座標系から見れば，物体 2 は原点に固定されて動かず，物体 1 のみが元々の質量 m_1 で運動している，と考えることができる。6 章で惑星の運動を論ずるとき，太陽の位置を原点に固定して考えることができたのは太陽の質量が惑星の質量に比べてはるかに大きいためである。

物体 1, 2 の運動エネルギーの和 K を考えよう。$\boldsymbol{r}_1$, $\boldsymbol{r}_2$ を用いると，全運動エネルギーは

$$K = \frac{m_1}{2}|\dot{\boldsymbol{r}}_1|^2 + \frac{m_2}{2}|\dot{\boldsymbol{r}}_2|^2 \tag{7.22}$$

である。これを式 (7.16), (7.17) を使って $\boldsymbol{r}_G$, $\boldsymbol{r}$ によって表現すると，次の例題 7.2 で示すように，

$$K = \frac{M}{2}|\dot{\boldsymbol{r}}_G|^2 + \frac{\mu}{2}|\dot{\boldsymbol{r}}|^2 \tag{7.23}$$

となることが確認できる。つまり，全運動エネルギーに関しても重心運動と相対運動にわけることができる。

［例題 **7.2**］重心座標，相対座標を使った運動エネルギー

式 (7.22) に座標変換 (7.16), (7.17) を行って式 (7.23) を導出せよ。

［解］ 式 (7.22) に (7.16), (7.17) を代入すると

$$K = \frac{m_1}{2}\left|\dot{\boldsymbol{r}}_G + \frac{m_2}{m_1+m_2}\dot{\boldsymbol{r}}\right|^2 + \frac{m_2}{2}\left|\dot{\boldsymbol{r}}_G - \frac{m_1}{m_1+m_2}\dot{\boldsymbol{r}}\right|^2 \tag{7.24}$$

となる。これを展開して整理すると，$\dot{\boldsymbol{r}}_G \cdot \dot{\boldsymbol{r}}$ の項が消えて

$$K = \frac{m_1+m_2}{2}|\dot{\boldsymbol{r}}_G|^2 + \frac{m_1 m_2}{2(m_1+m_2)}|\dot{\boldsymbol{r}}|^2 \tag{7.25}$$

となる。(7.21) より $\mu = m_1 m_2/(m_1 + m_2)$ であるから，式 (7.23) が得られる。

[例題 7.3] 万有引力により等速円運動する二つの物体

質量 m_1, m_2 の物体 1, 2 が，万有引力によって，互いの距離を R に保ったまま重心を中心として等速円運動している。周期 T および全運動エネルギー K を求めよ。ただし両者の重心は動かないものとする。

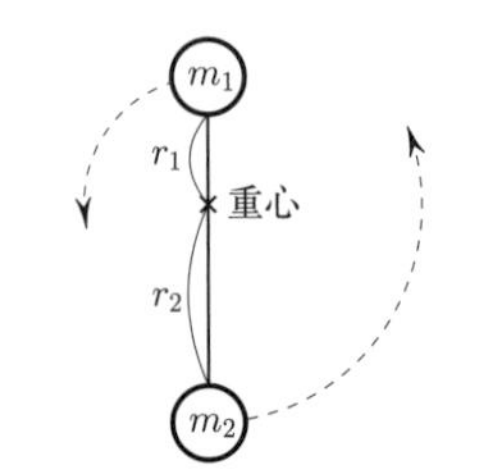

図 7.4　万有引力により等速円運動する二つの物体

[解]　運動のようすを図 7.4 に示した。万有引力の大きさは $f = Gm_1 m_2/R^2$ であり，また (7.16) から，物体 1 の等速円運動の半径は $r_1 = m_2 R/(m_1 + m_2)$ である。よって等速円運動の角速度を ω とすると，$f = m_1 r_1 \omega^2$ の関係式がある。$T = 2\pi/\omega$ から，

$$T = 2\pi\sqrt{\frac{R^3}{G(m_1 + m_2)}} \tag{7.26}$$

となる。また，物体 2 の等速円運動の半径 $r_2 = m_1 R/(m_1 + m_2)$ を使うと，$K = m_1(r_1\omega)^2/2 + m_2(r_2\omega)^2/2$ であるから

$$K = \frac{Gm_1 m_2}{2R} \tag{7.27}$$

となる。

[別解]　換算質量の考え方を使うと，質量 μ の一つの物体が引力 f を受けつつ角速度 ω，半径 R の等速円運動をしている，と見ることができる。つまり $f = \mu R\omega^2$。また，式 (7.21) より換算質量は $\mu = m_1 m_2/(m_1 + m_2)$。これらの関係式から，周期 T の式 (7.26) を再現できる。また，全運動エネルギーの式 (7.23) に $|\dot{\boldsymbol{r}}_G| = 0$，$|\dot{\boldsymbol{r}}| = R\omega$ を代入すると，式 (7.27) を再現できる。

7.2.2　運動量保存則

物体 1, 2 の運動量をそれぞれ $\boldsymbol{p}_1$, $\boldsymbol{p}_2$ と記す。物体系の全運動量 $\boldsymbol{P}$ は

$$\boldsymbol{P} = \boldsymbol{p}_1 + \boldsymbol{p}_2 \tag{7.28}$$

と表される。ここで，二物体が互いの相互作用力のみで運動するときには，全運動量が時間に依存しないことを示そう。式 (7.28) を時間で微分し，式 (7.5) を使う。物体 1, 2 にはたらく力は $\boldsymbol{F}_{12}$, $\boldsymbol{F}_{21}$ であるから

$$\dot{\boldsymbol{P}} = \boldsymbol{F}_{12} + \boldsymbol{F}_{21} \tag{7.29}$$

となる。力 $\boldsymbol{F}_{12}$, $\boldsymbol{F}_{21}$ に作用反作用の関係 $\boldsymbol{F}_{12} + \boldsymbol{F}_{21} = \boldsymbol{0}$ があることに注意すると

$$\dot{\boldsymbol{P}} = \boldsymbol{0} \tag{7.30}$$

となり，全運動量 $\boldsymbol{P}$ が時間に依存しないことを確認できる。これを運動量保存則 (momentum conservation law) と呼ぶ。7.4.2 において，二つ以上の物

体を含む一般の場合への拡張を行う。運動量保存則の便利な点は，相互作用力 $\boldsymbol{F}_{12}$, $\boldsymbol{F}_{21}$ の詳細 (たとえば物体間距離依存性など) によらず成立する点である。7.3 節において，運動量保存則を活用して二物体の衝突を議論する。

7.2.3 角運動量保存則

物体 1, 2 の角運動量をそれぞれ $\boldsymbol{\ell}_1$, $\boldsymbol{\ell}_2$ と記す。物体系の全角運動量 $\boldsymbol{L}$ は

$$\boldsymbol{L} = \boldsymbol{\ell}_1 + \boldsymbol{\ell}_2 \tag{7.31}$$

と表される。全角運動量が時間に依存しないことを示そう。式 (7.31) を時間で微分し，式 (7.9) を使う。ここで物体 1, 2 の位置が $\boldsymbol{r}_1$, $\boldsymbol{r}_2$ であり，はたらく力が $\boldsymbol{F}_{12}$, $\boldsymbol{F}_{21}$ であるから

$$\dot{\boldsymbol{L}} = \boldsymbol{r}_1 \times \boldsymbol{F}_{12} + \boldsymbol{r}_2 \times \boldsymbol{F}_{21} \tag{7.32}$$

となる。作用反作用の関係 $\boldsymbol{F}_{12} + \boldsymbol{F}_{21} = \boldsymbol{0}$ より

$$\dot{\boldsymbol{L}} = (\boldsymbol{r}_1 - \boldsymbol{r}_2) \times \boldsymbol{F}_{12} \tag{7.33}$$

となる。相互作用力 $\boldsymbol{F}_{12}$ の向きが相対位置 $\boldsymbol{r}_1 - \boldsymbol{r}_2$ に平行であるため，ベクトルの外積の性質より

$$\dot{\boldsymbol{L}} = \boldsymbol{0} \tag{7.34}$$

となり，全角運動量 $\boldsymbol{P}$ が時間に依存しないことを確認できる。これを**角運動量保存則** (angular momentum conservation law) と呼ぶ。この法則も，相互作用の詳細に依存せず，作用反作用の性質だけで導くことができる。7.4.2 において，二つ以上の物体を含む一般の場合への拡張を行う。

7.3 二物体の衝突

本節では，二物体の衝突を議論する。これは二体問題であるから，物体間にはたらく相互作用力 $\boldsymbol{F}_{12}$, $\boldsymbol{F}_{21}$ が時間や距離の関数としてわかっていれば，原理的には前節で導いた運動方程式 (7.12), (7.13) を解くことによって衝突後の運動を計算することができる。しかし，衝突の際の相互作用については，一般には両者が接触しているごく短い間に強くはたらく*1 という定性的特徴以外はわからず，運動方程式を直接解く方法は使えない。このような場合でも，衝突の前後で変わらない**保存量** (conserved quantity) に着目して，衝突後の運動を決めることができる。

*1 このような力を撃力 (impulsive force) と呼ぶ。

7.3.1 弾性衝突

本節では，x 軸上を摩擦なく運動する二つの物体の衝突を考えよう。このような運動は，たとえばカーテンレール上に二つの小球を転がすことで近似的に実現できる。考察する状況を図 7.5 に示した。物体 1, 2 の質量を m_1, m_2 として，物体 1 が常に物体 2 の左側にあるものとする。衝突前の速度が v_1, v_2 であるとき*2，衝突後の速度 v'_1, v'_2 を計算してみよう。ただし，物体 1 が物体 2 に衝突するので $v_1 > v_2$ であり，また衝突後に物体 1 が物体 2 を追い越さない

*2 物体の速度が正のときは $+x$ 方向に進んでいることを表し，負のときは $-x$ 方向に進んでいることを表す。

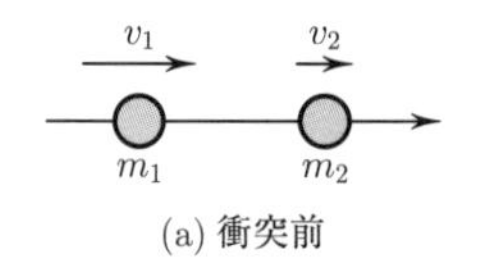

(a) 衝突前

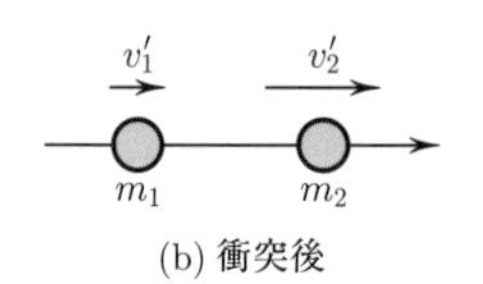

(b) 衝突後

図 7.5　二つの物体の 1 次元的衝突

ことから $v_1' < v_2'$ である。

2 変数 v_1', v_2' を決めるには，二つの方程式が必要である。その一つは物体 1, 2 の x 軸方向の運動量保存則

$$m_1 v_1 + m_2 v_2 = m_1 v_1' + m_2 v_2' \tag{7.35}$$

である。もう一つの方程式として，ここでは全運動エネルギー (物体 1, 2 の運動エネルギーの和) が衝突の前後で保存することを仮定する。このような衝突を弾性衝突 (elastic collision) と呼ぶ。運動エネルギー保存の式は

$$\frac{m_1 v_1^2}{2} + \frac{m_2 v_2^2}{2} = \frac{m_1 v_1'^2}{2} + \frac{m_2 v_2'^2}{2} \tag{7.36}$$

で与えられる。ただし，次節でみるように，運動量保存則が常に成り立つのに対し，運動エネルギーの保存は常に成り立つとは限らないことを注意しておく。

連立方程式 (7.35), (7.36) は次のように解ける。式 (7.35), (7.36) を

$$m_1(v_1 - v_1') = m_2(v_2' - v_2) \tag{7.37}$$

$$\frac{m_1}{2}(v_1 - v_1')(v_1 + v_1') = \frac{m_2}{2}(v_2' - v_2)(v_2' + v_2) \tag{7.38}$$

と変形し，下式を上式で割ることによって

$$v_1 + v_1' = v_2 + v_2' \tag{7.39}$$

を得る。式 (7.35) と (7.39) とを連立させて解くと

$$v_1' = \frac{m_1 - m_2}{m_1 + m_2} v_1 + \frac{2m_2}{m_1 + m_2} v_2 \tag{7.40}$$

$$v_2' = \frac{2m_1}{m_1 + m_2} v_1 + \frac{m_2 - m_1}{m_1 + m_2} v_2 \tag{7.41}$$

を得る。

[例題 7.4]　質量の等しい物体の弾性衝突

二つの物体の質量が同じ場合に，衝突後の速度 v_1', v_2' はどうなるか。

[解]　(7.40) と (7.41) において $m_1 = m_2$ とすると，$v_1' = v_2$, $v_2' = v_1$ が導かれる。つまり，同じ質量の二物体が弾性衝突すると，二物体の速度が交換される。このとき，もし二物体を区別できないとすると，二物体が相互作用なく透過したのか衝突したのか見分けることができない。

[例題 7.5]【発展】可逆運動

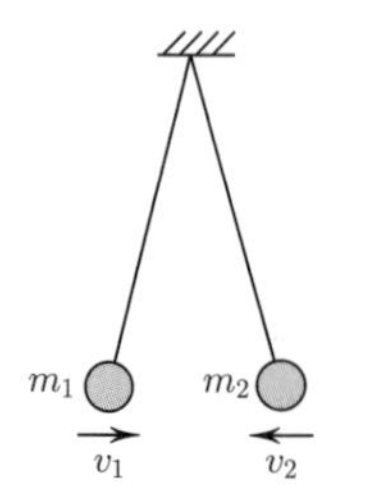

図 7.6　二つの振り子の周期的衝突

図 7.6 のように，質量 m_1, m_2 の物体 1, 2 を同じ長さの糸で同じ点から吊り下げて二つの振り子を作る。物体の大きさは無視できるものとする。振り子の周期は糸の長さだけで決まるから二つの振り子の周期 T は等しく (4 章参照)，振り子の最下点において間隔 $T/2$ で衝突を繰り返すようにできる。このとき，二つの物体は x 軸上を運動し，$x = 0$ において衝突を繰り返すと見ることができる。

(1) 一回目の衝突直前の物体 1, 2 の速度はそれぞれ v_1, v_2 であった。衝突直後の速度 v_1', v_2' を求めよ。
(2) 一回目の衝突から $T/2$ 経過すると，物体 A, B の速度は $-v_1'$, $-v_2'$ となり再び衝突する。二回目の衝突直後の速度 v_1'', v_2'' を求めよ。

[解] (1) この結果は式 (7.40), (7.41) そのものであり，

$$v_1' = \frac{m_1 - m_2}{m_1 + m_2}v_1 + \frac{2m_2}{m_1 + m_2}v_2 \tag{7.42}$$

$$v_2' = \frac{2m_1}{m_1 + m_2}v_1 + \frac{m_2 - m_1}{m_1 + m_2}v_2 \tag{7.43}$$

(2) v_1'' および v_2'' は，(1) の結果において $(v_1, v_2) \to (-v_1', -v_2')$，$(v_1', v_2') \to (v_1'', v_2'')$ の置き換えを行うことにより

$$v_1'' = -\frac{m_1 - m_2}{m_1 + m_2}v_1' - \frac{2m_2}{m_1 + m_2}v_2' \tag{7.44}$$

$$v_2'' = -\frac{2m_1}{m_1 + m_2}v_1' - \frac{m_2 - m_1}{m_1 + m_2}v_2' \tag{7.45}$$

により与えられる。式 (7.42), (7.43) を式 (7.44), (7.45) に代入して，$v_1'' = -v_1$, $v_2'' = -v_2$ となる。

つまり，一回目の衝突では速度が $(v_1, v_2) \to (v_1', v_2')$ と変化し，二回目の衝突では速度が $(-v_1', -v_2') \to (-v_1, -v_2)$ と変化することがわかる。これは，一回目の衝突をビデオ撮影しそれを時間反転して写したものが二回目の衝突と全く同じになることを意味している。このような運動を**可逆** (reversible) な運動とよぶ。

7.3.2 非弾性衝突

前節では，二つの物体が衝突する際に，運動量・運動エネルギーの双方が衝突の前後で保存されるものとして衝突後の物体の速度を定めた。しかしながら，運動量は常に保存されるのに対して，運動エネルギーは常に保存されるとは限らない。エネルギー自体は保存するのであるが，エネルギーが運動エネルギー以外の形に変化してしまうことが多いのである。たとえば，衝突により物体が変形する場合には，エネルギーが物体の変形に使われてしまう。また，衝突の際に音が発生すると，それにより空気の振動としてエネルギーが失われてしまう。

運動エネルギー保存が成り立たない衝突を，**非弾性衝突** (inelastic collision) と呼ぶ。非弾性衝突後の速度を決めるために，衝突前後での相対速度の比によって**跳ね返り係数** (restitution coefficient) を次のように導入する。図 7.5 の衝突について，物体 1 から見た物体 2 の相対速度は，衝突前には $v_2 - v_1$，衝突後には $v_2' - v_1'$ である。これらの比をとって

$$e = -\frac{v_2' - v_1'}{v_2 - v_1} \tag{7.46}$$

により，跳ね返り係数を定義する*。衝突前後の相対速度は逆向きであるから，定義式の右辺に負号をつけることにより $e \geq 0$ となる。$e = 0$ の場合は，衝突により二つの物体がくっつく場合に相当し，これを**完全非弾性衝突** (perfectly inelastic collision) とよぶ。また，$0 \leq e < 1$ の場合が前節で議論した非弾性衝突に，$e = 1$ の場合が弾性衝突に相当する。

*　物体 2 から見た物体 1 の相対速度を使って跳ね返り係数を定義しても同じである。

[例題 7.6] 弾性衝突での跳ね返り係数

弾性衝突の場合に $e = 1$ となることを示せ。

[解]　式 (7.39) から，$v_2' - v_1' = v_1 - v_2$ となり，$e = 1$ が導かれる。

跳ね返り係数を使って，衝突後の物体の速度を求めてみよう。前節とおなじように，図 7.5 の記法を用いる。2 つの変数 v_1', v_2' を決める方程式の一つは運動量保存則

$$m_1 v_1 + m_2 v_2 = m_1 v_1' + m_2 v_2' \tag{7.47}$$

であり，もう一つは跳ね返り係数の定義式

$$e = -\frac{v_2' - v_1'}{v_2 - v_1} \tag{7.48}$$

である。両者を連立させて解くことにより

$$v_1' = \frac{m_1 - e m_2}{m_1 + m_2} v_1 + \frac{(1+e) m_2}{m_1 + m_2} v_2 \tag{7.49}$$

$$v_2' = \frac{(1+e) m_1}{m_1 + m_2} v_1 + \frac{m_2 - e m_1}{m_1 + m_2} v_2 \tag{7.50}$$

を得る。$e = 0$ のときに衝突後の速度が等しくなっていること ($v_1' = v_2'$)，$e = 1$ のときに弾性衝突の結果 (7.40), (7.41) を再現していること，を確認できる。

衝突の前後における運動エネルギーの差 ΔK を計算しよう。

$$\begin{aligned}\Delta K &= \frac{m_1 v_1'^2}{2} + \frac{m_2 v_2'^2}{2} - \frac{m_1 v_1^2}{2} - \frac{m_2 v_2^2}{2} \\ &= \frac{m_1}{2}(v_1' + v_1)(v_1' - v_1) + \frac{m_2}{2}(v_2' + v_2)(v_2' - v_2)\end{aligned} \tag{7.51}$$

ここで，式 (7.49), (7.50) より

$$m_1(v_1' - v_1) = -m_2(v_2' - v_2) = -\frac{(1+e) m_1 m_2}{m_1 + m_2}(v_1 - v_2)$$

なので

$$\Delta K = -\frac{(1+e) m_1 m_2}{2(m_1 + m_2)}(v_1 - v_2)(v_1' - v_2' + v_1 - v_2) \tag{7.52}$$

式 (7.48) より $v_1' - v_2' = -e(v_1 - v_2)$ であるから

$$\Delta K = -\frac{(1-e^2)m_1 m_2}{2(m_1+m_2)}(v_1 - v_2)^2 \tag{7.53}$$

よって $e=1$ の弾性衝突の場合には運動エネルギーが保存し，$0 \leq e < 1$ の非弾性衝突の場合には減少する*。

* 物体のもっている内部エネルギーが衝突により放出される，という特殊な場合には $1 < e$, $\Delta K > 0$ となりうる。

この結果は，運動エネルギーを重心運動と相対運動に分けた式 (7.23) を使うと簡単に導出できる。運動量保存則より重心速度は衝突前後で変わらないことと，衝突前の相対速度が $v_1 - v_2$，衝突後の相対速度が $v_1' - v_2'$ であることより

$$\Delta K = \frac{\mu}{2}\left[(v_1' - v_2')^2 - (v_1 - v_2)^2\right] \tag{7.54}$$

となる。換算質量 μ の定義式 (7.21) および跳ね返り係数 e の定義式 (7.46) を用いると，上式が (7.53) に帰着することを確認できる (章末問題 7.4)。

[例題 7.7] エレベータ中でのボールの跳ね返り

図 7.7 のように，一定速度 v_2 で下降するエレベータ中の床に，速度 v_1 のボールが衝突する。速度は下向きを正とし $v_1 > v_2$ とする。また跳ね返り係数を e とする。エレベータの質量はボールに比べてはるかに大きい。

(1) 静止している観測者から見た，衝突直後のボールの速度 v_1' を求めよ。

(2) エレベータ中の観測者から見た，衝突直後のボールの速度 $\bar{v}_1'$ を求めよ。

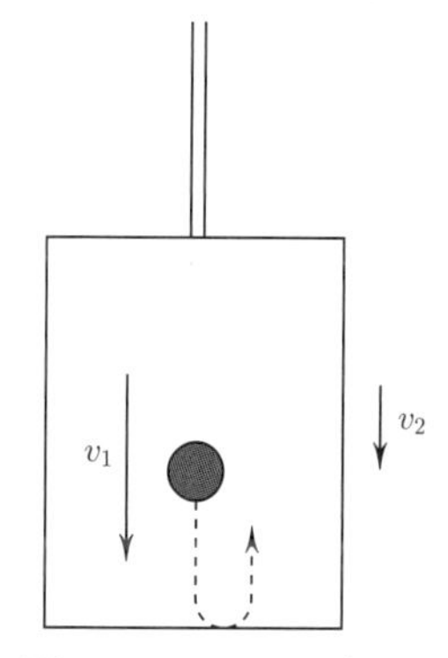

図 7.7　エレベータ中でのボールの跳ね返り

[解]　(1) エレベータを質量無限大の物体であるとみなして，二体衝突の結果を用いればよい。式 (7.49), (7.50) において $m_2 \to \infty$ の極限をとると

$$v_1' = -ev_1 + (1+e)v_2 \tag{7.55}$$

$$v_2' = v_2 \tag{7.56}$$

となる。エレベータの質量はたいへん大きいため，衝突により速度が変わらない。

(2) エレベータ中の座標系では，衝突前の速度は $\bar{v}_1 = v_1 - v_2$, $\bar{v}_2 = 0$。
式 (7.55), (7.56) の結果を使うと

$$\bar{v}_1' = -e\bar{v}_1 + (1+e)\bar{v}_2 = -e(v_1 - v_2) \tag{7.57}$$

$$\bar{v}_2' = \bar{v}_2 = 0 \tag{7.58}$$

静止座標系との間には $\bar{v}_1' = v_1' - v_2$, $\bar{v}_2' = v_2' - v_2$ の関係があるから，(1) の結果と矛盾しないことを確認できる。

7.3.3　2 次元運動での衝突

7.3.1 および 7.3.2 では 1 次元的な衝突を議論したが，一般には衝突後の二つの物体は異なる方向に向かう。ここでは一例として，摩擦のない水平面上を運動する同じ質量 m をもった物体 1, 2 の弾性衝突を議論する。

図 7.8 に示すように，衝突前に物体 2 は静止しており，物体 1 が速度 $\boldsymbol{v}$ で衝

突するものとする。また衝突後の物体 1, 2 の速度をそれぞれ $\boldsymbol{v}_1$, $\boldsymbol{v}_2$ とする。運動量保存則および弾性衝突における運動エネルギー保存の式から

$$\boldsymbol{v} = \boldsymbol{v}_1 + \boldsymbol{v}_2 \tag{7.59}$$

$$\frac{m}{2}|\boldsymbol{v}|^2 = \frac{m}{2}|\boldsymbol{v}_1|^2 + \frac{m}{2}|\boldsymbol{v}_2|^2 \tag{7.60}$$

が導かれる。式 (7.59) より導かれる $|\boldsymbol{v}|^2 = |\boldsymbol{v}_1|^2 + |\boldsymbol{v}_2|^2 + 2\boldsymbol{v}_1 \cdot \boldsymbol{v}_2$ と式 (7.60) とを比較して，$\boldsymbol{v}_1 \cdot \boldsymbol{v}_2 = 0$ がわかる。つまり二つの物体は互いに垂直な方向へと散乱される。このとき，図 7.8 に示すように，衝突後の速度 $\boldsymbol{v}_1$, $\boldsymbol{v}_2$ は衝突前の速度 $\boldsymbol{v}$ の直交する 2 方向への射影になっている。

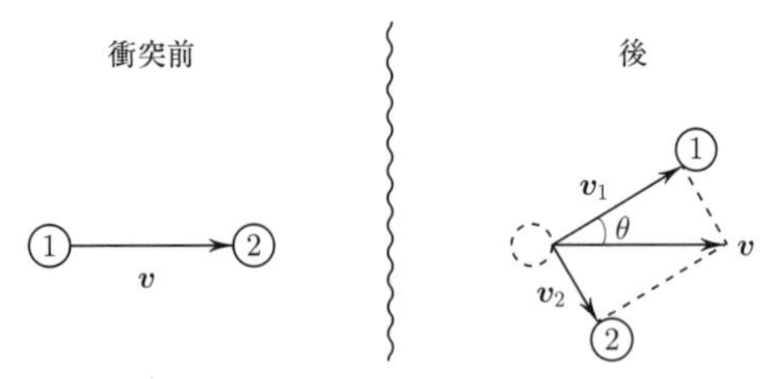

図 7.8　二つの物体の 2 次元的衝突

＊これは二物体を質点で近似することの限界である。たとえば二物体を 剛体として扱うと (8 章参照)，衝突前の速度から衝突後の速度を一意に決めることができる。

ただし，弾性衝突という条件だけでは，衝突後の二物体の方向を決めることができない*。なぜなら，決めるべき未知数が 4 個あるのに対して ($\boldsymbol{v}_1$, $\boldsymbol{v}_2$ の 2 成分) 方程式は 3 個 [(7.59) の 2 個 + (7.60) の 1 個] しかないためである。もう一つの条件として，たとえば $\boldsymbol{v}_1$ と $\boldsymbol{v}$ の角度 θ を与えると，衝突後の二物体の速度を完全に決めることができる。

[例題 7.8]　2 次元的な弾性衝突

質量 m_1，速さ v の物体 1 が，質量 m_2 で静止している物体 2 と弾性衝突したのち，衝突前の速度の向きから角度 θ の方向へ速さ v' で飛んで行った。$\cos\theta$ を求めよ。

[解]　衝突前の物体 1 の速度を $(v, 0)$，衝突後の物体 1 の速度を $(v'\cos\theta, v'\sin\theta)$，衝突後の物体 2 の速度を (v_x, v_y) とする。運動量保存，運動エネルギー保存の式は

$$m_1 v = m_1 v' \cos\theta + m_2 v_x \tag{7.61}$$

$$0 = m_1 v' \sin\theta + m_2 v_y \tag{7.62}$$

$$\frac{m_1}{2}v^2 = \frac{m_1}{2}v'^2 + \frac{m_2}{2}(v_x^2 + v_y^2) \tag{7.63}$$

である。これから v_x, v_y を消去して

$$\cos\theta = \frac{(1 - m_2/m_1)v^2 + (1 + m_2/m_1)v'^2}{2vv'} \tag{7.64}$$

7.4　一般の多体問題

7.4.1　内力と外力

前節までは，二つの物体から成る質点系の運動を考えた。本節では，これを図 7.9 のような N 個から成る質点系へと一般化する。物体 $j\ (=1,\cdots,N)$ の質量を m_j，位置を $\boldsymbol{r}_j$ で表す。それぞれの物体にはたらく力を内力 (internal force) と外力 (external force) に分類することができる。

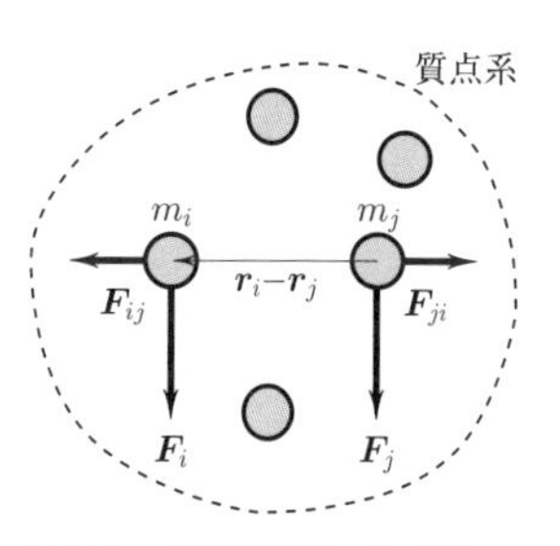

図 7.9　相互作用しながら運動する N 個の物体。$\boldsymbol{F}_{ij}$ や $\boldsymbol{F}_{ji}$ の向きは $\boldsymbol{r}_i-\boldsymbol{r}_j$ と平行である。

内力とは，質点系に属する物体間の相互作用である。たとえば，質点系に属する物体が電子や陽子のように帯電している (=電荷をもっている) 場合には，物体間にクーロン力による引力や斥力がはたらく。物体 j が物体 i から受ける内力を $\boldsymbol{F}_{ji}$ と記すことにしよう。内力は二つの物体間の相互作用であり，二つの添え字をもつ。作用反作用の関係から

$$\boldsymbol{F}_{ji}+\boldsymbol{F}_{ij}=\boldsymbol{0} \tag{7.65}$$

が成り立つ。また，物体の自分自身への相互作用 $\boldsymbol{F}_{jj}$ は存在しないので

$$\boldsymbol{F}_{jj}=\boldsymbol{0} \tag{7.66}$$

と定義する。

一方，外力とは質点系に属する粒子が系の外界から受ける力である。たとえば，系の外界から加えられた電場によるクーロン力や，各粒子の受ける重力などが外力の例である。物体 j が受ける外力を $\boldsymbol{F}_j$ と記すことにしよう。内力と対照的に，外力の添え字は一つのみである。物体 j の運動方程式は

$$m_j\ddot{\boldsymbol{r}}_j=\boldsymbol{F}_j+\sum_{i=1}^{N}\boldsymbol{F}_{ji} \tag{7.67}$$

である。

7.4.2　全運動量と全角運動量

系の全質量を M，全運動量を $\boldsymbol{P}$，全角運動量を $\boldsymbol{L}$ で表す。それらは

$$M=\sum_{j=1}^{N}m_j \tag{7.68}$$

$$\boldsymbol{P}=\sum_{j=1}^{N}m_j\dot{\boldsymbol{r}}_j \tag{7.69}$$

$$\boldsymbol{L}=\sum_{j=1}^{N}m_j\boldsymbol{r}_j\times\dot{\boldsymbol{r}}_j \tag{7.70}$$

で与えられる。また，系にはたらく外力の和を $\boldsymbol{F}$，力のモーメントの和を $\boldsymbol{N}$ とする。つまり

$$\boldsymbol{F}=\sum_{j=1}^{N}\boldsymbol{F}_j \tag{7.71}$$

$$\boldsymbol{N}=\sum_{j=1}^{N}\boldsymbol{r}_j\times\boldsymbol{F}_j \tag{7.72}$$

である。全運動量 $\boldsymbol{P}$ および全角運動量 $\boldsymbol{L}$ の時間変化を決める式は，次の例題 7.9, 7.10 で示すように，

$$\dot{\boldsymbol{P}} = \boldsymbol{F} \tag{7.73}$$

$$\dot{\boldsymbol{L}} = \boldsymbol{N} \tag{7.74}$$

で与えられる。特に，質点系に外力がはたらかない場合には，全運動量および全角運動量の保存則

$$\dot{\boldsymbol{P}} = \boldsymbol{0} \tag{7.75}$$

$$\dot{\boldsymbol{L}} = \boldsymbol{0} \tag{7.76}$$

が得られる。これらは二体の場合の式 (7.30), (7.34) の一般化になっている。

[例題 7.9] 全運動量の時間変化

全運動量 $\boldsymbol{P}$ の時間微分 $\dot{\boldsymbol{P}}$ が，外力の和 $\boldsymbol{F}$ となること [式 (7.73)] を示せ。

[解]　式 (7.69) を時間で微分し，運動方程式 (7.67) を使うと

$$\dot{\boldsymbol{P}} = \sum_{j=1}^{N} m_j \ddot{\boldsymbol{r}}_j = \sum_{j=1}^{N} \boldsymbol{F}_j + \sum_{j=1}^{N} \sum_{i=1}^{N} \boldsymbol{F}_{ji} \tag{7.77}$$

となるが，内力の二重和 (右辺第 2 項) に関しては

$$\sum_{j=1}^{N} \sum_{i=1}^{N} \boldsymbol{F}_{ji} = \frac{1}{2} \sum_{j=1}^{N} \sum_{i=1}^{N} (\boldsymbol{F}_{ji} + \boldsymbol{F}_{ij}) = \boldsymbol{0} \tag{7.78}$$

となる。この式で，一つ目の等号は添字の交換による数学的な等号であり，二つ目の等号は作用反作用の関係式 (7.65) による物理的な等号である。式 (7.71), (7.78) を式 (7.77) に代入して式 (7.73) を得る。

[例題 7.10] 全角運動量の時間変化

全角運動量 $\boldsymbol{L}$ の時間微分 $\dot{\boldsymbol{L}}$ が，力のモーメントの和 $\boldsymbol{N}$ となること [式 (7.74)] を示せ。

[解]　全角運動量の定義式 (7.70) を時間微分すると

$$\dot{\boldsymbol{L}} = \sum_{j=1}^{N} m_j \dot{\boldsymbol{r}}_j \times \dot{\boldsymbol{r}}_j + \sum_{j=1}^{N} \boldsymbol{r}_j \times m_j \ddot{\boldsymbol{r}}_j \tag{7.79}$$

であるが，同じベクトルの外積が現れるため右辺第 1 項はゼロとなる。物体 j の運動方程式 (7.67) より

$$\dot{\boldsymbol{L}} = \sum_{j=1}^{N} \boldsymbol{r}_j \times \boldsymbol{F}_j + \sum_{j=1}^{N} \sum_{i=1}^{N} \boldsymbol{r}_j \times \boldsymbol{F}_{ji} \tag{7.80}$$

となる。内力に関する力のモーメントの二重和 (右辺第 2 項) に関して，

$$\begin{aligned}\sum_{j=1}^{N} \sum_{i=1}^{N} \boldsymbol{r}_j \times \boldsymbol{F}_{ji} &= \frac{1}{2} \sum_{j=1}^{N} \sum_{i=1}^{N} (\boldsymbol{r}_j \times \boldsymbol{F}_{ji} + \boldsymbol{r}_i \times \boldsymbol{F}_{ij}) \\ &= \frac{1}{2} \sum_{j=1}^{N} \sum_{i=1}^{N} (\boldsymbol{r}_j - \boldsymbol{r}_i) \times \boldsymbol{F}_{ji} = \boldsymbol{0}\end{aligned} \tag{7.81}$$

となる。この式で，一つ目の等号は添字の交換，二つ目の等号は作用反作用の関係式 (7.65)，三つ目の等号は物体 j と物体 i の間にはたらく力が両者を結ぶ

軸の方向にはたらくこと，にそれぞれ由来するものである。式 (7.72), (7.81) を (7.80) に代入して式 (7.74) を得る。

7.4.3　重　　心

二体問題の場合には，重心の位置は式 (7.14) により定義された。一般の多体問題でも同様に，系の重心位置 $\boldsymbol{r}_G$ は物体位置の重みつき平均として

$$\boldsymbol{r}_G = \frac{\sum_{j=1}^{N} m_j \boldsymbol{r}_j}{\sum_{j=1}^{N} m_j} = \sum_{j=1}^{N} \frac{m_j}{M} \boldsymbol{r}_j \tag{7.82}$$

により定義される。式 (7.82) を時間微分するとただちに

$$M\dot{\boldsymbol{r}}_G = \boldsymbol{P} \tag{7.83}$$

が得られ，重心 $\boldsymbol{r}_G$ の運動方程式が

$$M\ddot{\boldsymbol{r}}_G = \boldsymbol{F} \tag{7.84}$$

となることを確認できる。つまり，質点系の重心運動を考えるときは，質量 M の質点が系に加わる全外力 $\boldsymbol{F}$ を受けて運動する，とみなせばよいことがわかる。こうして，有限の大きさをもつ物体の運動を質点として扱うことが正当化される。

7.4.4　重心運動と相対運動

この節では質点系の運動を，重心が原点に対して行う重心運動と，各物体が重心位置に対して行う相対運動とに分解しよう。重心からみた物体 j の位置ベクトル $\boldsymbol{r}'_j$ を

$$\boldsymbol{r}'_j = \boldsymbol{r}_j - \boldsymbol{r}_G \tag{7.85}$$

により導入する。式 (7.82) より

$$\sum_{j=1}^{N} m_j \boldsymbol{r}'_j = \boldsymbol{0} \tag{7.86}$$

が確認できる。全運動量，全角運動量，力のモーメントについて，重心運動に関する成分を

$$\boldsymbol{P}_G = M\dot{\boldsymbol{r}}_G \tag{7.87}$$

$$\boldsymbol{L}_G = M\boldsymbol{r}_G \times \dot{\boldsymbol{r}}_G \tag{7.88}$$

$$\boldsymbol{N}_G = \boldsymbol{r}_G \times \boldsymbol{F} \tag{7.89}$$

によって，また相対運動に関する成分を

$$\boldsymbol{P}' = \sum_{j=1}^{N} m_j \dot{\boldsymbol{r}}'_j \tag{7.90}$$

$$\boldsymbol{L}' = \sum_{j=1}^{N} m_j \boldsymbol{r}'_j \times \dot{\boldsymbol{r}}'_j \tag{7.91}$$

$$\boldsymbol{N}' = \sum_{j=1}^{N} \boldsymbol{r}'_j \times \boldsymbol{F}_j \tag{7.92}$$

によって定義する。すると，式 (7.69), (7.70), (7.72) によって定まる $\boldsymbol{P}$, $\boldsymbol{L}$, $\boldsymbol{N}$ に関して，次の例題 7.11, 7.12 で示すように，

$$\boldsymbol{P} = \boldsymbol{P}_G + \boldsymbol{P}' \tag{7.93}$$

$$\boldsymbol{L} = \boldsymbol{L}_G + \boldsymbol{L}' \tag{7.94}$$

$$\boldsymbol{N} = \boldsymbol{N}_G + \boldsymbol{N}' \tag{7.95}$$

のように，重心運動に由来する部分と相対運動に由来する部分とに分けることができる。特に，運動量に関しては

$$\boldsymbol{P} = \boldsymbol{P}_G \tag{7.96}$$

$$\boldsymbol{P}' = \boldsymbol{0} \tag{7.97}$$

となり，相対運動に由来する部分は零である*。

　また，運動エネルギーに関しても

$$K = \sum_{j=1}^{N} \frac{m_j}{2}|\dot{\boldsymbol{r}}_j|^2 \tag{7.98}$$

$$K_G = \frac{M}{2}|\dot{\boldsymbol{r}}_G|^2 \tag{7.99}$$

$$K' = \sum_{j=1}^{N} \frac{m_j}{2}|\dot{\boldsymbol{r}}_j'|^2 \tag{7.100}$$

を定義すると，次の例題 7.13 で示すように，

$$K = K_G + K' \tag{7.101}$$

となり，重心運動部分と相対運動部分とに分けることができる。

* 式 (7.96) は式 (7.83) と式 (7.87) を比較して，式 (7.97) は式 (7.86) を時間で微分し式 (7.90) と比較して，確認できる。

[例題 7.11]　角運動量の分解

物体系の全角運動量を，式 (7.94) のように重心運動成分と相対運動成分に分解できることを示せ。

[解]　式 (7.70) に式 (7.85) を代入して

$$\boldsymbol{L} = \left(\sum_{j=1}^{N} m_j\right)\boldsymbol{r}_G \times \dot{\boldsymbol{r}}_G + \left(\sum_{j=1}^{N} m_j \boldsymbol{r}_j'\right) \times \dot{\boldsymbol{r}}_G$$
$$+ \boldsymbol{r}_G \times \left(\sum_{j=1}^{N} m_j \dot{\boldsymbol{r}}_j'\right) + \sum_{j=1}^{N} m_j \boldsymbol{r}_j' \times \dot{\boldsymbol{r}}_j' \tag{7.102}$$

式 (7.86) より第 2 項および第 3 項がゼロになる。$\sum_{j=1}^{N} m_j = M$ と式 (7.88), (7.91) より $\boldsymbol{L} = \boldsymbol{L}_G + \boldsymbol{L}'$ を得る。

[例題 7.12]　力のモーメントの分解

力のモーメントを，(7.95) のように重心運動成分と相対運動成分に分解できることを示せ。

[解]　式 (7.72) に式 (7.85) を代入して

$$\boldsymbol{N} = \boldsymbol{r}_G \times \left(\sum_{j=1}^{N} \boldsymbol{F}_j \right) + \sum_{j=1}^{N} \boldsymbol{r}_j' \times \boldsymbol{F}_j \tag{7.103}$$

$\sum_{j=1}^{N} \boldsymbol{F}_j = \boldsymbol{F}$ と式 (7.89), (7.92) より $\boldsymbol{N} = \boldsymbol{N}_G + \boldsymbol{N}'$ を得る。

[例題 **7.13**] 運動エネルギーの分解

運動エネルギーを，式 (7.101) のように重心運動成分と相対運動成分に分解できることを示せ。

[解] 式 (7.98) に (7.85) を代入して

$$K = \frac{1}{2}\left(\sum_{j=1}^{N} m_j \right) |\dot{\boldsymbol{r}}_G|^2 + \left(\sum_{j=1}^{N} m_j \dot{\boldsymbol{r}}_j' \right) \cdot \dot{\boldsymbol{r}}_G + \sum_{j=1}^{N} \frac{m_j}{2} |\dot{\boldsymbol{r}}_j'|^2 \tag{7.104}$$

(7.86) より第 2 項はゼロになる。また $\sum_{j=1}^{N} m_j = M$ と (7.99), (7.100) より $K = K_G + K'$ を得る。

$\boldsymbol{L}_G$ および $\boldsymbol{L}'$ の時間変化に関しては，次の例題 7.14 で示すように，

$$\dot{\boldsymbol{L}}_G = \boldsymbol{N}_G \tag{7.105}$$

$$\dot{\boldsymbol{L}}' = \boldsymbol{N}' \tag{7.106}$$

を導くことができる。つまり重心を中心とする角運動量は，重心を中心とする外力の力のモーメントで時間変化する。この式は 8 章で扱う剛体の運動において重要な役割を果たす。

[例題 **7.14**] 角運動量の運動方程式

全角運動量の重心運動成分の運動方程式 (7.105)，および相対運動成分の運動方程式 (7.106) を導出せよ。

[解] まず式 (7.105) を示す。$\boldsymbol{L}_G$ の定義式 (7.88) を時間微分すると

$$\dot{\boldsymbol{L}}_G = M\dot{\boldsymbol{r}}_G \times \dot{\boldsymbol{r}}_G + \boldsymbol{r}_G \times M\ddot{\boldsymbol{r}}_G \tag{7.107}$$

同じベクトルの外積を含むため，第 1 項はゼロになる。重心の運動方程式 (7.84) と $\boldsymbol{N}_G$ の定義式 (7.89) より式 (7.105) が導かれる。

式 (7.74) から式 (7.105) を引くと

$$\dot{\boldsymbol{L}} - \dot{\boldsymbol{L}}_G = \boldsymbol{N} - \boldsymbol{N}_G$$

となるが，

$$\boldsymbol{L} - \boldsymbol{L}_G = \boldsymbol{L}', \quad \boldsymbol{N} - \boldsymbol{N}_G = \boldsymbol{N}'$$

であるから式 (7.106) を得る。

7.4.5　質点系に対する重力の効果

系全体にはたらく重力の効果について考えよう。鉛直上向きに z 軸をとり単位ベクトルを $\boldsymbol{e}_z$ とすると，重力加速度は $-g\boldsymbol{e}_z$ と表される。質点 j にはたらく重力は

$$\boldsymbol{F}_j = -m_j g\boldsymbol{e}_z \tag{7.108}$$

と表すことができる。系全体にはたらく重力の和 $\boldsymbol{F}_g$ は，個々の質点にはたらく重力を足し合わせることによって

$$\boldsymbol{F}_g = -\sum_{j=1}^{N} m_j g\boldsymbol{e}_z = -Mg\boldsymbol{e}_z \tag{7.109}$$

と表すことができる。系全体にはたらく重力のモーメントの和 $\boldsymbol{N}_g$ は，個々の質点にはたらく重力のモーメント $\boldsymbol{r}_j \times (-m_j g\boldsymbol{e}_z)$ を足し合わせることによって

$$\boldsymbol{N}_g = \sum_{j=1}^{N} \boldsymbol{r}_j \times (-m_j g\boldsymbol{e}_z) = -g\left(\sum_{j=1}^{N} m_j \boldsymbol{r}_j\right) \times \boldsymbol{e}_z \tag{7.110}$$

と表すことができる。ここで，全質量を M，重心の位置ベクトルを $\boldsymbol{r}_G$ で表すと，重心の定義より

$$M\boldsymbol{r}_G = \sum_{j=1}^{N} m_j \boldsymbol{r}_j \tag{7.111}$$

である。よって

$$\boldsymbol{N}_g = \boldsymbol{r}_G \times (-Mg\boldsymbol{e}_z) = \boldsymbol{r}_G \times \boldsymbol{F}_g \tag{7.112}$$

となる。つまり，系全体にはたらく重力の効果を考えるときには，図 7.10 のように，重心の位置 $\boldsymbol{r}_G$ に全質量分の重力 Mg が鉛直下向きにはたらく，と見なして良いことがわかる。このことから，重心位置で物体を支えると，重力による力のモーメントの和がゼロとなるので，物体は静止することがわかる。

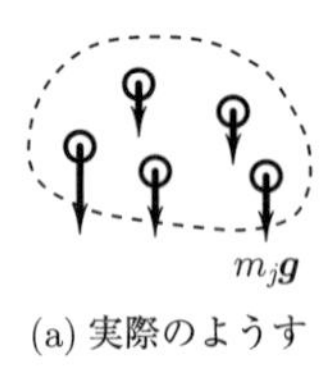

(a) 実際のようす

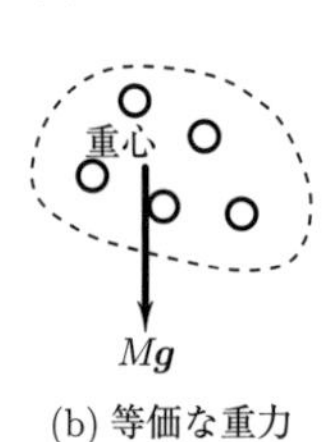

(b) 等価な重力

図 7.10　質点系にはたらく重力の効果

重力による位置エネルギーについて考えよう。この場合も，系全体の位置エネルギーは個々の微小物体の位置エネルギーの和として表すことができる。質点 j の z 座標を z_j とすると，位置エネルギーは

$$U_j = m_j g z_j \tag{7.113}$$

であるから，系全体の位置エネルギーは

$$U = \sum_{j=1}^{N} m_j g z_j = g\sum_{j=1}^{N} m_j z_j \tag{7.114}$$

と表すことができる。ここで重心の定義式 (7.111) の z 成分を考えると，重心の z 座標を z_G として，$\sum_{j=1}^{N} m_j z_j = Mz_G$ であることがわかる。よって

$$U = Mgz_G \tag{7.115}$$

となる。つまり位置エネルギーに関しても，図 7.10 のように，重心位置 $\boldsymbol{r}_G$ に全質量分の重力 Mg が集中していると見なしてよい。

7章のまとめ

- 運動量は質量と速度の積で与えられるベクトル量であり，その時間微分は力である。角運動量は位置と運動量の外積で与えられるベクトル量であり，その時間微分は力のモーメントである。
- 二体問題は，重心座標と相対座標を導入することにより一体問題に帰着できる。作用反作用の法則から，運動量保存則および角運動量保存則を導くことができる。
- 二物体の衝突の際，運動量は常に保存される。跳ね返り係数 e は，衝突前後での二物体の相対速度の比である。弾性衝突 $(e = 1)$ の際には運動エネルギーが保存し，非弾性衝突 $(e < 1)$ の際には運動エネルギーが失われる。
- 質点系の運動を考える際には，重心運動とそのまわりの相対運動に分けて考えると便利である。角運動量や運動エネルギーを重心運動成分と相対運動成分に分けることができる。
- 質点系にはたらく重力の効果を考える際には，全重力が重心にはたらくと見なすことができる。

問　題

7.1 水平な床があり，高さ h の位置から水平方向に速度 v_0 でボールを投げた。ボールが2回跳ねた後の，最高点の高さ h' を求めよ。ただし床とボールの跳ね返り係数を e とし，速度の水平成分は跳ね返りの前後で変わらないものとする。

7.2 摩擦の無い水平な床の上に，質量 m_1 の板が静止している。この上に質量 m_2 の自動車が静止しており，ある時刻に板に対して速さ V で動き始めた。床から見た自動車の動く速さを求めよ。

7.3 ばね定数 k のばねの両端に質量 m_1, m_2 の物体1, 2をつけ，摩擦の無い水平面上でばねの方向に振動させる。物体1を固定した場合および両者を固定しない場合の振動周期を求めよ。

7.4 換算質量 μ の定義式 (7.21) および跳ね返り係数 e の定義式 (7.46) を用いて，(7.54) が (7.53) に帰着することを確認せよ。

7.5 半径 R の固定滑車に糸をかけて質量 m_1, m_2 の物体1, 2をつるし手を放すと，物体は等加速度運動を始める。このような系をアトウッドの装置と呼ぶ。物体の加速度を次の手順で求めよ。ただし，図7.11のように座標軸を設定し，滑車および糸の質量は無視できるとする。

(1) 物体の速さを v とする。系全体の角運動量 $\boldsymbol{L}$ を求めよ。

(2) 重力による力のモーメントの和 $\boldsymbol{N}$ を求めよ。

(3) $\dot{\boldsymbol{L}} = \boldsymbol{N}$ より物体の加速度 a を求め，例題8.9の結果と比較せよ。

7.6 図7.12のように質量 $m_1 = 7$ kg，$m_2 = 5$ kg，$m_3 = 8$ kg の三つの質点が，それぞれ位置 $(-3, -2), (1, 4), (4, -1)$ にある (単位は m)。

(1) この系の重心を求めよ。

(2) これらの質点のうち，m_1 が速度 $(0, 4)$ で，m_3 が速度 $(-5, 0)$ で運動しているとき (単位は m/s)，重心の速度を求めよ。

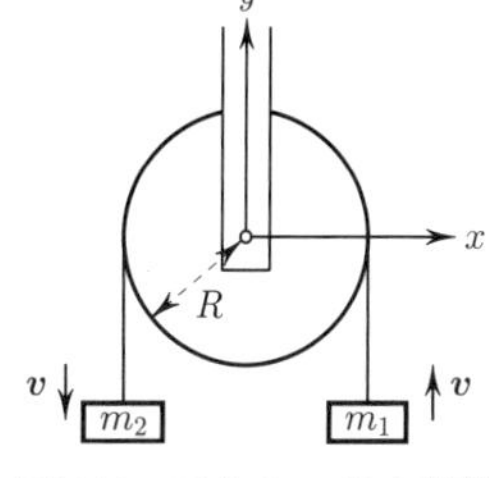

図7.11　アトウッドの装置

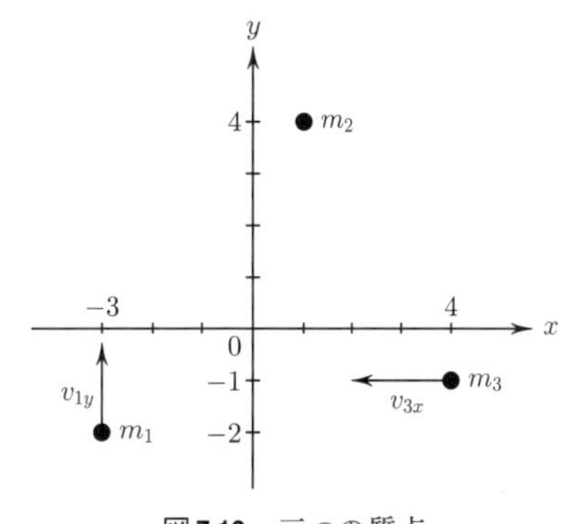

図7.12　三つの質点

8
剛体の力学

前章までは，物体を大きさをもたない質点およびそれらの集まり (質点系) と見なして議論してきた。本章では，有限の大きさをもつ物体の運動を議論する。特に，力を加えても変形しない「剛体」と呼ばれる物体の運動に着目する。剛体の運動の法則は，前章までに学んだ「質点の力学」から全て導出できる。剛体には重心を中心とする回転運動があることが，質点の運動との最大の違いである。

8.1 自由度と運動方程式

本章では，大きさのある物体の運動を考える。特に，**剛体** (rigid body) と呼ばれる，力を加えても全く変形しない物体の運動を取り扱う。日常的には，たとえば石や金属などの，いわゆる固いものは剛体と見なしてよい*。剛体中の二点間の距離は常に一定である。

* ただし実際の物体に力を加えると，わずかでも必ず変形する。

ある力学系の**自由度** (degree of freedom) とは，その系に含まれる全ての物体の位置を指定するのに必要な独立変数の数である。たとえば，一本のレールの上を走る電車の場合には，ある駅からの距離という一つの変数でその位置を確定することができるので，自由度は 1 である。また，ある平面上を運動する二つの粒子の場合には，それらが両方とも自由に動けるならば自由度は $2+2$ で 4 となり，両者が長さの変わらない棒で結ばれている場合には，自由度がひとつ減って 3 となる。

それでは，剛体の位置を指定するのに，何個の変数が必要だろうか。例として，宇宙空間において地球の位置を確定させることを考える。まずは，地球の中心位置を指定するのに 3 つの空間座標 (x_G, y_G, z_G) を定める必要がある。次に，地球の中心から見た北極の方向，つまり地軸の向きを決める必要があり，これには 2 つの変数が必要である。たとえば 3 次元極座標では，地軸と z 軸とのなす角度 θ_1 と，地軸の xy 平面への射影と x 軸とのなす角度 θ_2 を指定すれば地軸の向きが定まる。最後に，地軸を中心とする回転角 θ_3 を定めると，地球の位置を完全に定めることができる。以上より，剛体の自由度は 6 である。

あるいは，次のように考えても剛体の自由度は 6 であることがわかる。剛体の位置を定めるのには，剛体中の三点 A，B，C の位置を定めればよい。A, B, C にはそれぞれ 3 つの自由度があるので，この三点が自由に運動できるならば，自由度は $3 \times 3 = 9$ となるが，剛体中では AB 間，BC 間，CA 間距離が一定であるという 3 つの拘束条件のために，自由度が $9 - 3 = 6$ となる。

有限の大きさをもつ剛体の運動を考えるときには，それを微小部分に分割し「質点系」として取り扱う。よって，剛体に対しても 7.4 節での議論がそのまま成立する。7.4 節では，質点系の運動を巨視的に特徴付ける量として，全運動量 $\boldsymbol{P}$ と全角運動量 $\boldsymbol{L}$ を導入した。$\boldsymbol{P}$, $\boldsymbol{L}$ は 3 次元ベクトルであるから自由度の合計が 6 であり，これらを定めると剛体の運動が確定する。よって剛体の運動方程式は，剛体に作用する力の和を $\boldsymbol{F}$，力のモーメントの和を $\boldsymbol{N}$ とすると

$$\dot{\boldsymbol{P}} = \boldsymbol{F} \tag{8.1}$$

$$\dot{\boldsymbol{L}} = \boldsymbol{N} \tag{8.2}$$

で与えられる。剛体に種々の拘束条件がある場合には，さらに少ない自由度で運動を解析できる*1。

*1 固定軸のまわりの回転 (8.7 節) や床面に沿った運動 (8.8 節) など

8.2 剛体の重心

物質系がいくつかの質点の集まりである場合には，その系の重心位置は式 (7.82) により求められる。剛体の場合には，それを細かな微小部分に分割し，その各々を質点と見なすことによって，同じ方法で重心位置を求めることができる。ただし，質量が連続的に分布しているため，式 (7.82) の離散的な和を剛体の形状に応じた積分に置き換える必要がある。以下では，例題を通して剛体の重心位置の計算方法を学ぼう。

[例題 **8.1**] 平面図形の重心

図 8.1 に示す (a) 直角三角形および (b) 半円の重心座標を求めよ。ただし，両者とも一様な面密度*2 σ をもつ xy 平面上の板である。

*2 面密度とは，2 次元的な物体の単位面積あたりの質量をあらわす (8.5.2 参照)。

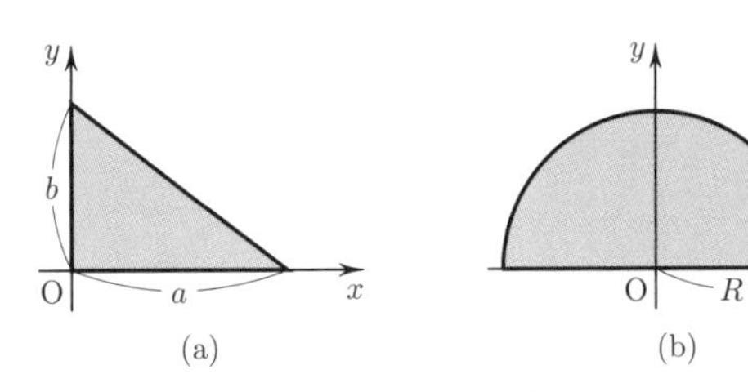

図 8.1 (a) 直角三角形，(b) 半円

[解] (a) 重心の x 座標を求めよう。そのために，図 8.2(a) のように三角形を y 軸に平行な直線で微小な台形に分割し，$x \sim x + dx$ の部分について考える。dx が十分に小さければ，この微小台形の面積は縦の長さが $b \times \dfrac{a - x}{a}$，横の長さが dx の長方形の面積と考えることができるため，この部分の質量は

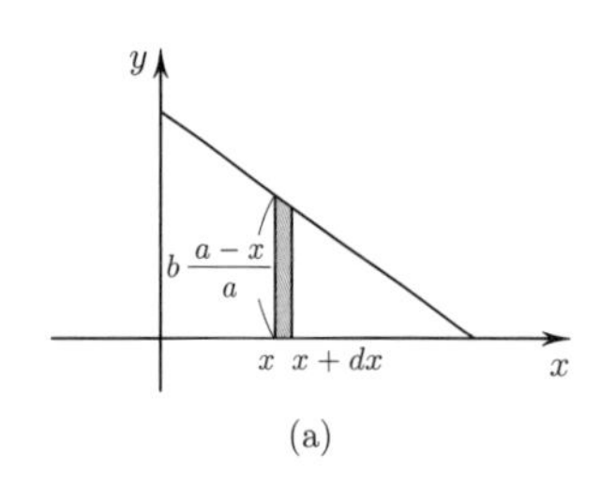

(a)

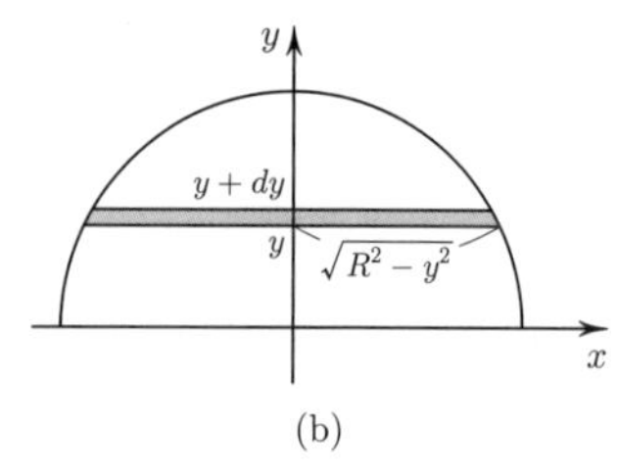

(b)

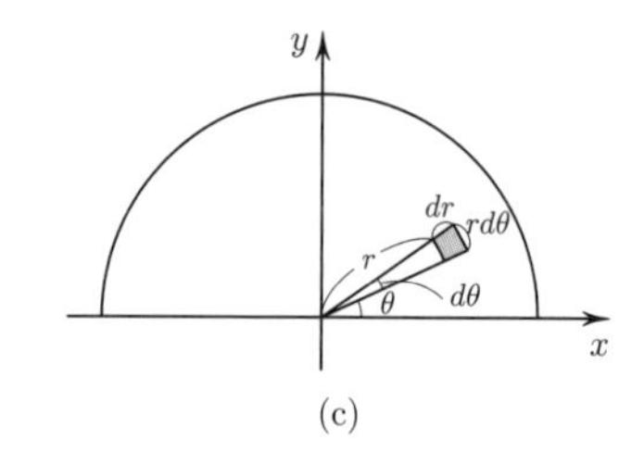

(c)

図 8.2　重心の計算

$\sigma b\dfrac{a-x}{a}dx$ であり，また x 座標は x である。よって式 (7.82) において，

$$m_j \to \sigma b\frac{a-x}{a}dx,\ \ x_j \to x$$

と置き換えればよい。また離散的な和を区間 $0 < x < a$ での積分に置き換える。こうして

$$x_G = \frac{\displaystyle\int_0^a \sigma b\frac{a-x}{a}x\ dx}{\displaystyle\int_0^a \sigma b\frac{a-x}{a}\ dx} \tag{8.3}$$

が得られる。分母の積分は $\sigma ab/2$ となるが，これは三角形板の質量を表している。(8.3) の積分を遂行することにより，$x_G = a/3$ となることがわかる。y 座標についても同様の議論で $y_G = b/3$ となる。この結果は，重心座標が三角形の三頂点の座標の平均値で得られること，すなわち

$$\frac{(0,0)+(a,0)+(0,b)}{3} = (a/3, b/3) \tag{8.4}$$

と無矛盾である。

(b) 対称性より重心の x 座標は 0 であるから，y 座標について考えよう。

そのために，図 8.2(b) のように半円を x 軸に平行な直線で微小な台形に分割し，$y \sim y+dy$ の部分について考える。この微小台形は縦の長さが dy，横の長さが $2\sqrt{R^2-y^2}$ であるから質量は $2\sigma\sqrt{R^2-y^2}dy$ であり，y 座標は y である。また積分区間は $0 < y < R$ である。こうして

$$y_G = \frac{\displaystyle\int_0^R 2\sigma\sqrt{R^2-y^2}\ y\ dy}{\displaystyle\int_0^R 2\sigma\sqrt{R^2-y^2}\ dy} \tag{8.5}$$

が得られる。分子の積分は，$y^2 = z$ と変数変換することにより実行でき，$2\sigma R^3/3$ となる。また分母の積分は，$y = R\sin\theta$ と変数変換することにより実行でき，$\pi\sigma R^2/2$ となる。以上より $y_G = 4R/3\pi$ となる。

【発展】　この問題のように円を扱う場合には，2 次元極座標を用いると計算が簡単になる。2 次元極座標では xy 平面上の点は $(r\cos\theta, r\sin\theta)$ と表され（図 8.2(c)），微小面積要素 (r, θ をわずかに増やした際の長方形の面積) は

$rdrd\theta$ で与えられる。よって式 (7.82) において $m_j \to \sigma rdrd\theta$, $y_j \to r\sin\theta$ とし，また離散和を $0 < r < R$, $0 < \theta < \pi$ での積分に置き換える。こうして

$$y_G = \frac{\displaystyle\int_{r=0}^{R}\int_{\theta=0}^{\pi} r\sin\theta \times \sigma rdr\ d\theta}{\displaystyle\int_{r=0}^{R}\int_{\theta=0}^{\pi} \sigma r\ drd\theta} \tag{8.6}$$

が得られる。式 (8.6) に現れる積分は二重積分であるが，被積分関数が r のみの関数と θ のみの関数の積の形をしているため，次のように一重積分の掛け算に帰着することができる (**変数分離** (separation of variables) と呼ぶ)。

$$y_G = \frac{\sigma\left(\displaystyle\int_{r=0}^{R} r^2dr\right) \times \left(\displaystyle\int_{\theta=0}^{\pi} \sin\theta\ d\theta\right)}{\sigma\left(\displaystyle\int_{r=0}^{R} rdr\right) \times \left(\displaystyle\int_{\theta=0}^{\pi} d\theta\right)} \tag{8.7}$$

個々の積分は容易であり，$y_G = 4R/3\pi$ を得る。

[例題 8.2] 立体図形の重心

図 8.3 に示す (a) 三角錐，(b) 半球の重心座標を求めよ。ただし，両者とも一様な密度* ρ をもっている。

* 単に「密度」と言う場合は，3 次元的物体の単位体積あたりの質量をあらわす (8.5.3 参照)。

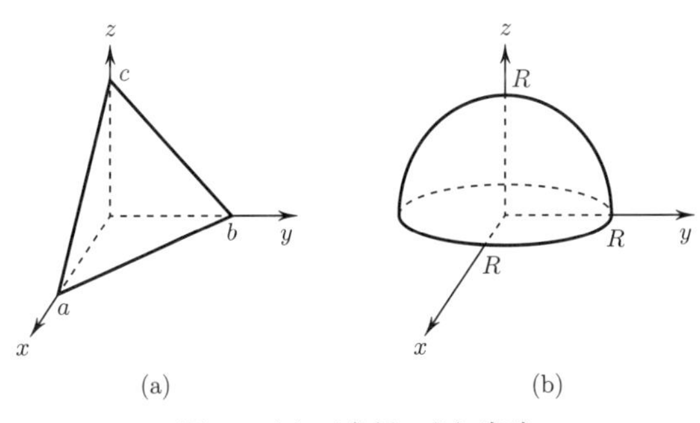

図 8.3 (a) 三角錐，(b) 半球

[解] (a) 重心の z 座標を求めよう。そのために，図 8.4(a) のように三角錐を xy 平面に平行な面で微小な薄板に分割し，$z \sim z + dz$ の部分について考える。dz が十分に小さければ，この薄板は面積

$$\frac{ab}{2} \times \left(\frac{c-z}{c}\right)^2$$

厚さ dz の直方体と考えることができるため，この薄板の質量は

$$\rho\frac{ab(c-z)^2}{2c^2}dz$$

であり，また z 座標は z である。よって式 (7.82) において，

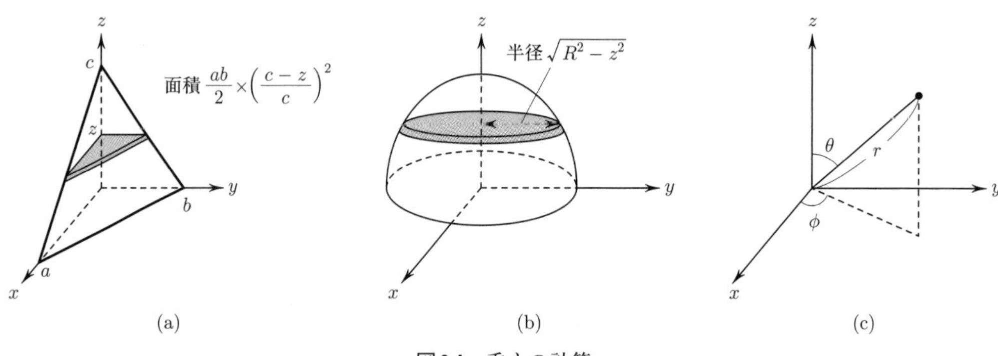

図 8.4 重心の計算

$$m_j \to \rho\frac{ab(c-z)^2}{2c^2}dz,\ \ z_j \to z$$

と置き換えればよい。また離散的な和を区間 $0 < z < c$ での積分に置き換える。こうして

$$z_G = \frac{\displaystyle\int_0^c \rho\frac{ab(c-z)^2 z}{2c^2}dz}{\displaystyle\int_0^c \rho\frac{ab(c-z)^2}{2c^2}dz} \tag{8.8}$$

が得られる。分母の積分は $\rho abc/6$ となり，三角錘の質量を表している。式 (8.8) の積分を遂行し $z_G = c/4$ を得る。同様に $x_G = a/4$, $y_G = b/4$ である。この結果は，三角錘の四頂点の座標を平均値して得られる値，すなわち

$$\frac{(0,0,0)+(a,0,0)+(0,b,0)+(0,0,c)}{4} = (a/4, b/4, c/4) \tag{8.9}$$

と一致している。

(b) 対称性より重心の (x, y) 座標は $(0, 0)$ であるから z 座標について考えよう。そのために，図 8.4(b) のように半球を xy 平面に平行な面で微小な薄板に分割し，$z \sim z + dz$ の部分について考える。この微小薄板は面積 $\pi(R^2 - z^2)$，厚さ dz であるから質量は $\rho\pi(R^2 - z^2)dz$ であり，z 座標は z である。また積分区間は $0 < z < R$ である。こうして

$$z_G = \frac{\displaystyle\int_0^R \rho\pi(R^2-z^2)z\ dz}{\displaystyle\int_0^R \rho\pi(R^2-z^2)dz} \tag{8.10}$$

が得られる。分母の積分は $2\pi R^3/3$ となり，半球の質量を表している。(8.10) の積分を遂行し $z_G = 3R/8$ を得る。

【発展】 この問題のように球を扱う場合には，3 次元極座標を用いると計算が簡単になる。3 次元極座標では空間中の点は $(r\sin\theta\cos\phi, r\sin\theta\sin\phi, r\cos\theta)$ と表され (図 8.4(c))，微小体積要素 (r, θ, ϕ をわずかに増やした際の直方体の体積) は $r^2\sin\theta\ drd\theta d\phi$ で与えられる。よって式 (7.82) にお

いて

$$m_j \to \rho r^2 \sin\theta \, drd\theta d\phi, \quad z_j \to r\cos\theta$$

とし，また離散和を $0 < r < R$, $0 < \theta < \pi/2$, $0 < \phi < 2\pi$ での積分に置き換える。こうして

$$z_G = \frac{\displaystyle\int_{r=0}^{R}\int_{\theta=0}^{\pi/2}\int_{\phi=0}^{2\pi} r\cos\theta \times \rho r^2 \sin\theta \, drd\theta d\phi}{\displaystyle\int_{r=0}^{R}\int_{\theta=0}^{\pi/2}\int_{\phi=0}^{2\pi} \rho r^2 \sin\theta \, drd\theta d\phi} \tag{8.11}$$

が得られる。式 (8.11) に現れる三重積分は変数分離が可能であり

$$z_G = \frac{\rho\left(\displaystyle\int_0^R r^3 dr\right) \times \left(\displaystyle\int_0^{\pi/2} \sin\theta\cos\theta \, d\theta\right) \times \left(\displaystyle\int_0^{2\pi} d\phi\right)}{\rho\left(\displaystyle\int_0^R r^2 dr\right) \times \left(\displaystyle\int_0^{\pi/2} \sin\theta \, d\theta\right) \times \left(\displaystyle\int_0^{2\pi} d\phi\right)} \tag{8.12}$$

個々の積分は容易であり，$z_G = 3R/8$ を得る。

8.3 剛体のつり合い

本節では剛体にいくつかの力がはたらき，それらがつり合って静止する条件を考える。前節でみたように，剛体の運動方程式は (8.1), (8.2) である。静止の際には $\dot{\boldsymbol{P}} = \dot{\boldsymbol{L}} = \boldsymbol{0}$ であるから，つり合いの条件は

$$\boldsymbol{F} = \boldsymbol{0} \tag{8.13}$$

$$\boldsymbol{N} = \boldsymbol{0} \tag{8.14}$$

である。つまり，剛体にはたらく外力の和 $\boldsymbol{F}$ とモーメントの和 $\boldsymbol{N}$ とが零になる必要がある。

ここで力のモーメントは，物体の位置を定める基準点に依存する量であるから，それをどの位置にとるべきか，という問題が生じる。ところが外力の和が零になっている場合 ($\boldsymbol{F} = \boldsymbol{0}$)，どの点を基準にしてもよいことが次のようにしてわかる。式 (7.95) より，力のモーメント $\boldsymbol{N}$ を重心のまわりのモーメント $\boldsymbol{N}'$ とそれ以外 $\boldsymbol{N}_G$ に分解することができる。このうち基準点に依存するのは後者であるが，式 (7.90) より $\boldsymbol{N}_G = \boldsymbol{r}_G \times \boldsymbol{F}$ であり，これは $\boldsymbol{F} = \boldsymbol{0}$ のときは零になる。

［例題 **8.3**］ 壁にたてかけた板のつり合い

一様な長方形の板を壁に対して立てかける。板が静止するために必要な，板と壁との角度の範囲を求めよ。ただし壁と板の間には摩擦はなく，床と板の間の静止摩擦係数を μ とする。

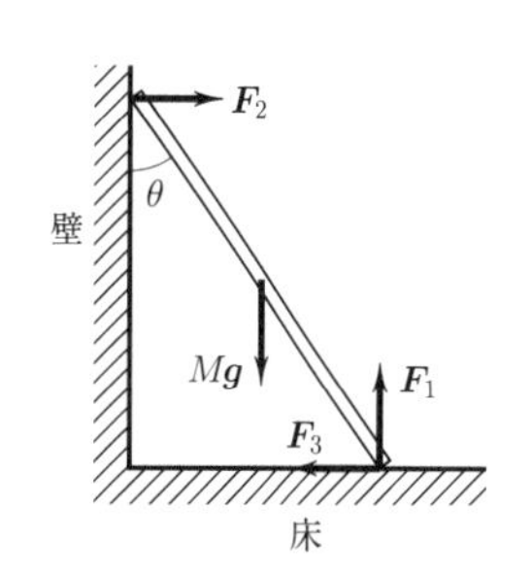

図 8.5　壁にたてかけた板

[解]　板の質量を M，長さを L，壁との角度を θ とする。7.4.5 の議論より，板にかかる重力は重心に集中していると考えられるから，重力 Mg，床からの垂直抗力 F_1 壁からの垂直抗力 F_2，床との静止摩擦力 F_3 の 4 種類の力が図 8.5 のように板にはたらく。外力のつり合いの式は，

$$Mg - F_1 = 0, \tag{8.15}$$

$$F_2 - F_3 = 0 \tag{8.16}$$

である。モーメントの基準点を板と床との接触点にとると (壁との接触点や，重心にとっても同じ結果になる)，モーメントのつり合いの式は

$$Mg\frac{L}{2}\sin\theta - F_2 L\cos\theta = 0 \tag{8.17}$$

である。さらに，静止摩擦力の範囲は

$$F_3 < \mu F_1 \tag{8.18}$$

である。これらの式より，壁との角度 θ は

$$\tan\theta < 2\mu \tag{8.19}$$

を満たす必要がある。

8.4　慣性モーメント

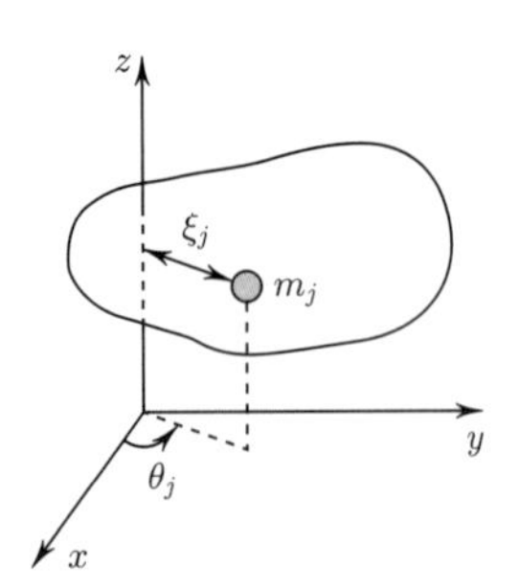

図 8.6　円筒座標による位置指定

本節では，剛体が固定された軸のまわりを回転する場合について考察する。以下では固定軸を z 軸に選び，xy 平面内での回転を考える (図 8.6)。また剛体を多数の微小物体に分解してそれらの集まりとして捉え，j 番目の微小物体の質量を m_j，位置を $\boldsymbol{r}_j = (x_j, y_j, z_j)$ と表記する。固定軸のある状況では，直交座標の代わりに円筒座標 (cylindrical coordinate) によって位置を指定するほうが便利であることが多い。円筒座標では，x 座標および y 座標を指定するのに 2 次元極座標 (polar coordinate) を用いる。すなわち，z 軸からの距離 ξ と，x 軸との角度 θ によって物体の位置を指定する。微小物体 j の位置は

$$\boldsymbol{r}_j = (\xi_j\cos\theta_j,\ \xi_j\sin\theta_j,\ z_j) \tag{8.20}$$

で与えられる。また ξ_j は z 軸からの距離であるから，

$$\xi_j^2 = x_j^2 + y_j^2 \tag{8.21}$$

と表すことができる。

剛体の z 軸まわりの回転運動では，各微小物体の z_j および ξ_j は時間に依存しない。つまり

$$\dot{z}_j = \dot{\xi}_j = 0 \tag{8.22}$$

である。また角速度 $\dot{\theta}_j$ は全ての微小物体で同じ値をとる。これを添字なしの $\dot{\theta}$ で表すことにすると，

$$\dot{\theta}_j = \dot{\theta} \tag{8.23}$$

と書くことができる。物体 j の速度 $\boldsymbol{v}_j = \dot{\boldsymbol{r}}_j$ は，式 (8.20) を時間微分することにより得られる。式 (8.22), (8.23) から

$$\boldsymbol{v}_j = (-\dot{\theta}\xi_j \sin\theta_j,\ \dot{\theta}\xi_j \cos\theta_j,\ 0) \tag{8.24}$$

が得られる。物体 j の速さは $|\boldsymbol{v}_j| = \xi_j|\dot{\theta}|$ である。

剛体の角運動量 $\boldsymbol{L}$ は，各微小物体の角運動量の和として

$$\boldsymbol{L} = \sum_j m_j \boldsymbol{r}_j \times \boldsymbol{v}_j \tag{8.25}$$

により定義される。z 軸まわりの回転を考えるときには，角運動量の z 成分 L_z に着目する。式 (8.25) より，

$$L_z = \sum_j m_j(x_j v_{yj} - y_j v_{xj})$$

である。これに式 (8.20), (8.24) を代入することにより，L_z を

$$L_z = I_z\dot{\theta} \tag{8.26}$$

$$I_z = \sum_j m_j \xi_j^2 = \sum_j m_j(x_j^2 + y_j^2) \tag{8.27}$$

と表すことができる*。ここで最後の等式を導くのに式 (8.21) を使った。I_z は剛体の**慣性モーメント** (moment of inertia) と呼ばれる量であり，剛体中の質量分布および回転軸の取り方の双方に依存する。

* 速度 $\dot{x}$ を v で表すように，角速度 $\dot{\theta}$ を ω で表すことが多い (4 章参照)。この記法を使うと，式 (8.26), (8.29), (8.34) は

$$L_z = I_z\omega$$
$$I_z\dot{\omega} = N_z$$
$$K = \frac{I_z\omega^2}{2}$$

と表される。

剛体の角運動量 $\boldsymbol{L}$ の時間変化を表す式は，式 (7.74) より

$$\dot{\boldsymbol{L}} = \boldsymbol{N} \tag{8.28}$$

である。ここで，$\boldsymbol{N}$ は剛体全体に加わる力のモーメントであり，各微小物体に加わる力のモーメント $\boldsymbol{N}_j$ の和として $\boldsymbol{N} = \sum_j \boldsymbol{N}_j$ により定義される。上式の z 成分に着目すると，(8.26) より

$$I_z\ddot{\theta} = N_z \tag{8.29}$$

が得られる。これは剛体の回転運動を表す運動方程式である。通常の質点の運動方程式は，たとえば最も簡単な 1 次元の場合には，$m\ddot{x} = F$ であったことを思い出そう。これと比較すると，

$$m\ (\text{質量}) \ \leftrightarrow\ I_z\ (\text{慣性モーメント}) \tag{8.30}$$

$$x\ (\text{位置}) \ \leftrightarrow\ \theta\ (\text{角度}) \tag{8.31}$$

$$F\ (\text{力}) \ \leftrightarrow\ N_z\ (\text{力のモーメント}) \tag{8.32}$$

という対応関係があることがわかる。

剛体の**回転運動エネルギー** (kinetic energy of rotation) は，各微小物体の運動エネルギーの和として

$$K = \sum_j \frac{m_j|\boldsymbol{v}_j|^2}{2} \tag{8.33}$$

として与えられる。式 (8.24) より $|\boldsymbol{v}_j|^2 = \dot{\theta}^2\xi_j^2$ であるから，I_z の定義式 (8.27) を用いると

$$K = \frac{I_z\dot{\theta}^2}{2} \tag{8.34}$$

と書くことができる。ここでも，式 (8.30), (8.31) により質点の運動エネルギー $K = m\dot{x}^2/2$ と対応していることがわかる。

8.5 慣性モーメントの計算

前節の議論で，剛体の回転運動を考える際には慣性モーメントが重要な役割を果たすことがわかった。本節では，さまざまな形状の剛体に対して，慣性モーメントを計算する。剛体が離散的な質点の集まりであるときには，慣性モーメントは式 (8.27) で与えられる。ところが実際の剛体では，有限体積の中に連続的に質量が分布している場合がほとんどである。このような場合には，式 (8.27) における離散的な和を，剛体のもつ形状に応じて適切な積分に置き換える必要がある。

8.5.1 1 次元の例：棒

1 次元的な剛体の例として長さ $2R$，質量 M の一様な剛体棒を考える。この棒の線密度，つまり単位長さ当たりの質量を λ とすると，

$$\lambda = \frac{M}{2R} \tag{8.35}$$

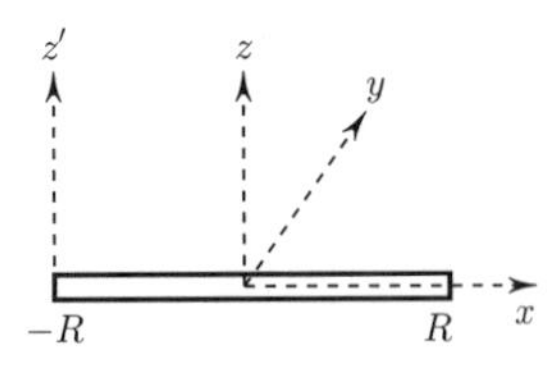

図 8.7 棒の慣性モーメント

である。図 8.7 のように座標軸を設定し，棒の中央をとおり棒に垂直な z 軸のまわりの慣性モーメント I_z と，棒の端をとおり棒に垂直な z' 軸のまわりの慣性モーメント $I_{z'}$ を計算しよう。

離散的な場合の慣性モーメントを求める式 (8.27) を使うために，剛体棒を微小部分の集まりと見なす。x から $x + dx$ までの微小部分を考えると，その質量は λdx であり，また z 軸からの距離は x である。これらを式 (8.27) に代入し，j に関する離散和を区間 $-R \leq x \leq R$ における積分に置き換えると，z 軸のまわりの慣性モーメント I_z は

$$I_z = \int_{-R}^{R} x^2 \lambda dx = \frac{MR^2}{3} \tag{8.36}$$

棒の長さを L と定義する場合には，$R \to L/2$ とすることにより

$$I_z = ML^2/12$$
$$I_{z'} = ML^2/3$$

である。

となる。また，微小部分の z' 軸からの距離は $x + R$ であるから，z' 軸のまわりの慣性モーメント $I_{z'}$ は

$$I_{z'} = \int_{-R}^{R} (x + R)^2 \lambda dx = \frac{4MR^2}{3} \tag{8.37}$$

となる。上の二つの場合では棒のもつ質量分布は全く変わらないが，z' 軸のほうが z 軸よりも剛体棒から「遠い」ために慣性モーメントはより大きな値となる。

8.5.2 2 次元の例：円板

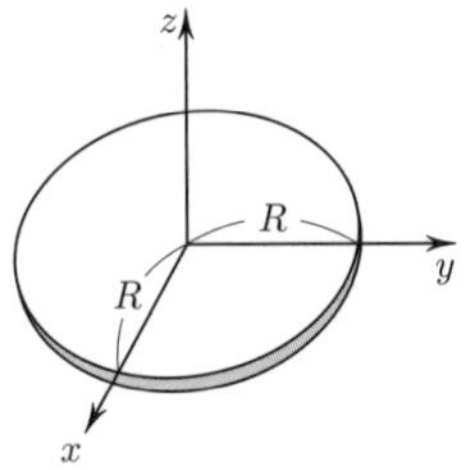

2 次元的な剛体の例として半径 R，質量 M の一様な円板を考える。この円板の面密度，つまり単位面積当たりの質量を σ とすると，

$$\sigma = \frac{M}{\pi R^2} \tag{8.38}$$

図 8.8 円板と座標軸

である。図 8.8 のように座標軸を設定し，z 軸のまわりの慣性モーメント I_z と，x 軸のまわりの慣性モーメント I_x を求めよう。図 8.8 より，明らかに

$I_x = I_y$ である。

z 軸のまわりの慣性モーメント I_z を求めるために，円板全体を，z 軸からの距離が一定の部分 (図 8.9(a) に示す細い円環状物体) の集まりとみなす。中心からの距離が r から $r + dr$ の間にある円環状物体について，面積は $2\pi r\ dr$ であり*，z 軸からの距離は r である。よってこの部分の慣性モーメントは，(質量) × (距離)^2 より $2\pi\sigma r^3\ dr$ である。これを $0 \leq r \leq R$ の領域で積分することにより，

* dr が無限小であることを仮定している。

$$I_z = \int_0^R 2\pi\sigma r^3 dr = \frac{\pi\sigma R^4}{2} = \frac{MR^2}{2} \tag{8.39}$$

が得られる。

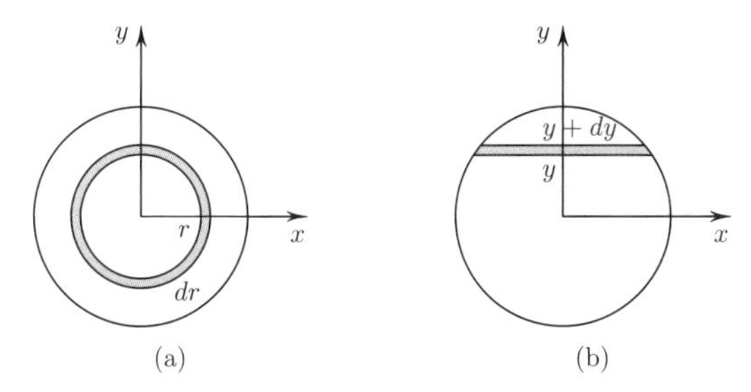

図 8.9 円板の慣性モーメント。(a) z 軸のまわりの慣性モーメント I_z，(b) x 軸のまわりの慣性モーメント I_x

次に，x 軸のまわりの慣性モーメント I_x を求めよう。この場合，x 軸からの距離が一定の部分は，図 8.9(b) に示すような x 軸に平行な細い台形である。y 座標が y から $y + dy$ の間にある台形について，面積は $2\sqrt{R^2 - y^2}\ dy$ であり，x 軸からの距離は y である。よってこの部分の慣性モーメントは，(質量) × (距離)^2 より $2\sigma y^2\sqrt{R^2 - y^2}\ dy$ である。これを $-R \leq y \leq R$ の領域で積分することにより，

$$I_x = \int_{-R}^R 2\sigma y^2\sqrt{R^2 - y^2}\ dy = \frac{\pi\sigma R^4}{4} = \frac{MR^2}{4} \tag{8.40}$$

が得られる。

[例題 8.4] 円板の慣性モーメント

式 (8.40) の積分を実行せよ。

[解] 式 (8.40) の積分において，被積分関数が偶関数であるから

$$I_x = 4\sigma \int_0^R y^2\sqrt{R^2 - y^2}\ dy \tag{8.41}$$

$y = R\sin\theta$ と変数変換する。$dy/d\theta = R\cos\theta$ に注意すると

$$I_x = 4\sigma R^4 \int_0^{\pi/2} \sin^2\theta\cos^2\theta\ d\theta \tag{8.42}$$

$\sin^2\theta\cos^2\theta = (1 - \cos 4\theta)/8$ を使って

$$I_x = \frac{\sigma R^4}{2}\int_0^{\pi/2}(1-\cos 4\theta)d\theta = \frac{\pi\sigma R^4}{4} \tag{8.43}$$

8.5.3　3 次元の例：球

3 次元的な剛体の例として半径 R，質量 M の一様な球を考える。この球の密度，つまり単位体積当たりの質量を ρ とすると，

$$\rho = \frac{3M}{4\pi R^3} \tag{8.44}$$

である。図 8.10 のように球の中心を原点とする座標系を設定し，z 軸のまわりの慣性モーメント I_z を求めよう*。この球から，z 軸からの距離が r から $r+dr$ の部分を切り取ると，図 8.11(a) に示すように半径 r，高さ $2\sqrt{R^2-r^2}$，厚さ dr の薄い円筒になり，この部分の体積は

$$2\pi r \times 2\sqrt{R^2-r^2} \times dr = 4\pi r\sqrt{R^2-r^2}dr$$

である。よって，この部分の慣性モーメントは，(質量) × (距離)^2 より $4\pi\rho r^3\sqrt{R^2-r^2}dr$ である。これを $0 \le r \le R$ の領域で積分することにより，

$$I_z = \int_0^R 4\pi\rho r^3\sqrt{R^2-r^2}dr = \frac{8\pi\rho R^5}{15} = \frac{2MR^2}{5} \tag{8.45}$$

が得られる。

＊　対称性より，明らかに $I_x = I_y = I_z$ である。

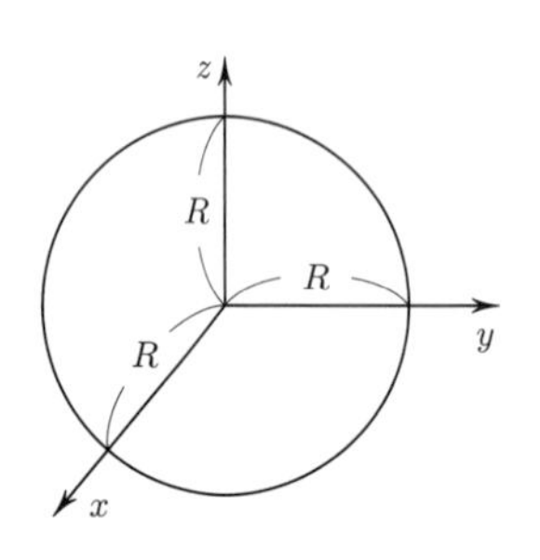

図 8.10　球と座標軸

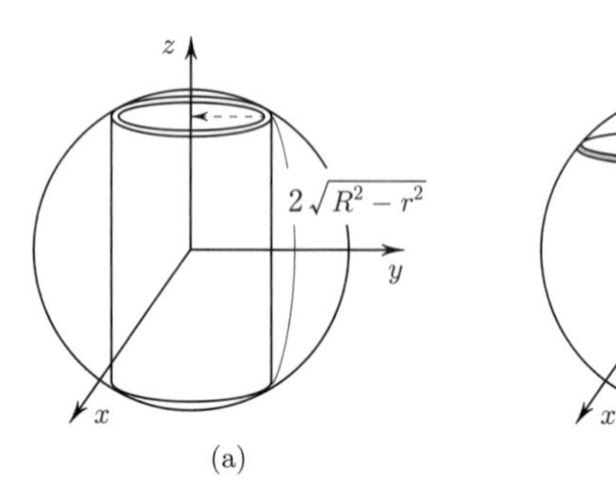

図 8.11　球の慣性モーメント。(a) 薄い円筒の集まりと見た場合，(b) 薄い円板の集まりと見た場合

[例題 8.5] 球の慣性モーメント

式 (8.45) の積分を実行せよ。

[解]　$r = R\sin\theta$ と変数変換する。$dr/d\theta = R\cos\theta$ に注意して

$$I_z = 4\pi\rho R^5\int_0^{\pi/2}\sin^3\theta\cos^2\theta\, d\theta \tag{8.46}$$

$\cos\theta = u$ と変数変換する。$\sin\theta\, d\theta = -du$ とおけることに注意して

$$I_z = 4\pi\rho R^5 \int_0^1 (1-u^2)u^2 du = \frac{8\pi\rho R^5}{15} \tag{8.47}$$

球の慣性モーメントの計算は，球を薄い円板の集まりとみなし，8.5.2 項の結果を援用することでも可能である。z 座標が z から $z+dz$ の薄い円板を考える。この円板の半径は $\sqrt{R^2-z^2}$，体積は $\pi(R^2-z^2)dz$，質量は $\rho\pi(R^2-z^2)dz$ であるから，式 (8.39) よりこの円板の z 軸のまわりの慣性モーメントは

$$\rho\pi/2 \times (R^2-z^2)^2 dz$$

である。これを $-R \le z \le R$ において積分して

$$I_z = \int_{-R}^{R} \frac{\rho\pi}{2}(R^2-z^2)^2 dz = \frac{8\pi\rho R^5}{15} \tag{8.48}$$

が得られる。もちろん，これは式 (8.45) と同じ結果である。

球の慣性モーメントの計算には，次のように対称性を用いる方法もある。球では $I_x = I_y = I_z$ であるから，これを I としよう。すると $I = (I_x + I_y + I_z)/3$ である。また (8.27) およびその類推により

$$I_x = \sum_j m_j(y_j^2 + z_j^2), \quad I_y = \sum_j m_j(z_j^2 + x_j^2), \quad I_z = \sum_j m_j(x_j^2 + y_j^2)$$

であるから

$$I = \frac{2}{3}\sum_j m_j(x_j^2 + y_j^2 + z_j^2) = \frac{2}{3}\sum_j m_j r_j^2 \tag{8.49}$$

と書くことができる。ただし r_j は j 番目の構成要素の原点からの距離を表す。以下では，球を薄い球殻の集まりとみなす。原点からの距離が r から $r+dr$ の薄い球殻の体積は $4\pi r^2 dr$，質量は $4\pi\rho r^2 dr$ であるから，これを式 (8.49) に代入して離散和を $0 \le r \le R$ での積分に変更すると

$$I = \frac{2}{3}\int_0^R 4\pi\rho r^4 dr = \frac{8\pi\rho R^5}{15} \tag{8.50}$$

が得られる。もちろんこれは式 (8.45) と同じ結果である。

8.5.4 さまざまな形状の慣性モーメント

さまざまな形状の剛体に対する慣性モーメントを，表 8.1 にまとめた。ただし剛体の質量を M とし，軸は全て重心を通る場合を考えている。棒および円環は 1 次元系，長方形板，円板，円筒および球殻は 2 次元系，円柱および球は 3 次元系である。

円環および円筒では，剛体のすべての部分において軸からの距離が R である。よってこれらの慣性モーメントが MR^2 になることがすぐに理解できる。

円柱の慣性モーメントは，円柱の質量が変わらなければ円柱の高さによらないことに注意しよう。これは，慣性モーメントが軸のまわりの質量分布を記述する量であり，円柱は中心軸方向の移動に関して対称な形をしているためである。また，高さ $\to 0$ の極限である円板の慣性モーメントとも等しい。このこ

とは円筒と円環，直方体と長方形板などの場合も同様である。

長さ L の棒の慣性モーメントは $ML^2/12$，$L_1 \times L_2$ の長方形の慣性モーメントは $M(L_1^2+L_2^2)/12$ である。

表 8.1　剛体の慣性モーメント。剛体質量は M であり，軸は重心を通る。

形状	軸の方向	慣性モーメント
棒 (長さ $2R$)	棒に垂直	$\dfrac{MR^2}{3}$
円環 (半径 R)	円環面に垂直	MR^2
長方形板 (辺の長さ $2R_1$, $2R_2$)	板に垂直	$\dfrac{M(R_1^2+R_2^2)}{3}$
円板 (半径 R)	板に垂直	$\dfrac{MR^2}{2}$
円筒 (半径 R，高さ L)	円筒軸	MR^2(= 円環)
球殻 (半径 R)	任意	$\dfrac{2MR^2}{3}$
円柱 (半径 R，高さ L)	円柱軸	$\dfrac{MR^2}{2}$(= 円板)
球 (半径 R)	任意	$\dfrac{2MR^2}{5}$

8.6　慣性モーメントに関する定理

前節では，さまざまな形状の剛体に対して慣性モーメントの値を具体的に計算した。慣性モーメントは回転軸のとりかたに依存するので，同じ剛体に対しても回転軸が異なる場合には，前節でみたような積分計算をやり直す必要があるように見える。本節では，異なる軸に対する慣性モーメントを関係づける二つの定理を導入する。これにより，ある特定の軸に対する慣性モーメントを計算しておけば，それを用いて別の軸に対する慣性モーメントを簡単に計算することができる。

(平行軸の定理)　ある剛体の重心を通る z 軸のまわりの慣性モーメント I_z がわかっているものとする。このとき，z 軸に平行な z' 軸のまわりの慣性モーメント $I_{z'}$ は

$$I_{z'} = I_z + Md^2 \tag{8.51}$$

で与えられる。ここで d は z 軸と z' 軸との距離，M は剛体の質量である。

この定理を用いると，剛体の重心を通る軸のまわりの慣性モーメントがわかっていれば，それに平行な軸のまわりの慣性モーメントを簡単に計算することができる。

[証明]　図 8.12 のように，剛体の重心を原点とする xyz 座標系をとり，それを x 方向に d だけ平行移動させて得られる $x'y'z'$ 座標系をとると，両者の変換式は

$$x = x' + d \tag{8.52}$$

$$y = y' \tag{8.53}$$

$$z = z' \tag{8.54}$$

であり，I_z および $I_{z'}$ は

$$I_z = \sum_j m_j(x_j^2 + y_j^2) \tag{8.55}$$

$$I_{z'} = \sum_j m_j(x_j'^2 + y_j'^2) \tag{8.56}$$

で与えられる。式 (8.52) および (8.53) を式 (8.56) に代入して

$$I_{z'} = \sum_j m_j(x_j^2 + y_j^2) + d^2 \sum_j m_j - 2d \sum_j m_j x_j \tag{8.57}$$

となる。右辺第 1 項は (8.55) より I_z であり，第 2 項は $M = \sum_j m_j$ より Md^2 である。また第 3 項は，xyz 座標系では剛体の重心が原点にあることから $\sum_j m_j x_j = 0$ となる。こうして式 (8.51) が導かれた。

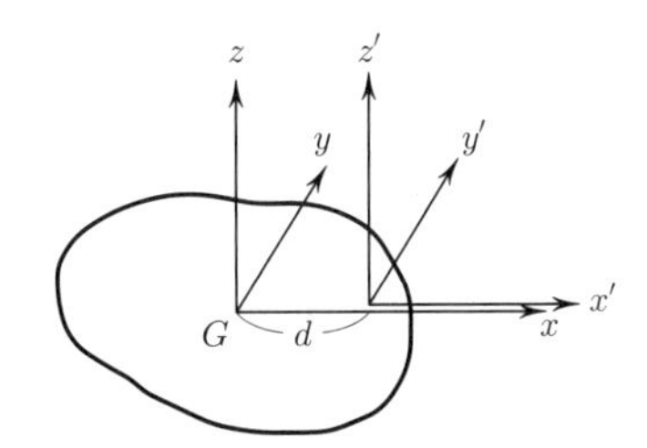

図 **8.12** 平行軸の定理

[例題 **8.6**] 平行軸の定理の棒への応用

図 8.7 において，平行軸の定理を用いて，z 軸のまわりの慣性モーメント I_z から z' 軸のまわりの慣性モーメント $I_{z'}$ を求めよ。

[解] z 軸と z' 軸との距離は R，剛体棒の質量は M である。よって平行軸の定理より $I_{z'} = I_z + MR^2$ である。ここで (8.36) より $I_z = MR^2/3$ であるから，$I_{z'} = 4MR^2/3$ となる。これは (8.37) を再現している。

7.4.4 で見たように，質点系の運動エネルギーを重心運動のエネルギーと (重心のまわりの) 回転運動のエネルギーに分けることができる。剛体に関しても同じことが成り立つ。例として，剛体が固定された z' 軸のまわりに角速度 $\dot{\theta}$ で回転している状況を考えよう。全運動エネルギー K は z' 軸を中心とする回転運動エネルギーである。慣性モーメントは $I_{z'}$，角速度は $\dot{\theta}$ であるから (8.34) より

$$K = \frac{I_{z'}}{2}\,\dot{\theta}^2 \tag{8.58}$$

である。重心のまわりの回転運動エネルギー K' は，いまの場合 z 軸を中心とする回転運動エネルギーである。慣性モーメントは I_z，角速度は $-\dot{\theta}$ であるから

$$K' = \frac{I_z}{2}\,\dot{\theta}^2 \tag{8.59}$$

である。また，重心の速さは $\dot{\theta}d$ であるから重心の並進運動エネルギー K_G は，

$$K_G = \frac{Md^2}{2}\dot{\theta}^2 \tag{8.60}$$

である。平行軸の定理の式 (8.51) を使うと，$K = K_G + K'$ が確認できる。つまり，式 (8.51) の右辺第 1 項が回転運動エネルギー，第 2 項が重心運動エネルギーにそれぞれ対応する。

(平板の定理)　平板状の薄い剛体に対して，剛体を含む平面に垂直に z 軸をとり，平面内に x 軸および y 軸をとる。z 軸のまわりの慣性モーメント I_z は，x 軸および y 軸のまわりの慣性モーメント I_x, I_y を用いて

$$I_z = I_x + I_y \tag{8.61}$$

で与えられる。

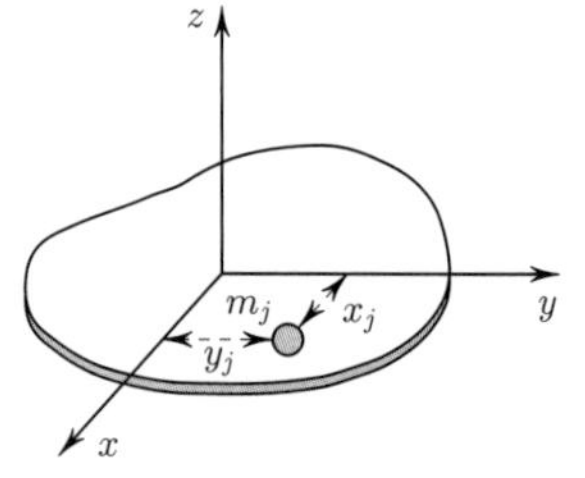

図 8.13　平板の定理

[証明]　図 8.13 に示すように，平板を微小部分に分割し，j 番目の要素の質量を m_j，位置座標を (x_j, y_j, z_j) とする。剛体が xy 平面上にあるため，$z_j = 0$ である。この要素の x 軸，y 軸，z 軸からの距離の 2 乗がそれぞれ

$$y_j^2 + z_j^2 = y_j^2, \quad z_j^2 + x_j^2 = x_j^2, \quad x_j^2 + y_j^2$$

であることから，それぞれの軸のまわりの慣性モーメントは

$$I_x = \sum_j m_j y_j^2, \tag{8.62}$$

$$I_y = \sum_j m_j x_j^2, \tag{8.63}$$

$$I_z = \sum_j m_j (x_j^2 + y_j^2), \tag{8.64}$$

となる。よって $I_z = I_x + I_y$ が成り立つ。

[例題 8.7]　平板の定理の円板への応用

図 8.8 において，円板の z 軸のまわりの慣性モーメントは $I_z = MR^2/2$ である。平板の定理を用いて，x 軸のまわりの慣性モーメント I_x を求めよ。

[解]　対称性より $I_y = I_x$，また平板の定理より $I_z = I_x + I_y$。よって $I_x = I_z/2 = MR^2/4$。これは式 (8.40) を再現している。

8.7　固定軸のまわりの回転

固定軸がある場合，そのまわりの剛体の回転運動は運動方程式 (8.29) に従う。本節では，このような回転運動の具体例として，**剛体振り子** (rigid body pendulum) あるいは実体振り子と呼ばれる振り子を考えよう。剛体にその重心を通らない固定軸をとおし，この軸を水平に保つと，剛体は鉛直面内で振動

する振り子となる。図 8.14 のように，固定軸を z 軸とし，鉛直下向きに x 軸，水平方向に y 軸をとる。ただし重心が xy 平面内を運動するように選ぶ。また角度 θ を図のように定義する。重心の z 軸からの距離を l とすると，重心位置は

$$\boldsymbol{r}_G = (l\cos\theta,\ l\sin\theta,\ 0) \tag{8.65}$$

で与えられる。また 7.4.5 節の議論により，剛体にはたらく重力は重心に集中していると考えてよい。剛体の全質量を M とおくと 重力は $\boldsymbol{F}_g = (Mg, 0, 0)$ であるから，式 (7.90) より重力のつくるモーメント $\boldsymbol{N}_g$ は

$$\boldsymbol{N}_g = (0,\ 0,\ -Mgl\sin\theta) \tag{8.66}$$

となる。z 軸のまわりの慣性モーメントを I_z とすると，剛体の回転を表す運動方程式 (8.29) は

$$I_z\ddot{\theta} = -Mgl\sin\theta \tag{8.67}$$

となる。

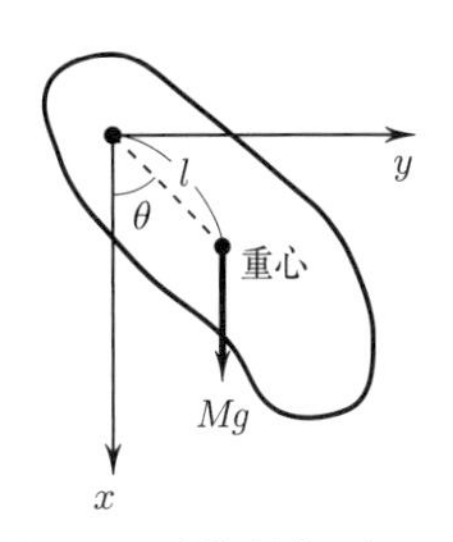

図 8.14 剛体振り子。剛体を貫く z 軸は紙面に垂直

上式から，剛体の全力学的エネルギー保存を確認することができる。剛体の運動エネルギーは回転運動によるものであり，式 (8.34) から $K = (I_z/2)\dot{\theta}^2$ である。また位置エネルギーに関して，重心の高さは図 8.14 より $-l\cos\theta$ であるから，そこに全質量 M が集中していると考えて $U = -Mgl\cos\theta$ である*。よって剛体の全力学的エネルギー E は

$$E = \frac{I_z}{2}\dot{\theta}^2 - Mgl\cos\theta \tag{8.68}$$

で与えられる。これを時間で微分すると

$$\dot{E} = (I_z\ddot{\theta} + Mgl\sin\theta)\dot{\theta} \tag{8.69}$$

となるが，剛体の運動方程式 (8.67) よりこれは零になる。つまり全力学的エネルギーは時間によらない。

* 例題 5.3 より，位置エネルギーの基準点はどこにとってもよい。ここでは $x = 0$ を基準点とする。

剛体が安定して静止するのは，重心が軸の真下にあるとき，すなわち $\theta = 0$ のときである。ここからわずかに剛体を傾けたときの運動を考えよう。$\theta \ll 1$ の場合には $\sin\theta \simeq \theta$ と近似することができる。これを使うと，回転をあらわす運動方程式 (8.67) は，

$$I_z\ddot{\theta} = -Mgl\theta \tag{8.70}$$

となる。これは 4 章で見たように，単振動を表す方程式にほかならない。角振動数 ω は

$$\omega = \sqrt{\frac{Mgl}{I_z}} \tag{8.71}$$

であり，振動周期は

$$T = 2\pi\sqrt{\frac{I_z}{Mgl}} \tag{8.72}$$

である。

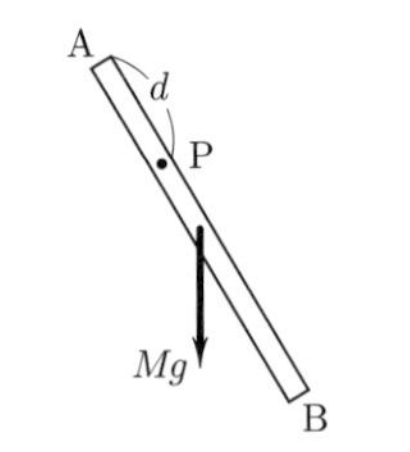

図 8.15　棒を用いた剛体振り子。

[例題 8.8]　棒を用いた剛体振り子

長さ $2R$，質量 M の剛体棒がある。棒の端点 A から d (ただし $0 < d < R$) だけ離れた点 P を固定し，鉛直面内で回転できるようにしておく (図 8.15)。

(1) 回転軸のまわりの慣性モーメント I_z を求めよ。

(2) 棒を水平に保持し静かに手を放した瞬間の，もう一方の端点 B の加速度は重力加速度 g の何倍になるか。

(3) この棒を剛体振り子としたときの振動周期 T を求めよ。また，棒の重心に質量が集中している場合には，単振動の式より周期 T' は

$$T' = 2\pi\sqrt{\frac{R-d}{g}} \tag{8.73}$$

である。T と T' の大小を比較せよ。

[解]　(1) 平行軸の定理を使う。棒の中央を通る軸のまわりの慣性モーメントが (8.36) より $MR^2/3$ であり，回転軸とこの軸の距離が $R-d$ であるから，求める慣性モーメントは

$$I_z = \frac{MR^2}{3} + M(R-d)^2 \tag{8.74}$$

(2) 棒の中央に下向きに重力 Mg がはたらくと見なしてよい。この重力が回転軸のまわりに作るモーメントは

$$N = Mg(R-d) \tag{8.75}$$

である。棒の回転角を θ とすると，回転の運動方程式は $I\ddot{\theta} = N$ であるから $\ddot{\theta} = N/I$。固定点 P と端点 B の距離が $2R-d$ なので，端点 B の加速度は $a = (2R-d)\ddot{\theta}$。以上の関係式より

$$\frac{a}{g} = \frac{(2R-d)(R-d)}{R^2/3 + (R-d)^2} \tag{8.76}$$

(3) 式 (8.74) で与えられる I_z と $l = R-d$ を式 (8.72) に代入して

$$T = 2\pi\sqrt{\frac{R-d}{g} + \frac{R^2}{3g(R-d)}} \tag{8.77}$$

これは質量が重心に集中しているとした場合の式 (8.73) よりも大きい。その理由は，剛体の場合には回転運動エネルギーが余分に加わるので，角速度がより遅くなるためである。

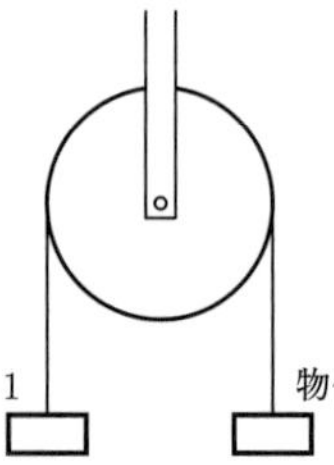

物体 1　物体 2

図 8.16　アトウッドの装置

[例題 8.9]　アトウッドの装置

半径 R，質量 M の円板を用いて図 8.16 のような滑車を作り，質量 M_1 の物体 1 と質量 M_2 の物体 2 (ただし $M_1 > M_2$) を吊るし，静止させたのちに静かに手を離した。

(1) 物体の加速度 a は重力加速度の何倍か。

(2) t 秒後の滑車の角速度 $\dot{\theta}$，物体の速度 v，物体の移動距離 h を求めよ。

(3) エネルギー保存則を確認せよ。

[解] (1) 物体 1 の下向き加速度 (=物体 2 の上向き加速度) を a とする。これは滑車の角加速度 $\ddot{\theta}$ と

$$a = R\ddot{\theta} \tag{8.78}$$

の関係で結ばれている。糸の張力を T_1, T_2 とする。物体 1, 2 の運動方程式は

$$M_1 a = M_1 g - T_1 \tag{8.79}$$

$$M_2 a = T_2 - M_2 g \tag{8.80}$$

である*。滑車に加わる外力のモーメントは反時計まわりを正にとると $RT_1 - RT_2$ であり，円板の慣性モーメントは (8.39) より $I_z = MR^2/2$ であるから，滑車の運動方程式 (8.29) は

* 滑車が有限の質量をもつ場合には，$T_1 \neq T_2$ となり得ることに注意

$$\frac{MR^2}{2}\ddot{\theta} = RT_1 - RT_2 \tag{8.81}$$

である。これらの式から

$$\frac{a}{g} = \frac{M_1 - M_2}{M/2 + M_1 + M_2} \tag{8.82}$$

(2) 等加速度運動なので $v = at$, $\dot{\theta} = v/R$, $h = at^2/2$ である。よって

$$v = \frac{M_1 - M_2}{M/2 + M_1 + M_2} gt \tag{8.83}$$

$$\dot{\theta} = \frac{M_1 - M_2}{M/2 + M_1 + M_2} \frac{gt}{R} \tag{8.84}$$

$$h = \frac{M_1 - M_2}{M/2 + M_1 + M_2} \frac{gt^2}{2} \tag{8.85}$$

(3) 時刻 $t = 0$ と比較して，運動エネルギーの増分は

$$\Delta K = \frac{M_1 v^2}{2} + \frac{M_2 v^2}{2} + \frac{MR^2\dot{\theta}^2}{4}$$

であり，位置エネルギーの増分は

$$\Delta U = (M_2 - M_1)gh$$

である。式 (8.83)–(8.85) を使うと $\Delta K + \Delta U = 0$ を確認できる。

8.8 斜面を転がる剛体

本節では，固定軸をもたず並進運動を伴う剛体運動の例として，斜面を転がる物体の運動を考えよう。例として，半径 R，質量 M の一様な球が，水平面からの角度 α の斜面を滑らずに転がる場合を考える。斜面下方向に x 軸をとり，球の回転角を θ とする。一般には，重心運動と回転運動は独立におこるため，x と θ とは別の自由度として扱う必要がある。しかし滑りのない状況では，両者は

$$x = R\theta \tag{8.86}$$

により結び付けられるため，この運動は 1 自由度の運動として扱うことができる。

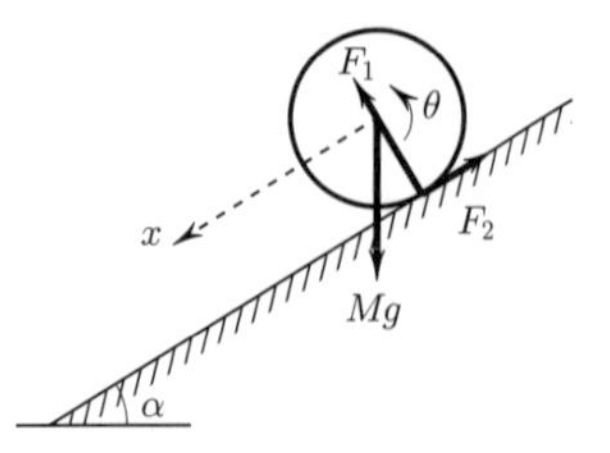

図 8.17　斜面を転がる剛体

球には，重力 Mg，斜面からの垂直抗力 F_1，斜面からの摩擦力 F_2，の 3 種類の力が図 8.17 のようにはたらく。重心運動の方程式 (8.1) は，斜面に垂直な成分と水平な成分に分けると，

$$Mg\cos\alpha - F_1 = 0 \tag{8.87}$$

$$Mg\sin\alpha - F_2 = M\ddot{x} \tag{8.88}$$

である。つぎに回転運動について考えよう。球の回転軸は重心を通り紙面に垂直な軸である。この軸のまわりの慣性モーメントを I_z とする。重心を基準点として力のモーメントを考えると，重力および垂直抗力はモーメントを作らず，摩擦力の作るモーメントは RF_2 であることがわかる。よって，回転運動の方程式 (8.2) は，

$$I_z\ddot{\theta} = RF_2, \tag{8.89}$$

である。また (8.86) を 2 回微分することにより，加速度と各加速度の関係式

$$\ddot{x} = R\ddot{\theta} \tag{8.90}$$

が得られる。垂直抗力の大きさは，(8.87) より $F_1 = Mg\cos\alpha$ である。これは物体を質点と見た場合と同じ式である。一方，式 (8.88)–(8.90) より，物体の加速度は

$$\ddot{x} = \frac{M}{M + I_z/R^2} g\sin\alpha \tag{8.91}$$

であることがわかる。これは，物体を質点と見た場合の結果 $\ddot{x} = g\sin\alpha$ よりも小さくなっている。球の場合には，(8.45) より $I_z = 2MR^2/5$ であるから，$\ddot{x} = (5/7)g\sin\alpha$ となる。

剛体のエネルギーについて考えよう。重心運動エネルギー K_1，回転運動エネルギー K_2，重力による位置エネルギー U は，

$$K_1 = \frac{M\dot{x}^2}{2} \tag{8.92}$$

$$K_2 = \frac{I_z\dot{\theta}^2}{2} \tag{8.93}$$

$$U = -Mgx\sin\alpha \tag{8.94}$$

で与えられる*。全力学的エネルギー E はこれらの和である。それを時間微分すると

$$\begin{aligned} \dot{E} &= M\dot{x}\ddot{x} + I_z\dot{\theta}\ddot{\theta} - Mg\dot{x}\sin\alpha \\ &= \dot{x}\left[(M + I_z/R^2)\ddot{x} - Mg\sin\alpha\right] \\ &= 0 \end{aligned} \tag{8.95}$$

が得られ，エネルギー保存が確認できる。最後の等号を導く際に，式 (8.91) を用いた。

* 高さの基準点をどこにとってもよいので，U には定数分の不定性がある。

この問題では，摩擦力 F_2 があるにもかかわらずエネルギーが保存しており，奇妙に見えるかも知れない。ところが，物体が斜面方向に滑っていないために動摩擦力ははたらかず，エネルギーの散逸には結びつかないのである。また，剛体の場合に質点の場合よりも加速度が小さくなる原因は，位置エネルギーが

重心運動エネルギーばかりでなく回転運動エネルギーにも分配されるためである。

8.9 【発展】歳差運動

前節までは，回転軸の方向が一定に保たれる運動を扱った。本節では，そうでない場合の例として，コマの運動を考えよう。コマが勢いよく回っている間は，その中心軸が真上を向いてほとんど動かないのに対して，摩擦などにより回転の勢いが衰えてくると，中心軸の方向が鉛直方向のまわりをゆっくりと回転するようになる。この中心軸の回転のことを**歳差運動** (precession) と呼ぶ。

以下では，コマを中心軸のまわりに対称な剛体としてモデル化する (図 8.18 ではコマを円錐の形に描いたが，そうでなくてもかまわない)。コマは座標原点で水平面 (xy 平面) と接触しており，コマの中心軸は鉛直軸 (z 軸) との角度 θ を一定に保ったまま z 軸のまわりを回転するものとする。コマの質量を M，重心と地面との接触点との距離を l，中心軸のまわりの慣性モーメントを I とする。またコマは中心軸のまわりを勢いよく自転しており，その角速度を Ω とする。

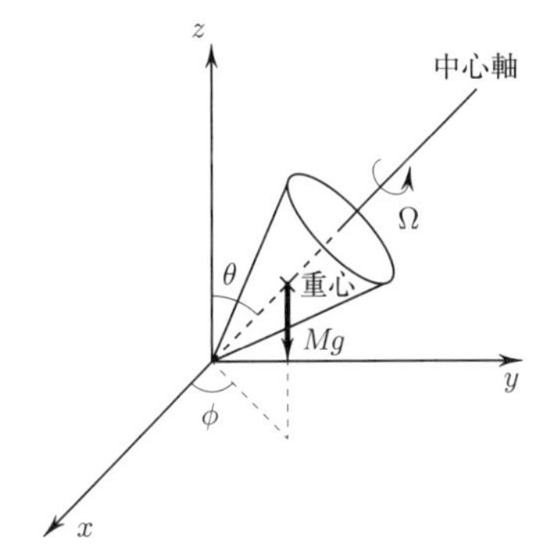

図 8.18　コマの歳差運動

コマの中心軸を xy 平面上に射影したとき，それが x 軸となす角度を ϕ とする。すると中心軸の方向を表す単位ベクトル $\boldsymbol{e}_r$ は

$$\boldsymbol{e}_r = (\sin\theta\cos\phi,\ \sin\theta\sin\phi,\ \cos\theta) \tag{8.96}$$

と表せる。対称性より角運動量ベクトルは中心軸方向を向いており

$$\boldsymbol{L} = I\Omega(\sin\theta\cos\phi,\ \sin\theta\sin\phi,\ \cos\theta) \tag{8.97}$$

で与えられる。ただし，歳差運動による角運動量は小さいとして無視した。コマにはたらく力は，原点において面から受ける力と重力との二種類であるが，原点を基準として力のモーメントを考えるときには重力のみを考えればよい。7.4.5 の議論より，コマにはたらく重力は重心位置 $\boldsymbol{r}_G$ に集中していると考えてよい。対称性より重心は中心軸上にあるので，

$$\boldsymbol{r}_G = l(\sin\theta\cos\phi,\ \sin\theta\sin\phi,\ \cos\theta) \tag{8.98}$$

であり，重力は

$$\boldsymbol{F}_g = (0, 0, -Mg) \tag{8.99}$$

である。コマの角運動量 $\boldsymbol{L}$ の従う方程式は (8.28) より

$$\dot{\boldsymbol{L}} = \boldsymbol{N} = \boldsymbol{r}_G \times \boldsymbol{F}_g \tag{8.100}$$

である。これに (8.97), (8.98), (8.99) を代入する。コマの自転の角速度 Ω や中心軸の傾き角 θ が時間に依存しないものとすると，歳差運動の角速度が

$$\dot{\phi} = \frac{Mgl}{I\Omega} \tag{8.101}$$

で与えられることがわかる。つまり自転の角速度 Ω が大きいほど，中心軸はゆっくりと回転する。

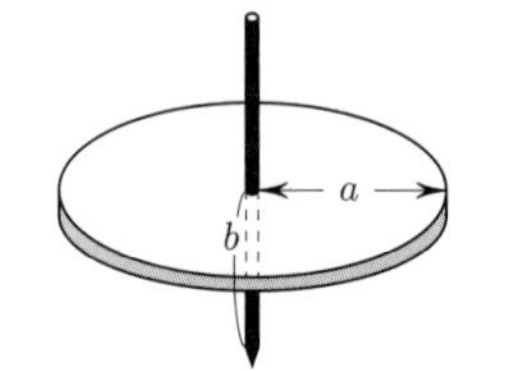

図 8.19　円板と中心軸のみからなるコマ

次にコマの形状の効果を考えよう。例として，図 8.19 のような薄い円板と細い中心軸からできているコマを考える。円板の半径を a とし，円板とコマの最下点との距離を b とする。すると (8.39) よりコマの慣性モーメントは $I = Ma^2/2$ であり，$l = b$ である。これらを (8.101) に代入すると，

$$\dot{\phi} = \frac{2gb}{a^2\Omega} \tag{8.102}$$

となる。つまり，半径が大きく重心が低いほど，歳差運動はゆっくりとなる。

8章のまとめ

- 剛体がつり合って静止する条件は，外力の和と力のモーメントの和が共にゼロとなることである。
- 剛体のある軸のまわりの慣性モーメントは，剛体を微小部分に分割し，その微小部分の (質量) × (軸からの距離)^2 を足し合わせたものである。慣性モーメントに対する平行軸の定理・平板の定理は異なる軸に対する慣性モーメントを関係づける。
- 固定軸のまわりの剛体の回転運動を記述する運動方程式は，(慣性モーメント) × (角加速度) = (外力のモーメント) である。
- 剛体が斜面を転がり落ちるとき，重心運動の加速度は質点の場合よりも小さくなる。その理由は，位置エネルギーが重心運動エネルギーばかりでなく回転運動エネルギーとしても使われるからである。

問　題

8.1 長さ l で同じ質量をもつ二本の棒を図 8.20 のように接続し，点 A, B の二点で支えたら水平に静止した。点 B と棒の右端との距離を求めよ。ただし，棒の接続部分では自由に回転できるものとする。

図 8.20　自由に回転できる二本の棒のつり合い

8.2 (1) 一辺の長さ $2R$ で一様密度の正方形の板がある。この板と垂直な軸を正方形の頂点を通るように通し，軸を水平に保って剛体振り子とする。この振り子の振動周期を求めよ。

(2) 板を半径 R の円板に替え，軸を円板の縁に通した場合の振動周期を求めよ。

(3) 長さ L で質量の無視できる針金の先に，質量 M，半径 R の一様な球がついた剛体振り子 (図 8.21) は，ボルダの振り子と呼ばれる。この振動周期を求めよ。

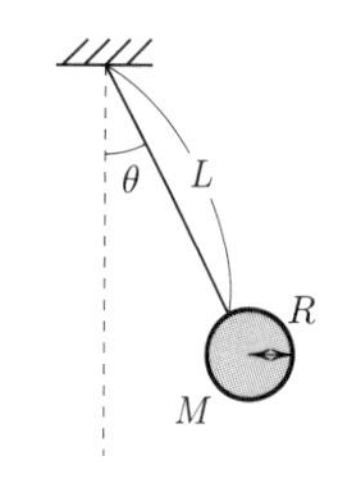

図 8.21　ボルダの振り子

8.3 (1) 図 8.17 の状況で，剛体を半径 R，質量 M の中空の球殻に替えた場合の加速度を求めよ。

(2) 同じ状況で，剛体を半径 R，質量 M，高さ L の円柱に替えた場合の加速度を求めよ。

8.4 図 8.19 のコマを，底面の半径 a，高さ b の一様密度の円錐に替えた場合の，歳差運動の角速度を求めよ。

9
非慣性系での力学

前章までは，静止した座標系における力学法則について議論してきた。この章では，動いている座標系における力学法則を議論する。言い換えると，電車や飛行機などの中では力学法則がどのように修正されるかを考える。我々が普段「静止している」と感じる状態も，実は地球という回転する球体の上にあるため厳密には「動いている」状態であり，実際にわずかながらその影響を受けている。

9.1 慣性系と非慣性系

2 章で述べたように，3 次元空間において物体の位置を指定するには 3 つの座標が必要である。本章では，3 本の直交する軸をとり，その座標 (x, y, z) で位置を指定する直交座標系を採用する。まずは地表面に対して静止しており，水平面内に x, y 軸，鉛直上向きに z 軸をもつ座標系を設定し，この座標系を Σ 系と呼ぼう。一方，動いている自動車やエレベータ内に固定されており，Σ 系に対して動いている座標系を考えることができる。この座標系を Σ' 系と呼び，そこでの物体の位置座標を (x', y', z') で表すことにしよう。

Σ' 系の Σ 系に対する運動は，次の二つに分解して考えることができる。ひとつは，座標軸の向きを Σ 系の座標軸と平行に保ったまま原点の位置だけが移動する場合である。このような座標系を並進座標系と呼び，9.2 節において議論する。もうひとつは，原点の位置を Σ 系の原点位置に固定したまま座標軸の向きが回転する場合である。このような座標系を**回転座標系** (rotating frame) と呼び，9.3 節において議論する。

外力を受けない，あるいは外力の和が零である物体は，速度を変えずに動き続ける*。これは 2 章で議論した慣性の法則 (ニュートンの第 1 法則) である。しかし，この法則はあらゆる座標系で成り立つものではないことがすぐにわかる。たとえば，東向きに加速している電車のなかから地面に対して静止している物体を見ると，物体には力が加わっていないにもかかわらず，西向きに加速しているように見えてしまう。つまり慣性の法則がなりたつ座標系とそうでない座標系があることがわかる。2.3.2 でも議論したように，前者を**慣性系**

* 静止の場合 (= 速度 0) も含める。

(inertial frame)，後者を**非慣性系** (non-inertial frame) と呼ぶ。地表に固定した Σ 系は，地球の自転に由来する非慣性系としての効果が僅かにあるが，ほぼ慣性系であると見なしてよい。一方 Σ' 系に関しては，その運動状態によって慣性系か非慣性系かが決まる。また，慣性の法則はニュートンの運動方程式の特殊な場合 (= 外力の和が零) と考えることができるので，ニュートンの運動方程式が成立する系を慣性系，そうでない系を非慣性系，と言い換えてもよい。

9.2　並進座標系

本節では，Σ' 系が Σ 系に対して並進運動する場合について，Σ' 系から見た物体の運動を考える。物体を Σ 系から見た場合の座標を $\boldsymbol{r} = (x, y, z)$，$\Sigma'$ 系から見た場合の座標を $\boldsymbol{r}' = (x', y', z')$ で表すことにする*。また，Σ 系から見た Σ' 系の原点 O′ の座標を $\boldsymbol{r}_0 = (x_0, y_0, z_0)$ で表す。すると図 9.1 より，これら二種類の位置座標の間には

$$\boldsymbol{r}' = \boldsymbol{r} - \boldsymbol{r}_0 \tag{9.1}$$

の関係があることがわかる。また，Σ 系および Σ' 系における物体の速度は，位置座標を時間微分することにより $\boldsymbol{v} = (\dot{x}, \dot{y}, \dot{z})$，$\boldsymbol{v}' = (\dot{x}', \dot{y}', \dot{z}')$ で与えられる。式 (9.1) を時間微分することにより，これら二種類の速度の間には

$$\boldsymbol{v}' = \boldsymbol{v} - \boldsymbol{v}_0 \tag{9.2}$$

の関係があることがわかる。ただし，$\boldsymbol{v}_0 = (\dot{x}_0, \dot{y}_0, \dot{z}_0)$ は，Σ 系から見た Σ' 系の速度である。同様に，Σ 系および Σ' 系における物体の加速度は，$\boldsymbol{a} = (\ddot{x}, \ddot{y}, \ddot{z})$，$\boldsymbol{a}' = (\ddot{x}', \ddot{y}', \ddot{z}')$ で与えられ，両者は

$$\boldsymbol{a}' = \boldsymbol{a} - \boldsymbol{a}_0 \tag{9.3}$$

により結び付けられる。ただし $\boldsymbol{a}_0 = (\ddot{x}_0, \ddot{y}_0, \ddot{z}_0)$ は，Σ 系から見た Σ' 系の加速度である。

Σ 系は慣性系であるので，運動方程式が成立する。すなわち，物体の質量を m，物体に加わっている力を $\boldsymbol{F} = (F_x, F_y, F_z)$ とすると，

$$m\boldsymbol{a} = \boldsymbol{F} \tag{9.4}$$

が成立する。これを Σ' 系における運動方程式に書き換えてみよう。Σ' 系での物体の質量を m'，物体に加わっている力を $\boldsymbol{F}' = (F'_x, F'_y, F'_z)$ と記すと，座標

* これまでと同様に，$\boldsymbol{r}$ や x などは時間 t に依存する変数であり $\boldsymbol{r}(t)$, $x(t)$ と書くべきであるが，簡単のため t 依存性を省略する。

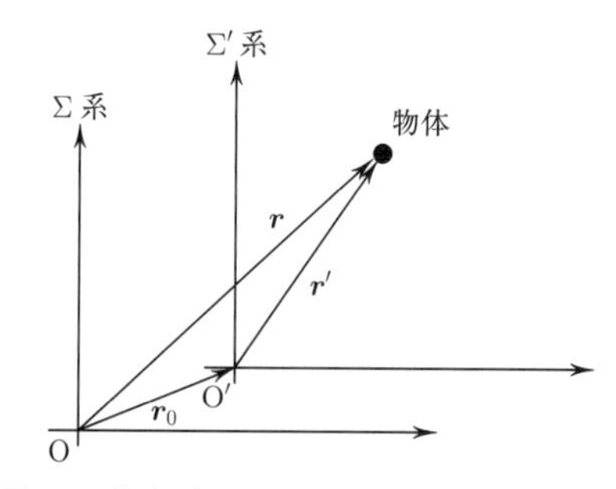

図 9.1　静止系 (Σ 系) と並進座標系 (Σ' 系)

＊　厳密には，物体の質量は座標系に依存する (相対論効果)。しかし，日常的には運動速度が光速 ($= 3 \times 10^8$ m/s) よりもはるかに小さいため，質量は不変と見なせる。

変換により物体の質量は変わらないので* $m = m'$，また座標軸の方向は両座標系で同じなので $\boldsymbol{F} = \boldsymbol{F}'$ である。これらの関係式を式 (9.4) に代入すると，Σ' 系における運動方程式

$$m'\boldsymbol{a}' = \boldsymbol{F}' - m'\boldsymbol{a}_0 \tag{9.5}$$

が導出される。慣性系における運動方程式 (9.4) との違いは，実際に物体に加わっている真の力 $\boldsymbol{F}'$ に加えて，みかけの力 $-m\boldsymbol{a}_0$ も物体に加わっている点である。この力を**慣性力** (inertial force) とよぶ。

Σ' 系が Σ 系に対して一定速度 $\boldsymbol{v}_0$ で等速直線運動している場合を考えよう。$t = 0$ で両系の原点が一致しているとすると，$\boldsymbol{r}_0 = \boldsymbol{v}_0 t$ であるから，Σ 系と Σ' 系との間の座標変換の式は

$$\boldsymbol{r}' = \boldsymbol{r} - \boldsymbol{v}_0 t \tag{9.6}$$

$$t' = t \tag{9.7}$$

で与えられる。ただし t' は Σ' 系における時刻であり，式 (9.7) は時刻が座標によらないことを表している。この変換を**ガリレイ変換** (Galilean transformation) と呼ぶ。ガリレイ変換のもとでは $\boldsymbol{a}_0 = \boldsymbol{0}$ であるから慣性力は存在せず，Σ 系が慣性系であれば Σ' 系も慣性系であり，同じ運動方程式が成立することがわかる。直感的には Σ 系が静止しており Σ' 系が動いているように思えるが，物理学の観点からは両者は完全に等価であり，同じ物理法則が成り立つ。これをガリレイの**相対性原理** (principle of relativity) と呼ぶ。

たとえば，窓のない飛行機が等速度で飛んでいるとき，機内の乗客は飛行機が動いているかどうかをを知ることはできない。一方，Σ' 系の運動が等速直線運動でない場合には，物体に加わる慣性力をとおして Σ' 系の加速度を知ることができる。たとえば，飛行機の離陸の際には乗客は後ろ向きの加速度を感じるため，座席に強く押し付けられるように感じる。これは前方に加速している座標系 (=飛行機内) において，後方に慣性力がはたらくためである。着陸の際には慣性力の方向は逆になり，乗客は前向きの加速度を感じて前のめりになる。

[例題 9.1]　エレベータ内での体重

エレベータ内に体重計が置いてあり，質量 m の人間が乗っている。はじめ静止していたエレベータが，次のように上昇し再び静止した：時刻 t_0 から t_1 の間，一定の加速度で上昇し速度 V に達した。時刻 t_1 から t_2 の間，一定の速度で上昇した。時刻 t_2 から t_3 の間，一定の加速度で速度を落とし止まった。

(1) 時刻 t_0 から t_3 の間，エレベータが上昇した距離を求めよ。

(2) 時刻 t_0 から t_3 の間，体重計の示す値はどのように変化するか。ただし値が変わる瞬間の値の揺らぎは考えなくてよい。

[解]　(1) 上向きの速度を正にとると，$v-t$ グラフは図 9.2(a) のようになる。グラフと t 軸で囲む部分の面積を求めて，上昇した距離は

$$\frac{V}{2}(t_1 - t_0) + V(t_2 - t_1) + \frac{V}{2}(t_3 - t_2).$$

(2) 時刻 t_0 から t_1 の間の加速度は上向きに $\dfrac{V}{t_1 - t_0}$。よって，エレベータに固定された座標系から見ると，重力 mg (下向き)，体重計からの垂直抗力 N (上向き)，慣性力 $\dfrac{mV}{t_1 - t_0}$ (下向き)，の三つの力が人間に加わりつり合っている。よって

$$N = m\left(g + \frac{V}{t_1 - t_0}\right)$$

体重計の表示は

$$\frac{N}{g} = m\left(1 + \frac{V}{g(t_1 - t_0)}\right)$$

他の時刻も同様に考えて，体重計の表示は図 9.2(b) のように変化する。

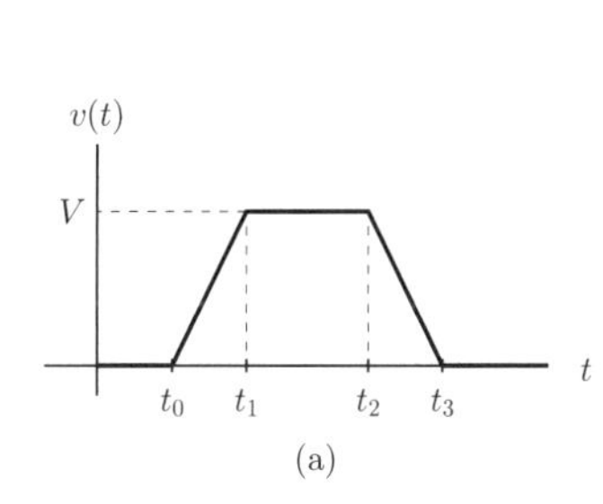

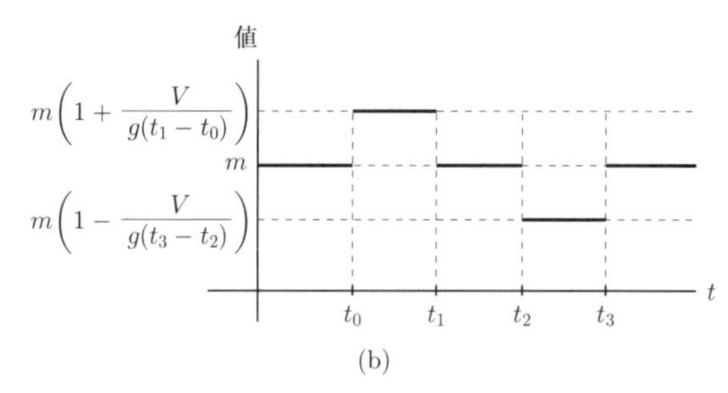

図 9.2 (a) エレベータの速度の時間依存性，(b) 体重計の表示の時間依存性

[例題 9.2] 電車に吊り下げられた物体

質量 m の物体が長さ l の軽いひもで電車の天井から吊り下げられている。この電車が水平な地面の上を一定の加速度 a で等加速度運動している間，電車内からは物体が図 9.3 のように鉛直方向から角度 θ だけ傾いて静止しているように見えた。

(1) 物体の運動を，地上の観測者の立場から説明せよ。

(2) 物体の運動を，電車の観測者の立場から説明せよ。

(3) $\tan\theta$ を求めよ。

(4) 糸がゆるまないように物体を静止位置からわずかに動かし，手を離すと単振動を始めた。その周期を求めよ。

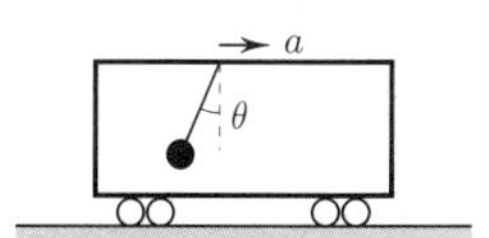

図 9.3 電車内に吊り下げられた物体

[解]　(1) 物体には重力 mg，糸の張力 T の二つの力が図 9.4(a) のように加わっている。鉛直方向には重力と張力の鉛直成分がつり合っており，$mg = T\cos\theta$ が成立する。水平方向には張力の水平成分のみがはたらき，運動方程式 $ma = T\sin\theta$ が成立している。

(2) 物体には重力 mg，糸の張力 T，慣性力 ma の三つの力が図 9.4(b) のように加わり，つり合って静止している。鉛直方向，水平方向のつり合いの式は

$$mg = T\cos\theta, \quad ma = T\sin\theta$$

である。

(3) $\tan\theta = a/g$。

(4) 電車内では重力と慣性力の合力を新たな重力と見なせばよい。新たな重力加速度の大きさは $\sqrt{g^2+a^2}$ であるから，振動周期は

$$T = 2\pi\left(\frac{l^2}{g^2+a^2}\right)^{1/4}$$

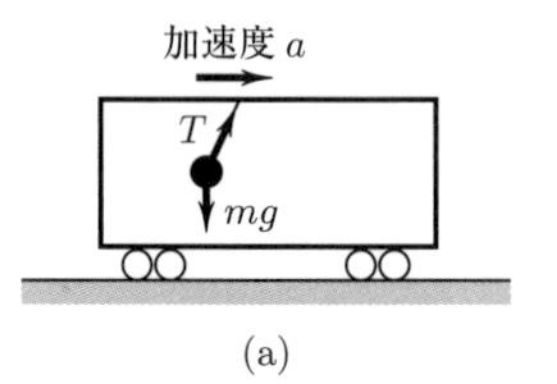

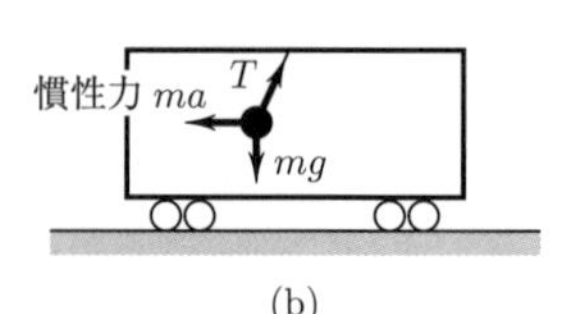

図 9.4　電車内に吊り下げられた物体にはたらく力。(a) 地上から見た場合，(b) 電車内から見た場合。

9.3 回転座標系

9.3.1 位置座標の変換式

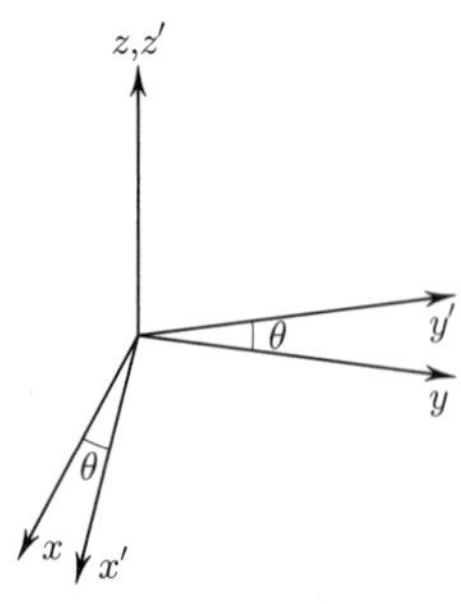

図 9.5　静止している Σ 系と回転運動している Σ′ 系の関係

本節では，慣性系である Σ 系に対して回転運動する Σ′ 系における物体の運動を考える。特に，図 9.5 のように，Σ 系の z 軸と Σ′ 系の z' 軸とが一致しており，xy 平面内で回転している状況を考える。

時刻 t における x 軸と x'軸 の角度 (= y 軸と y'軸 の角度) を $\theta(t)$ としよう。Σ 系の x 軸および y 軸方向の単位ベクトルを $\boldsymbol{e}_x$ および $\boldsymbol{e}_y$，Σ′ 系の x' 軸および y' 軸方向の単位ベクトルを $\boldsymbol{e}_{x'}$ および $\boldsymbol{e}_{y'}$ とすると，それらの間には図 9.5 から

$$\boldsymbol{e}_{x'} = \boldsymbol{e}_x\cos\theta + \boldsymbol{e}_y\sin\theta \tag{9.8}$$

$$\boldsymbol{e}_{y'} = -\boldsymbol{e}_x\sin\theta + \boldsymbol{e}_y\cos\theta \tag{9.9}$$

の関係があることがわかる。物体の Σ 系における座標を $\boldsymbol{r} = (x, y)$，Σ′ 系における座標を $\boldsymbol{r}' = (x', y')$ と記すと，$x\boldsymbol{e}_x + y\boldsymbol{e}_y = x'\boldsymbol{e}_{x'} + y'\boldsymbol{e}_{y'}$ であるから，式 (9.9) より二つの座標系の変換式は

$$x = x'\cos\theta - y'\sin\theta \tag{9.10}$$

$$y = x'\sin\theta + y'\cos\theta \tag{9.11}$$

で与えられる。

9.3.2 速度・加速度の変換式

Σ 系，Σ′ 系における物体の速度をそれぞれ $\boldsymbol{v} = (v_x, v_y)$, $\boldsymbol{v}' = (v_{x'}, v_{y'})$ と記す。それらは位置座標の時間微分であるから，$(v_x, v_y) = (\dot{x}, \dot{y})$, $(v_{x'}, v_{y'}) = (\dot{x}', \dot{y}')$ である。θ が時刻 t に依存することに注意して式 (9.11) を微分すると，二つの座標系における速度の変換式

$$v_x = v_{x'}\cos\theta - v_{y'}\sin\theta - \omega x'\sin\theta - \omega y'\cos\theta \tag{9.12}$$
$$v_y = v_{x'}\sin\theta + v_{y'}\cos\theta + \omega x'\cos\theta - \omega y'\sin\theta \tag{9.13}$$

が導かれる。ここで，4.1 節で述べたように

$$\omega = \dot\theta \tag{9.14}$$

は回転の速さを表す量であり，**角速度** (angular velocity) と呼ばれる。角度は無次元量であるから，角速度は (時間)$^{-1}$ の次元をもつ*1。

*1 角度は長さの比によって定義されるため無次元量である。

Σ 系，Σ' 系における物体の加速度をそれぞれ $\boldsymbol{a} = (a_x, a_y)$, $\boldsymbol{a}' = (a_{x'}, a_{y'})$ と記す。それらは速度の時間微分であるから，$(a_x, a_y) = (\dot v_x, \dot v_y)$, $(a_{x'}, a_{y'}) = (\dot v_{x'}, \dot v_{y'})$ である。θ や ω が時刻 t に依存することに注意して式 (9.13) を微分すると，二つの座標系における加速度の変換式

$$\begin{aligned} a_x = {} & a_{x'}\cos\theta - a_{y'}\sin\theta - 2\omega v_{x'}\sin\theta - 2\omega v_{y'}\cos\theta \\ & -\omega^2 x'\cos\theta + \omega^2 y'\sin\theta - \dot\omega x'\sin\theta - \dot\omega y'\cos\theta \end{aligned} \tag{9.15}$$
$$\begin{aligned} a_y = {} & a_{x'}\sin\theta + a_{y'}\cos\theta + 2\omega v_{x'}\cos\theta - 2\omega v_{y'}\sin\theta \\ & -\omega^2 x'\sin\theta - \omega^2 y'\cos\theta + \dot\omega x'\cos\theta - \dot\omega y'\sin\theta \end{aligned} \tag{9.16}$$

が導かれる。ここで

$$\dot\omega = \ddot\theta \tag{9.17}$$

は**角加速度** (angular acceleration) と呼ばれる。これは回転の加速度に相当する量であり，(時間)$^{-2}$ の次元を持っている。

9.3.3 Σ' 系での運動方程式

Σ 系は慣性系であるため運動方程式が成り立つ。すなわち，物体の質量を m，物体に加わる力を $\boldsymbol{F} = (F_x, F_y)$ とすると $m\boldsymbol{a} = \boldsymbol{F}$ の関係式がある。これを回転している Σ' 系の方程式に書き換えてみよう。Σ' 系から見た力を $\boldsymbol{F}' = (F_{x'}, F_{y'})$ と記すことにする。力そのものは座標変換により変化を受けないが，座標軸が回っているために力の成分は変換をうける。$F_x\boldsymbol{e}_x + F_y\boldsymbol{e}_y = F_{x'}\boldsymbol{e}_{x'} + F_{y'}\boldsymbol{e}_{y'}$ および式 (9.9) より，変換式は

$$F_x = F_{x'}\cos\theta - F_{y'}\sin\theta \tag{9.18}$$
$$F_y = F_{x'}\sin\theta + F_{y'}\cos\theta \tag{9.19}$$

である。$m\boldsymbol{a} = \boldsymbol{F}$ に式 (9.15), (9.16) および (9.18), (9.19) を代入し，$\cos\theta$ に比例する項のみに着目する*2。すると，Σ' 系での運動方程式が次の形にまとめられることがわかる。

*2 $\sin\theta$ に比例する項に着目しても同じ結果が得られる。

$$m\boldsymbol{a}' = \boldsymbol{F}' + \boldsymbol{F}_1 + \boldsymbol{F}_2 + \boldsymbol{F}_3 \tag{9.20}$$
$$\boldsymbol{F}_1 = m\omega^2 \begin{pmatrix} x' \\ y' \end{pmatrix} \tag{9.21}$$
$$\boldsymbol{F}_2 = 2m\omega \begin{pmatrix} v_{y'} \\ -v_{x'} \end{pmatrix} \tag{9.22}$$
$$\boldsymbol{F}_3 = m\dot\omega \begin{pmatrix} y' \\ -x' \end{pmatrix} \tag{9.23}$$

$\boldsymbol{F}'$ は物体に加わっている本当の力であり，$\boldsymbol{F}_1$, $\boldsymbol{F}_2$, $\boldsymbol{F}_3$ は座標の回転運動による見かけの力である。これらの見かけの力は全て xy 平面内を向いている。つまり，いま扱っているような z 軸を中心とする回転は，z 軸方向の運動に影響を与えない。

以下では，Σ' 系が一定の角速度 ω で回転している場合，すなわち角加速度 $\dot{\omega}=0$ の場合に着目しよう。このとき，角加速度 $\dot{\omega}$ に由来する $\boldsymbol{F}_3$ はゼロになる。$\boldsymbol{F}_1$ は回転の中心から外向きにはたらく力であり，大きさは物体と回転の中心との距離 $r(=\sqrt{x^2+y^2})$ に比例し，$mr\omega^2$ で与えられる。この見かけの力は遠心力 (centrifugal force) と呼ばれる。自動車がカーブを曲がるとき，車内にいる人はカーブの外側に向かう力を感じるが，その正体は遠心力である。遠心力は，その物体が動いていても静止していても，物体が回転軸上になければ必ずはたらく力である。

一方，$\boldsymbol{F}_2$ は回転座標系から見て動いている物体のみにはたらく力であり，コリオリ力 (Coriolis force) と呼ばれる。コリオリ力は，物体の Σ' 系での速度 $(v_{x'}, v_{y'})$ と垂直な方向にはたらき，速度の大きさや回転の角速度に比例する。

9.3.4　角速度ベクトル

9.3 節では，xy 平面上の運動を仮定し，位置・速度・力などを 2 次元ベクトルとして取り扱って，回転座標系の運動方程式 (9.20)–(9.23) を導いた。これらを，次のようにして 3 次元ベクトルによって表すことができる (章末問題 9.5 参照)。

角速度ベクトル $\boldsymbol{\omega}$ を，大きさ ω で回転軸方向を向いたベクトルとして定義する。回転軸は z 軸であるため，

$$\boldsymbol{\omega}=\begin{pmatrix}0\\0\\\omega\end{pmatrix} \tag{9.24}$$

である。また Σ' 系での三次元的な位置ベクトル，速度ベクトルは

$$\boldsymbol{r}'=\begin{pmatrix}x'\\y'\\z'\end{pmatrix},\quad \boldsymbol{v}'=\begin{pmatrix}v_{x'}\\v_{y'}\\v_{z'}\end{pmatrix} \tag{9.25}$$

である。これらを用いて，式 (9.21)–(9.23) は

$$\boldsymbol{F}_1=-m\boldsymbol{\omega}\times(\boldsymbol{\omega}\times\boldsymbol{r}') \tag{9.26}$$

$$\boldsymbol{F}_2=-2m\boldsymbol{\omega}\times\boldsymbol{v}' \tag{9.27}$$

$$\boldsymbol{F}_3=-m\dot{\boldsymbol{\omega}}\times\boldsymbol{r}' \tag{9.28}$$

と表すことができる (章末問題 9.5 参照)。これらの式は z' や $v_{z'}$ がゼロでない場合にも正しく，式 (9.21)–(9.23) の一般化となっている。

[例題 9.3] 回転座標系から見た等速円運動する物体

図 9.6 のように，摩擦のない水平面上において，質量 m の物体が長さ l の糸から張力を受け，原点を中心とする角速度 ω の等速円運動をしている。

(1) 静止している座標系において，物体の運動を説明せよ。

(2) 原点を中心として，物体と同じ角速度で回転している座標系を考える。この回転座標系において，物体の運動を説明せよ。

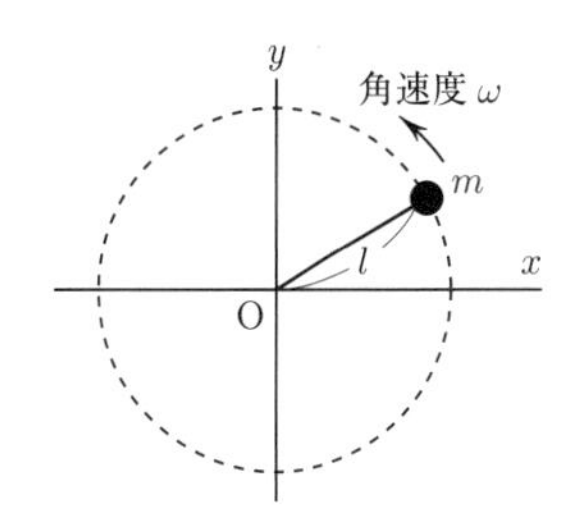

図 9.6　原点のまわりを等速円運動する物体
鉛直方向には，重力 mg が下向きに，面からの垂直効力 $N(=mg)$ が上向きにはたらきつり合っている。

[解]　(1) 静止座標系 (x, y) では，物体は半径 l，角速度 ω の等速円運動をしている。時刻 $t = 0$ で x 軸上にあるとすると，物体の位置は $(x, y) = l(\cos\omega t, \sin\omega t)$，速度は $(v_x, v_y) = l\omega(-\sin\omega t, \cos\omega t)$，加速度は $(a_x, a_y) = -l\omega^2(\cos\omega t, \sin\omega t)$ である。糸の張力 $\boldsymbol{F}$ は，運動方程式より

$$\boldsymbol{F} = m\boldsymbol{a} = -ml\omega^2(\cos\omega t, \sin\omega t)$$

つまり，図 9.7(a) のように，物体は糸からの張力 (原点方向，大きさ $ml\omega^2$) のみを受け，これを向心力として等速円運動をしている。

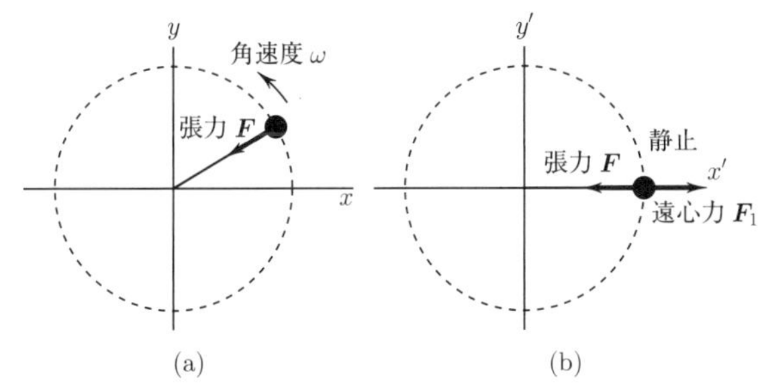

図 9.7　等速円運動をする物体にはたらく力。(a) 静止系からみた場合，(b) 回転座標系からみた場合

(2) 物体と同じ角速度で回転している座標系 (x', y') では，物体は原点から l だけ離れた点に静止しているように見える。物体が x' 軸上にあるように座標軸を選ぶと，物体の位置は $(x', y') = (l, 0)$，速度は $(v_{x'}, v_{y'}) = (0, 0)$ である。回転座標系では三種類の見かけの力 (9.21)–(9.23) がはたらくが，$(v_{x'}, v_{y'}) = (0, 0)$ のためコリオリ力 $\boldsymbol{F}_2$ はゼロであり，角速度が一定であるため $\boldsymbol{F}_3$ もゼロである。遠心力 $\boldsymbol{F}_1$ は，(9.21) より大きさ $ml\omega^2$ で原点から外向きにはたらく。つまり，張力と遠心力が図 9.7(b) のようにつり合っており，物体は静止している。

[例題 9.4] 回転座標系から見た静止している物体

水平面上にある質量 m の物体が，原点から距離 l の点に静止している。

(1) 静止している座標系において，物体の運動を説明せよ。

(2) 図 9.8 のように，原点を中心として，一定の角速度 ω で正の方向に回転する座標系を考える。この座標系では，物体は角速度 ω で負の方向に回転するように見える。回転座標系において，物体の運動を説明せよ。

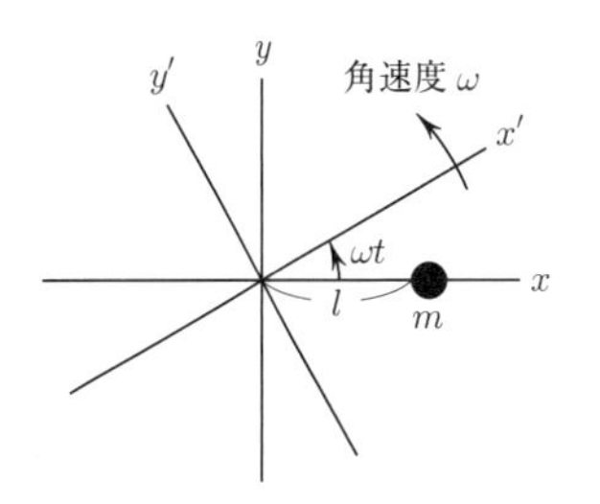

図 9.8　x 軸上に静止している物体と回転座標系の関係

[解]　(1) この物体には水平方向にはたらく力はない。よって静止座標系では，物体は位置 $(x,y)=(l,0)$ に静止している。
(2) 回転座標系では，物体は角速度 $-\omega$ の等速円運動をしているように見える。つまり $(x',y')=l(\cos\omega t,-\sin\omega t)$ と表される。速度は

$$(v_x,v_y)=-l\omega(\sin\omega t,\cos\omega t)$$

加速度は

$$(a_x,a_y)=-l\omega^2(\cos\omega t,-\sin\omega t)$$

である。物体には真の力ははたらいていないが，回転座標系では三種類の見かけの力がはたらく。(9.21)–(9.23) より，

$$\boldsymbol{F}_1=m\omega^2 l(\cos\omega t,-\sin\omega t)$$
$$\boldsymbol{F}_2=-2m\omega^2 l(\cos\omega t,-\sin\omega t)$$
$$\boldsymbol{F}_3=\boldsymbol{0}$$

となる。つまり，図 9.9 のように，遠心力 $\boldsymbol{F}_1$(外向き，大きさ $m\omega^2 l$) とコリオリ力 $\boldsymbol{F}_2$(内向き，大きさ $2m\omega^2 l$) がはたらいている。その合力 $\boldsymbol{F}_1+\boldsymbol{F}_2$(内向き，大きさ $m\omega^2 l$) が等速円運動の向心力となり，運動方程式 $m\boldsymbol{a}'=\boldsymbol{F}_1+\boldsymbol{F}_2$ を満足している。

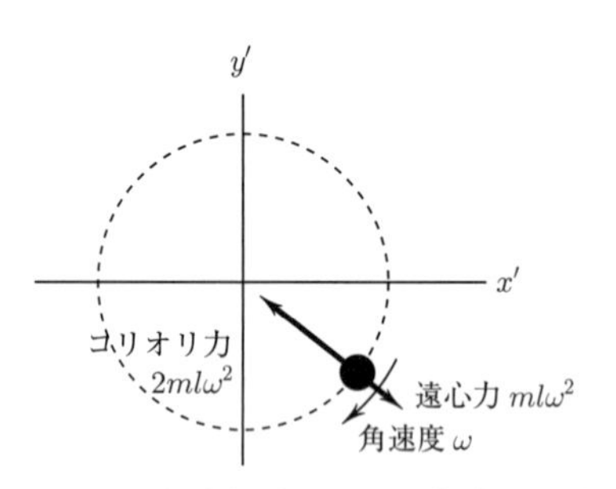

図 9.9　回転座標系からみた物体の運動

9.4 地球の自転の効果

これまでは，地表に固定された座標系を慣性系であると見なしてきた。ところが，地球は自転しているため，厳密には地表に固定された座標系は回転座標系であり，地表付近で運動する物体には見かけの力 (9.26)–(9.28) がはたらく。ただし，自転の角速度は一定であるため，$\boldsymbol{F}_3$ はゼロになる。以下では，遠心力 $\boldsymbol{F}_1$ およびコリオリ力 $\boldsymbol{F}_2$ の効果を議論する。

9.4.1 重力の補正

地表付近にある質量 m の物体にはたらく力を考えよう。この物体には地球からの万有引力がはたらく。その方向は地球の中心を向いており，大きさは $g=GM/R^2$ (ただし G は万有引力定数，M は地球の質量，R は地球の半径) を用いて mg と書くことができる。3 章で見たとおり，g の大きさはおよそ

$9.8\,\mathrm{m/s^2}$ である。

また，物体には地球の自転に由来する遠心力もはたらく。北緯 Θ の地点での遠心力を求めてみよう。地軸 (地球の自転軸) との距離は，図 9.10 より $R\cos\Theta$ である。また，地球の自転の角速度 Ω は，地球は一日 (= 86400 秒) で一回転することから，$\Omega = 2\pi/86400 = 7.27\times10^{-5}\,\mathrm{s^{-1}}$ である。以上のことから，物体には大きさ $m\Omega^2R\cos\Theta$ の遠心力が，図 9.10 の向きにはたらく。遠心力の大きさは赤道上 ($\Theta = 0$) で最大になるが，そこでも万有引力に比べて圧倒的に小さい。両者の比は $\Omega^2R/g = 0.0035$ である。

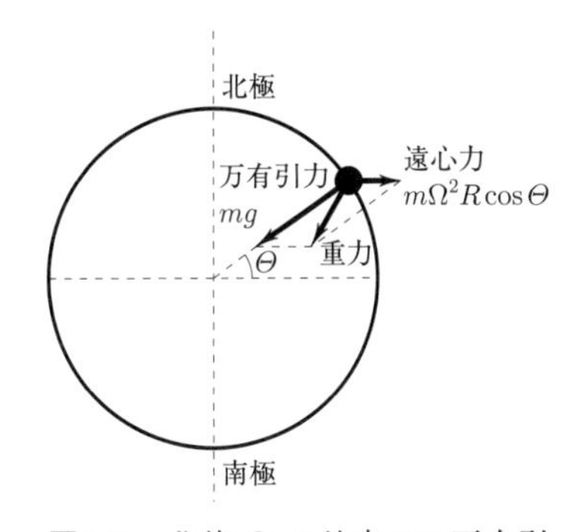

図 9.10　北緯 Θ の地点での万有引力・遠心力・重力の関係

物体にはたらく重力は，図 9.10 のような万有引力と遠心力との合力である。その大きさを mg' とすると，遠心力が万有引力よりもはるかに小さいことを用いると

$$g' \simeq g - \Omega^2R\cos^2\Theta \tag{9.29}$$

で与えられる。

[例題 9.5] 遠心力による重力加速度の補正

遠心力を考慮すると，北緯 Θ における重力加速度が式 (9.29) のように補正されることを示せ。

[解]　図 9.10 より，万有引力と遠心力とのなす角度は $\pi - \Theta$ である。また，遠心力も質量 m に比例することから，

$$g' = \sqrt{g^2 + (\Omega^2R\cos\Theta)^2 + 2g(\Omega^2R\cos\Theta)\cos(\pi-\Theta)} \tag{9.30}$$

と書くことができる。ここで $g \gg \Omega^2R\cos\Theta$ であるので根号中の第 2 項を無視して

$$g' \simeq g\sqrt{1 - \frac{2\Omega^2R\cos^2\Theta}{g}} \tag{9.31}$$

と近似することができる。ここで $|x|$ が小さいときに成り立つ近似式 $\sqrt{1+x} \simeq 1 + x/2$ を使うと (9.29) が得られる。

9.4.2 【発展】フーコーの振り子

本節では，コリオリ力が影響する運動の例として，北緯 Θ の地点における単振り子の微小振動を考えよう。この地点に東向きに x 軸，北向きに y 軸，鉛直上向きに z 軸をとり，これを Σ_Θ 系と呼ぶことにしよう。地球の自転を無視した場合には Σ_Θ 系は慣性系となり，振り子は単振動をする。おもりの質量を m，ひもの長さを l として静止位置を Σ_Θ 系の原点にとると，おもりの運動方程式は

$$m\ddot{x} + \frac{mg}{l}x = 0 \tag{9.32}$$

$$m\ddot{y} + \frac{mg}{l}y = 0 \tag{9.33}$$

となり，x 軸方向および y 軸方向に独立な単振動を行う*。微小振動の場合には z 方向には静止していると見なしてよい。初期条件として，たとえば x 軸方向にわずかに変位させそっと手を放すと，振り子は永久に x 軸方向の単振動を続けることになる。

* 厳密には重力加速度として遠心力による補正を受けた値 g' を用いるべきであるが，補正の効果は小さいので g を用いる。

次にコリオリ力の効果を考えよう。地球の自転を表す角速度ベクトルは大きさ Ω で地軸方向を向いたベクトルであるから，図 9.11 より Σ_Θ 系での角速度ベクトルは $\boldsymbol{\omega} = (0, \Omega\cos\Theta, \Omega\sin\Theta)$ である。おもりの Σ_Θ 系での速度 $\boldsymbol{v}' = (\dot{x}, \dot{y}, 0)$ を用いると，おもりにはたらくコリオリ力は，式 (9.27) より

$$\boldsymbol{F}_2 = \begin{pmatrix} 2m\Omega\sin\Theta\ \dot{y} \\ -2m\Omega\sin\Theta\ \dot{x} \\ 2m\Omega\cos\Theta\ \dot{x} \end{pmatrix} \tag{9.34}$$

となり，おもりの運動方程式は

$$m\ddot{x} + \frac{mg}{l}x = 2m\Omega\sin\Theta\ \dot{y} \tag{9.35}$$

$$m\ddot{y} + \frac{mg}{l}y = -2m\Omega\sin\Theta\ \dot{x} \tag{9.36}$$

となる。コリオリ力の z 成分は，振り子のひもの張力をわずかに変化させるが運動には関与しない。

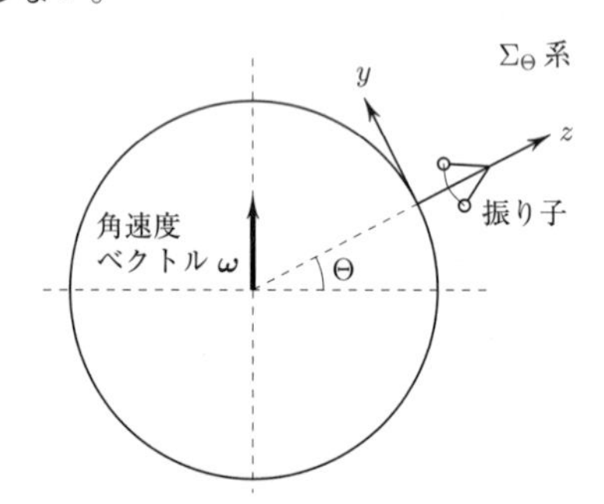

図 9.11 北緯 Θ の地点における座標系と地軸との関係

式 (9.35), (9.36) から二種類の保存量を導くことができる。まず式 (9.35) に $\dot{x}$ を，式 (9.36) に $\dot{y}$ をかけて両者を加えると

$$(\dot{x}\ddot{x} + \dot{y}\ddot{y}) + \frac{g}{l}(x\dot{x} + y\dot{y}) = 0 \tag{9.37}$$

が得られる。これは

$$\frac{d}{dt}\left[(\dot{x}^2 + \dot{y}^2) + \frac{g}{l}(x^2 + y^2)\right] = 0 \tag{9.38}$$

と書き換えられる。すなわち

$$(\dot{x}^2 + \dot{y}^2) + \frac{g}{l}(x^2 + y^2) = (\text{定数}) \tag{9.39}$$

であることがわかる。この式は振り子のエネルギー保存を表す式であり，コリオリ力を考慮しない場合と全く同じ式である。これはコリオリ力が常におもりの速度と直交する方向にはたらき，仕事をしないことから理解できる。

次に (9.35) に y を，(9.36) に x をかけて両者を引くと

$$y\ddot{x} - x\ddot{y} - 2m\Omega \sin\Theta(x\dot{x} + y\dot{y}) = 0 \tag{9.40}$$

が得られる。これは

$$\frac{d}{dt}\left[y\dot{x} - x\dot{y} - m\Omega \sin\Theta(x^2 + y^2)\right] = 0 \tag{9.41}$$

と書き換えられる。すなわち

$$y\dot{x} - x\dot{y} - m\Omega \sin\Theta(x^2 + y^2) = (\text{定数}) \tag{9.42}$$

である。以下では振り子の運動として，原点を通るような振動を考えることにしよう。するとある時刻で $x = y = 0$ となることから，式 (9.42) の右辺の定数がゼロになることがわかる。$x = r\cos\varphi$, $y = r\sin\varphi$ により 2 次元極座標へと移行すると，式 (9.42) の右辺をゼロとした式から

$$\frac{d}{dt}\varphi = -\Omega \sin\Theta \tag{9.43}$$

が導かれる。これは単振動の振動方向が，xy 平面上で時計回りに回転することを意味している。振動方向が一回転するのに必要な時間 T は

$$T = \frac{2\pi}{\Omega \sin\Theta} = \frac{24\text{ 時間}}{\sin\Theta} \tag{9.44}$$

となる。北極 $(\sin\Theta = 1)$ では 24 時間で一回転し，赤道上 $(\sin\Theta = 0)$ では振動方向の回転はおこらない。

9章のまとめ

- 静止している座標系など，慣性の法則が成り立つ座標系を慣性系と呼ぶ。慣性系に対して加速度運動している座標系を非慣性系と呼ぶ。非慣性系では，見かけの力がはたらく。
- 一定加速度で加速する座標系では，加速度と逆向きに慣性力がはたらく。エレベータ内で体重が軽くなったり重くなったり感じるのは，慣性力の例である。
- 回転座標系では，遠心力とコリオリ力がはたらく。遠心力は (回転の中心に位置する場合を除き) 全ての物体に外向きにはたらく。コリオリ力は，回転座標系で運動している物体のみにはたらく。
- 地球の自転に由来する遠心力のため，重力はわずかに小さくなる。フーコーの振り子では，コリオリ力のために振動方向が時間とともに回転する。

問　題

9.1　加速度 a_0 で鉛直上向きに上昇するエレベータ中の天井から，質量 m の物体が長さ l の糸で吊り下げられている。(1) 物体がエレベータ中で静止している。糸の張力を求めよ。(2) この物体を僅かに揺らして振り子にした。周期を求めよ。

9.2　半径 R の円周上を，速さ v で自動車が等速円運動している。その自動車の中で水の入ったコップを静止させておくと，水面が水平方向から傾いていた。傾きの角度 θ を求めよ。

9.3　北極付近を時速 100 km で走っている自動車が感じるコリオリ力は重力の何倍か。

9.4　水平な xy 平面上に原点を中心として一様な角速度 ω で回転する棒があり，質量 m の物体がこの棒に拘束されている (図 9.12)。時刻 $t=0$ において棒は x 軸と一致しており，物体は $x=A\ (>0)$ の位置にあるものとする。時刻 t での物体の原点からの距離 $r(t)$ を求めよ。ただし，棒と物体との間に摩擦はなく，物体が棒から受ける力は常に棒と垂直な方向にはたらくものとする。

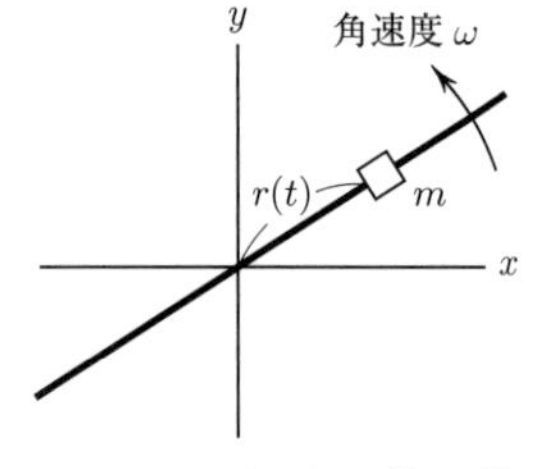

図 9.12　回転する棒に拘束された物体

9.5　式 (9.24), (9.25) を式 (9.26)–(9.28) に代入して，式 (9.21)–(9.23) となることを確認せよ。

10
弦の振動と波動

さて，これまで扱ってきた対象は，質点，質点系，剛体など変形しないものであった。現実の物体は有限の大きさをもち，固体なら押せばへこむし流体なら流れもする。このように空間の中に連続して存在し変形したり運動できるものを連続体という。我々の身の周りにあるものは厳密に言えばほぼ全て連続体である。連続体の特徴は，その状態を表すのに必要な変数の数が無限個あることである。3 次元空間内の 1 つの質点なら 3 成分の位置ベクトル，計 3 個の変数によってその状態は一意的に決まる。N 個の質点系なら $3N$ 個の変数で決まる。固定軸のある剛体なら固定軸の位置を決める 3 つの変数と角度を決める 2 つの変数，軸のまわりの回転角の計 6 つの変数で決まる。これにたいして連続体では，その状態を決めるのに空間の連続した場所を占めるその物体の各点の位置ベクトルが必要なので，無限個の変数が必要となるのである。この連続体を扱う力学はそれ自体大きな分野であるが，ここではそのうちまず一番簡単な系を扱おう。それは弦 (string) である。

10.1　波動方程式

図 10.1 のように，x 軸方向に張られた十分長い**質量密度** (mass density) ρ の弦の振動を考えよう。弦の各部分の変位は十分小さい場合を考える。すると，x 軸と直交する y 軸方向の変位のみを考えれば十分である。ある位置 x，時刻 t での y 軸方向の弦の変位を $u(x,t)$ と書くことにする。この $u(x,t)$ の従う運動方程式を導こう。

図 10.2 のように位置 x とそこから微小区間 Δx だけ離れた位置 $x+\Delta x$ の間の部分にかかる力を考える。弦はその伸びている方向に張力を受ける。位置

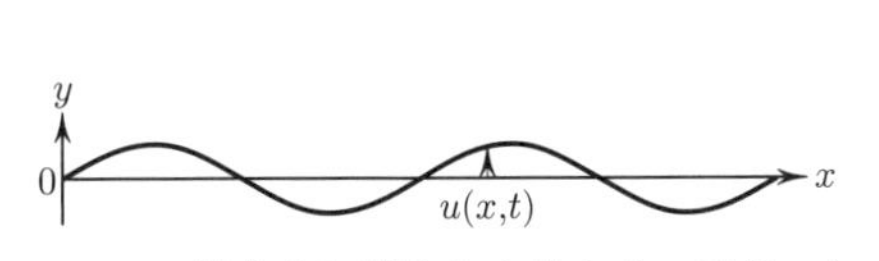

図 10.1　$x-$ 軸方向に張られた弦とその変位 $u(x,t)$

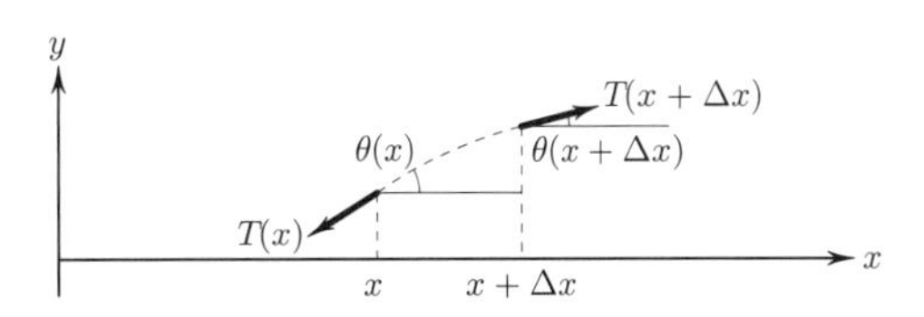

図 10.2　弦の x から $x+\Delta x$ の領域にはたらく張力

x，時刻 t での**張力** (tension) の大きさを $T(x,t)$，そこでの弦と x 軸のなす角を $\theta(x,t)$ と書くことにする。また，位置 x，時刻 t での弦の x 軸方向の変位を $u_x(x,t)$ とおくとこれは常に 0 である。これより次の例題で示すように位置 x，時刻 t での弦の張力 $T(x,t)$ は弦のあらゆる場所で一定でなければならないことがわかる。この一定の張力を T とおく。

[例題 10.1] 弦の張力が位置によらないこと。

x 軸方向の変位 $u_x(x,t)$ が常に 0 でなければならないことより，弦の張力 $T(x,t)$ が弦のあらゆる場所で一定値をとることを示せ。

[解]　図 10.2 の微小区間 Δx の x 軸方向の力と運動を考えよう。

点 P では弦の微小区間は $-x$ 方向に張力 $T(x,t)\cos\theta(x,t)$ を，点 P′ では $+x$ 方向に張力 $T(x+\Delta x,t)\cos\theta(x+\Delta x,t)$ の力を受ける。よって微小区間の x 方向の運動方程式は以下のように表される。

$$\begin{aligned}\rho\Delta x&\frac{\partial^2 u_x(x+\Delta x/2,t)}{\partial t^2}\\ &= -T(x,t)\cos\theta(x,t) + T(x+\Delta x,t)\cos\theta(x+\Delta x,t) \qquad (10.1)\end{aligned}$$

ここで，左辺の変位は考えている区間の中点での値 $u_x(x+\Delta x/2,t)$ としたが，Δx は十分小さいので，

$$u_x(x+\Delta x/2,t) \simeq u_x(x,t) + \frac{\partial u_x(x,t)}{\partial x}\Delta x/2$$

となり，右辺第 2 項は第 1 項に比べ微少量 Δx だけ小さいので無視でき，

$$u_x(x+\Delta x/2,t) \simeq u_x(x,t)$$

とおける。結局，運動方程式 (10.1) は次のようになる。

$$\begin{aligned}\rho\Delta x\frac{\partial^2 u_x(x,t)}{\partial t^2} &= -T(x,t)\cos\theta(x,t) + T(x+\Delta x,t)\cos\theta(x+\Delta x,t)\\ &= -T(x,t) + T(x+\Delta x,t) \qquad (10.2)\end{aligned}$$

ここで，y 方向の変位 $u(x,t)$ の大きさは十分小さいので，弦と x 軸のなす角 θ は至る所で十分小さく，θ の 1 次の範囲では $\cos\theta \simeq 1$ とおけることを使った。いま，$u_x(x,t)$ は常に 0 なので，上の式の左辺はつねに 0 でなければならない。したがって

$$T(x+\Delta x,t) = T(x,t) \qquad (10.3)$$

となり，いたる所で弦の張力は等しいことを示すことができた。

次に，いよいよ $u(x,t)$ の従う運動方程式を導こう。張力 $T(x,t)$ は一定であることがわかったので，T とおくことにする。図 10.2 の微小区間 Δx の y 軸方向の力と運動を考えよう。点 P では弦の微小区間は $-y$ 方向に張力 $T\sin\theta(x,t)$ を，点 P′ では $+y$ 方向に張力 $T\sin\theta(x+\Delta x,t)$ の力を受ける。

よって微小区間の y 方向の運動方程式は以下のように表される。

$$\rho\Delta x\frac{\partial^2 u(x,t)}{\partial t^2} = -T\sin\theta(x,t) + T\sin\theta(x+\Delta x,t) \tag{10.4}$$

左辺では $u(x+\Delta x/2,t)$ と $u(x,t)$ の差は微小量 Δx に比例するので十分小さく無視できるとし，$u(x+\Delta x/2,t)$ を $u(x,t)$ で置き換えた。いま十分小さい変位 $u(x,t)$ を考えているので θ の 1 次まででは $\cos\theta(x,t)\simeq 1$ であり，これと図 10.2 より

$$\sin\theta(x,t)\simeq\tan\theta(x,t) = \frac{\partial u(x,t)}{\partial x} \tag{10.5}$$

となる。この結果を運動方程式 (10.4) に使うと

$$\rho\Delta x\frac{\partial^2 u(x,t)}{\partial t^2} = -T\frac{\partial u(x,t)}{\partial x} + T\frac{\partial u(x+\Delta x,t)}{\partial x} \tag{10.6}$$

となるが，$u(x+\Delta x,t)\simeq u(x,t)+\dfrac{\partial u(x,t)}{\partial x}\Delta x$ と近似できるので，式 (10.6) はさらに，

$$\rho\Delta x\frac{\partial^2 u(x,t)}{\partial t^2} = T\frac{\partial^2 u(x,t)}{\partial x^2}\Delta x \tag{10.7}$$

となり，結局次式を得る。

$$\frac{\partial^2 u(x,t)}{\partial t^2} - \frac{T}{\rho}\frac{\partial^2 u(x,t)}{\partial x^2} = 0 \tag{10.8}$$

上の方程式を**波動方程式** (wave equation) という。この方程式は弦の振動に限らず，物理学の様々な分野に登場する波のようすを記述する重要な方程式である。たとえば電磁波や電磁波の一種である光もこの方程式によって表される。

10.2　波動方程式の解と重ね合わせの原理

式 (10.8) が確かに波動を表していることを示そう。そのために

$$u(x,t) = A\sin\left[2\pi\left(\frac{x}{\lambda} - \nu t + \delta\right)\right] \tag{10.9}$$

とおいてみる。ここで λ は波の**波長** (wave length)，ν は**振動数** (frequency) であり，δ は定数である。この式を式 (10.8) に代入すると，

$$-(2\pi)^2\left(\nu^2 - \frac{T}{\rho}\frac{1}{\lambda^2}\right)A\sin\left[2\pi\left(\frac{x}{\lambda} - \nu t + \delta\right)\right] = 0 \tag{10.10}$$

この式がどんな x と t でも成り立たなければいけないので，

$$\nu = \pm\sqrt{\frac{T}{\rho}}\frac{1}{\lambda} \tag{10.11}$$

を得る。波長 λ と振動数 ν が上の関係を見たしていれば，確かに式 (10.9) は波動方程式 (10.8) の解となっていることがわかった。さて，式 (10.10) と同じ内容であるが，これからは波長 λ と振動数 ν の代わりに**波数** (wave number) k と**角振動数** (angular frequency) ω をつかう。

$$k = 2\pi/\lambda, \qquad \omega = 2\pi|\nu| \tag{10.12}$$

これを使うと，式 (10.9) は

$$u(x,t) = A\sin[kx \pm \omega t + \delta] \tag{10.13}$$

式 (10.11) は

$$\omega = \sqrt{\frac{T}{\rho}}k \tag{10.14}$$

となる。ここで

$$v = \sqrt{\frac{T}{\rho}} \tag{10.15}$$

とおくと，式 (10.14) は

$$\omega = vk \tag{10.16}$$

となる。このような角振動数 ω と波数 k の関係を**分散関係** (dispersion relation) と呼ぶ。式 (10.13) は

$$u(x,t) = A\sin[k(x \pm vt) + \delta] \tag{10.17}$$

となる。解の変数は $x \pm vt$ であるが，このうち $x - vt$ の形で x と t を含む解は速さ v で x 軸正の向きに進む波，$x + vt$ の形で含む解は速さ v で x 軸負の向きに進む波を表している。むろん

$$u(x,t) = A\cos[k(x \pm vt) + \delta'] \tag{10.18}$$

も波動方程式 (10.8) の解であるが，この cos で表される解は sin で表される解 (10.17) において $\delta = \pi/2 + \delta'$ とおけば得られるので，式 (10.17) のなかに含まれている。

波動方程式 (10.8) は v を使うと

$$\frac{\partial^2 u(x,t)}{\partial t^2} - v^2\frac{\partial^2 u(x,t)}{\partial x^2} = 0 \tag{10.19}$$

と表される。波動方程式の中に現れるパラメーターは波の速さ v のみである。

さて $u_1(x,t)$ が波動方程式 (10.19) の解であるとき，C_1 を定数として

$$u(x,t) = C_1u_1(x,t) \tag{10.20}$$

も波動方程式の解であることはすぐにわかるだろう。さらに，$u_1(x,t)$ と $u_2(x,t)$ がともに波動方程式 (10.19) の解であるとき，C_1, C_2 を定数として

$$u(x,t) = C_1u_1(x,t) + C_2u_1(x,t) \tag{10.21}$$

も波動方程式の解であることもすぐにわかるだろう。このように，複数の解の和もまた解になることを**重ね合わせの原理** (principle of superposition) という。この原理は式 (10.19) のように線形な方程式，すなわち線形な項のみを含み $u(x,t)^2$ や $\sin u(x,t)$ のような非線形な項*が現れない方程式では一般に成り立つ極めて重要な原理である。

* ここで線形な項とは $u(x,t)$ に比例する項，非線形な項とはそれ以外の項のことである。

式 (10.20) は式 (10.21) で $C_2 = 0$ とした場合なので，解を定数倍したものもまた解であることも含めてここでは重ね合わせの原理と呼ぶ。この原理により波の特徴である干渉，うなりなどが生じる。電子などミクロな世界を記述する量子力学の基礎方程式であるシュレディンガー方程式も線形の方程式であ

り，重ね合わせの原理が成り立つ。実際，電子も干渉など波の性質を示す。一方，線形でない方程式 —— 非線形方程式と呼ばれる —— では重ね合わせの原理は普通は成り立たない。しかし，なかには非線形方程式なのに重ね合わせの原理が成り立つものがある。たとえば，浅い水の波の運動を表す方程式がその例である。それらの方程式は**ソリトン方程式** (soliton equation) と呼ばれ，ソリトンと呼ばれる孤立波（空間的に局在した波）とそれらの重ね合わせを解としてもつ。

重ね合わせの原理が成り立つので，波動方程式 (10.19) の一般解は次のように表すことができる。

$$u(x,t) = \sum_i \{A_i \sin[k_i(x - vt) + \delta_i] + B_i \sin[k_i(x + vt) + \delta_i']\} \tag{10.22}$$

このうち，座標 x と時刻 t を $x - vt$ の形で含む項は速さ v で x 軸の正の向きに進む波を，$x + vt$ の形で含む項は速さ v で x 軸の負の向きに進む波を表している。

しかし，波動方程式 (10.19) が次のように "因数分解"

$$\begin{aligned}\frac{\partial^2 u(x,t)}{\partial t^2} - v^2 \frac{\partial^2 u(x,t)}{\partial x^2} &= \left(\frac{\partial^2}{\partial t^2} - v^2 \frac{\partial^2}{\partial x^2}\right) u(x,t) \\ &= \left(\frac{\partial}{\partial t} - v\frac{\partial}{\partial x}\right)\left(\frac{\partial}{\partial t} + v\frac{\partial}{\partial x}\right) u(x,t) \\ &= \left(\frac{\partial}{\partial t} + v\frac{\partial}{\partial x}\right)\left(\frac{\partial}{\partial t} - v\frac{\partial}{\partial x}\right) u(x,t) \\ &= 0 \end{aligned} \tag{10.23}$$

できることに気がつくと，そしてさらに

$$\begin{aligned}\left(\frac{\partial}{\partial t} + v\frac{\partial}{\partial x}\right) f(x - vt) &= \frac{\partial(x - vt)}{\partial t}\frac{\partial f(x - vt)}{\partial(x - vt)} + v\frac{\partial(x - vt)}{\partial x}\frac{\partial f(x - vt)}{\partial(x - vt)} \\ &= -v\frac{\partial f(x - vt)}{\partial(x - vt)} + v\frac{\partial f(x - vt)}{\partial(x - vt)} \\ &= 0 \end{aligned} \tag{10.24}$$

$$\begin{aligned}\left(\frac{\partial}{\partial t} - v\frac{\partial}{\partial x}\right) g(x + vt) &= \frac{\partial(x + vt)}{\partial t}\frac{\partial g(x + vt)}{\partial(x + vt)} - v\frac{\partial(x + vt)}{\partial x}\frac{\partial g(x + vt)}{\partial(x + vt)} \\ &= v\frac{\partial g(x + vt)}{\partial(x + vt)} - v\frac{\partial g(x + vt)}{\partial(x + vt)} \\ &= 0 \end{aligned} \tag{10.25}$$

であることに気がつくと，次の形の式は全て波動方程式 (10.23) の解であることがわかる。

$$f(x - vt) \tag{10.26}$$

$$g(x + vt) \tag{10.27}$$

すなわち座標 x と時刻 t を $x \pm vt$ で含む式は全て波動方程式の解なのである。解 $f(x - vt)$ は速さ v で x 軸の正の向きに，$g(x + vt)$ は速さ v で負の向きに進む。

［注意］ 式 (10.23) で式の変形に用いているのは数式の分解

$$\left(\frac{\partial^2}{\partial t^2}-v^2\frac{\partial^2}{\partial x^2}\right)=\left(\frac{\partial}{\partial t}-v\frac{\partial}{\partial x}\right)\left(\frac{\partial}{\partial t}+v\frac{\partial}{\partial x}\right)$$
$$=\left(\frac{\partial}{\partial t}+v\frac{\partial}{\partial x}\right)\left(\frac{\partial}{\partial t}-v\frac{\partial}{\partial x}\right)$$

なので正確には“因数分解”ではなく“因子分解”と呼ぶべきものである。

では，式 (10.26), (10.27) の形の解と式 (10.22) の形の解はどのような関係にあるのだろうか？　実は，式 (10.26), (10.27) の形の解も式 (10.22) の形に，つまり三角関数の和として表すことができるのである。これをフーリエ展開 (Fourier expansion) というが，ここではこれ以上立ち入るのは止めよう。

［例題 10.2］ 平面波

3 次元空間内の波は x, y, z 軸で張られる 3 次元空間のどの方向にも進むことができるので，その波動方程式は次のような形で与えられる。

$$\frac{\partial^2 u(\boldsymbol{r},t)}{\partial t^2}-v^2\left\{\frac{\partial^2 u(\boldsymbol{r},t)}{\partial x^2}+\frac{\partial^2 u(\boldsymbol{r},t)}{\partial y^2}+\frac{\partial^2 u(\boldsymbol{r},t)}{\partial z^2}\right\}=0 \qquad (10.28)$$

3 次元空間を伝わる次のような波

$$\boldsymbol{u}(\boldsymbol{r},t)=\boldsymbol{A}\sin[\boldsymbol{k}\cdot\boldsymbol{r}-\omega t+\delta]$$
$$=\boldsymbol{A}\sin[k_x x+k_y y+k_z z-\omega t+\delta] \qquad (10.29)$$

が上の式の解となる条件を示せ。ここで $\boldsymbol{A}=(A_x, A_y, A_z)$ は波の振幅ベクトルであり，$\boldsymbol{r}=(x,y,z)$ は位置ベクトル，$\boldsymbol{k}=(k_x,k_y,k_z)$ は 3 次元の波数ベクトルである。

［解］ 式 (10.29) を式 (10.28) に代入すると，

$$-\boldsymbol{A}\{\omega^2-v^2(k_x^2+k_y^2+k_z^2)\}\boldsymbol{A}\sin[\boldsymbol{k}\cdot\boldsymbol{r}-\omega t+\delta]$$
$$=-\boldsymbol{A}(\omega^2-v^2k^2)\boldsymbol{A}\sin[\boldsymbol{k}\cdot\boldsymbol{r}-\omega t+\delta]$$
$$=0 \qquad (10.30)$$

となる。ここで $k^2=k_x^2+k_y^2+k_z^2$ である。この等式が常に成り立たねばならないので

$$\omega=\pm vk \qquad (10.31)$$

でなければならない。この条件を満たすとき式 (10.29) は 3 次元の波動方程式 (10.28) の解となる。

式 (10.29) の波は，その形からもわかるように波数ベクトル (wave number vector) $\boldsymbol{k}$ の方向に速さ $\pm v$ で伝わっていく波である。図 10.3 で示すように $\boldsymbol{k}$

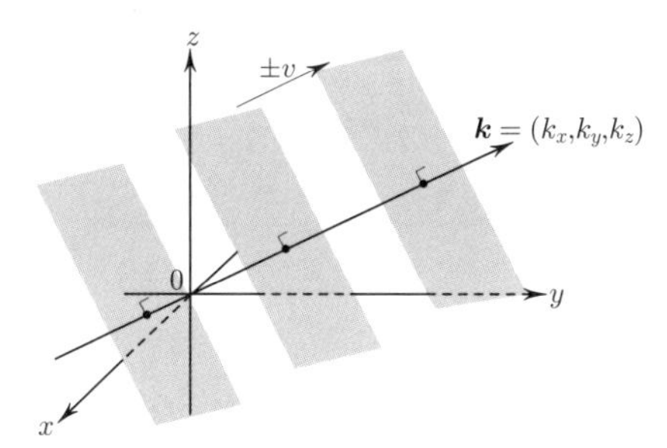

図 10.3 平面波のようす。波数ベクトル $\boldsymbol{k} = (k_x, k_y, k_z)$ の方向に速さ $\pm v$ で伝わっていく。$\boldsymbol{k}$ に垂直な平面内では $\boldsymbol{u}(\boldsymbol{r}, t)$ は一定である。

に垂直な平面内では一様である。このためこの解の波は**平面波** (plane wave) と呼ばれる。いま，波の**振幅ベクトル** (amplitude vector) $\boldsymbol{A}$ が $\boldsymbol{k}$ と直交するとき，波の変位と波が伝わる方向は直交する。このような波を**横波** (transverse wave) という。たとえば光などの電磁波は横波である。またこの章で主に扱っている弦の振動も横波である。一方，$\boldsymbol{A}$ が $\boldsymbol{k}$ と平行な場合は波の変位と波が伝わる方向は平行となる。このような波は**縦波** (longitudinal wave) と呼ばれる。たとえば音波は縦波である。

一般に固体の中を進む波には横波も縦波もある。地震波は地震の際に発生する地殻を伝わる波であるが，縦波と横波の両方の地震波がある。前者を **P** 波，後者を **S** 波と呼ぶ。一般に縦波の方が横波より早く伝わり，地震が起こったとき最初の揺れを感じるのも P 波による。横波と縦波が混ざった，つまり $\boldsymbol{A}$ が $\boldsymbol{k}$ と直交もしなければ平行でもないような波もあり得る。

10.3 境界条件と波の反射，定在波

さて前節までは十分に長い弦の振動を考え，端の効果は無視してきた。この節ではその端の効果を考えよう。

10.3.1 固定端と波の反射

簡単な場合としてまず，弦は $x \leq 0$ の領域に存在し，$x = 0$ の点では $u(x, t) = 0$ と固定されているとしよう。このような端での条件を一般に**境界条件** (boundary condition) と呼び，今の場合は $x = 0$ で**固定端** (fixed boundary condition) の境界条件を課した，という。波動方程式に従う系でも力学的エネルギーは保存する。そのため波が消えてしまうことはない。波が $x < 0$ の領域から x 軸の正の向きに進んでくると**入射波** (incident wave) となり，$x = 0$ の点で反射し $x < 0$ の領域に x 軸の負の向きに**反射波** (reflection wave) として進んでいくことになる。この入射波と反射波の関係を調べよう。

いま，$f(x - vt)$ あるいは $g(x + vt)$ の形の関数は全て波動方程式の解である。重ね合わせの原理からこれらの解の和も波動方程式の解である。したがっ

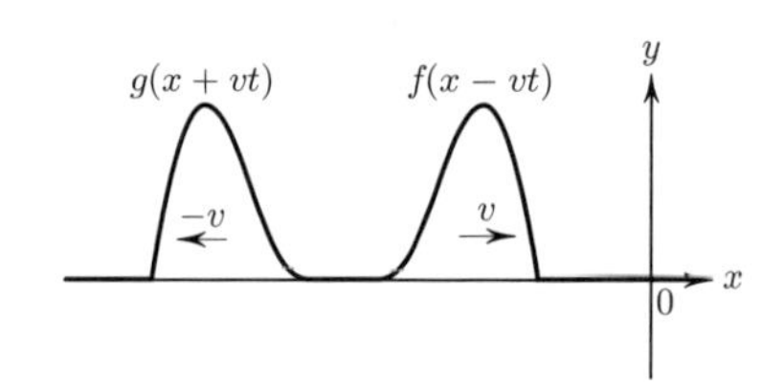

図 10.4　式 (10.32) の解

て，一般的に解 $u(x,t)$ は

$$u(x,t) = f(x - vt) + g(x + vt) \tag{10.32}$$

と表すことができる。式 (10.32) の $u(x,t)$ のうち，$f(x-vt)$ は x 軸の正の向きに進む入射波であり，$g(x+vt)$ は x 軸の負の向きに進む反射波である。式 (10.32) の解を図 10.4 に示す。式 (10.32) で $x=0$ とすると

$$u(x=0,t) = f(-vt) + g(vt) \tag{10.33}$$

となる。固定端なのでこれが常に 0 でなければならない。よって

$$g(vt) = -f(-vt) \tag{10.34}$$

となる。これより，一般に

$$g(z) = -f(-z)$$

となり，$z = x + vt$ とおけば

$$g(x+vt) = -f(-x-vt)$$

を得る。よって $x=0$ での固定端の境界条件を満たす解は

$$u(x,t) = f(x - vt) - f(-x - vt) \tag{10.35}$$

となる。弦が $x \leq 0$ の領域にのみ張られているので，上の解で意味があるのは当然 $x \leq 0$ のみである。関数 $f(y)$ が図 10.5 に示すように，y が 0 に近いある領域でだけ有限の値をもつ場合を考えることにしよう。式 (10.35) から，$t<0$ のときは $u(x,t)$ には第 1 項 $f(x-vt)$ だけがきくことがわかる。逆に $t>0$ のときは，$u(x,t)$ には第 2 項 $-f(-x-vt)$ だけがきく。これから $f(x-vt)$ は入射波，$-f(-x-vt)$ は反射波を表していることがわかる。入射波と反射波のようすを図 10.6 に示す。

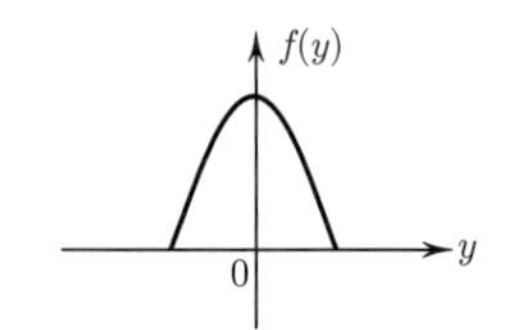

図 10.5　$y=0$ 近傍でのみ有限の値をもつ関数 $f(y)$

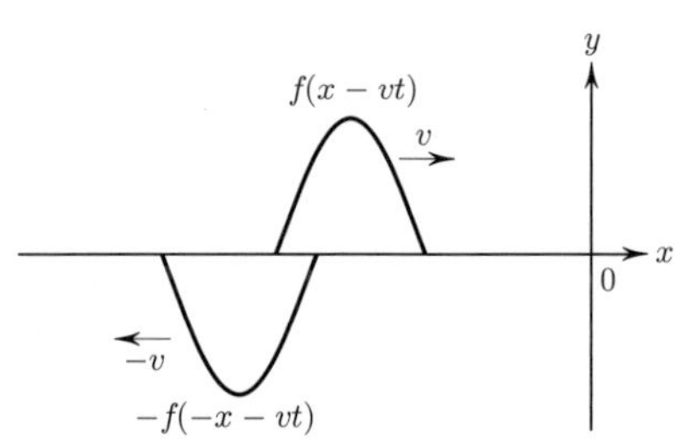

図 10.6　$x=0$ の固定端に向かって右に進む入射波 $f(x-vt)$ と，$x=0$ の固定端から左に進む反射波 $-f(-x-vt)$。入射波 $f(x-vt)$ は $t<0$ で，反射波 $-f(-x-vt)$ は $t>0$ で有限の大きさをもつ。

10.3.2 自由端と波の反射

次に，$x=0$ の位置で弦が途切れ端では力ははたらかず自由に運動する場合を考えよう。このような境界条件を**自由端** (free boundary condition) という。自由端での境界条件を数学的に表すため，波動方程式を導いた途中の式 (10.6) を思い出そう。$x+\Delta x=0$ の点を自由端とするとそこでは力ははたらかないのであるから右辺第 2 項は現れず，

$$\rho \Delta x \frac{\partial^2 u(x,t)}{\partial t^2} = -T\frac{\partial u(x,t)}{\partial x} \tag{10.36}$$

となる。この式で左辺は $\Delta x \to 0$ の極限で 0 となる。その極限では $x \to 0$ となるので，結局，$x=0$ での自由端の条件を式で表すと

$$\left.\frac{\partial u(x,t)}{\partial x}\right]_{x=0} = 0 \tag{10.37}$$

となり，端での微係数が 0 となることである。

では，固定端の場合と同じく $f(x-vt)$ を入射波とし，この境界条件を満たす解を求めよう。固定端の場合と同じく解 $u(x,t)$ は一般的に，

$$u(x,t) = f(x-vt) + g(x+vt) \tag{10.38}$$

と表すことができる。これより

$$\begin{aligned}\frac{\partial u(x,t)}{\partial x} &= \frac{\partial f(x-vt)}{\partial x} + \frac{\partial g(x+vt)}{\partial x} \\ &= \frac{\partial (x-vt)}{\partial x}\frac{\partial f(x-vt)}{\partial (x-vt)} + \frac{\partial (x+vt)}{\partial x}\frac{\partial g(x+vt)}{\partial (x+vt)} \\ &= \frac{\partial f(x-vt)}{\partial (x-vt)} + \frac{\partial g(x+vt)}{\partial (x+vt)} \end{aligned} \tag{10.39}$$

となるので，自由端の境界条件 (10.37) は

$$\begin{aligned}\left.\frac{\partial u(x,t)}{\partial x}\right]_{x=0} &= \left.\frac{\partial f(x-vt)}{\partial (x-vt)}\right]_{x=0} + \left.\frac{\partial g(x+vt)}{\partial (x+vt)}\right]_{x=0} \\ &= \frac{\partial f(-vt)}{\partial (-vt)} + \frac{\partial g(vt)}{\partial (vt)} \\ &= -\frac{\partial f(-vt)}{\partial (vt)} + \frac{\partial g(vt)}{\partial (vt)} \qquad (10.40) \\ &= 0 \qquad (10.41)\end{aligned}$$

を得る。$y=vt$ とおけば

$$-\frac{\partial f(-y)}{\partial y} + \frac{\partial g(y)}{\partial y} = 0$$

となる。この式を y について不定積分すると，

$$-f(-y) + g(y) = C$$

$$g(y) = f(-y) + C \tag{10.42}$$

となる。ここで C は積分定数である。この結果を使うと $x=0$ での自由端の境界条件を満たす解は

$$u(x,t) = f(x - vt) + f(-x - vt) + C$$

となるが，C が有限だと，弦全体にわたって有限の変位があることになる。これは今求めようとしている波の解ではない。よって $C = 0$ とおくことができ，

$$u(x,t) = f(x - vt) + f(-x - vt) \qquad (10.43)$$

となる。これから $f(x - vt)$ の入射波に対しては $f(-x - vt)$ の反射波が生じることがわかる (図 10.7)。

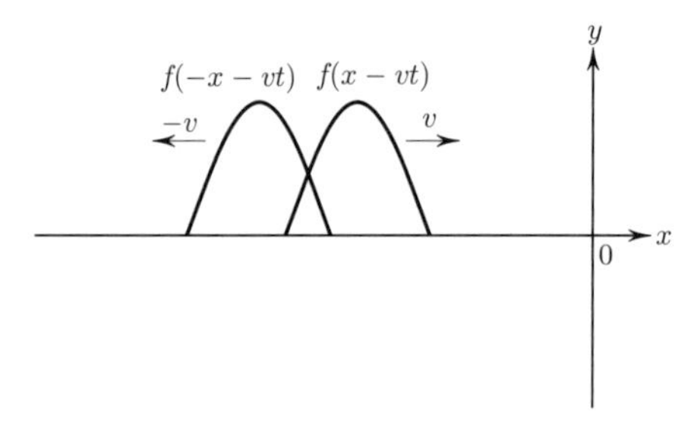

図 10.7　$x = 0$ の自由端に向かって右に進む入射波 $f(x - vt)$ と，$x = 0$ の自由端から左に進む反射波 $f(-x - vt)$。入射波 $f(x - vt)$ は $t < 0$ で，反射波 $-f(-x - vt)$ は $t > 0$ で有限の大きさをもつ。

ここで $x = 0$ とすると，

$$u(x = 0, t) = f(-vt) + f(-vt) = 2f(-vt) \qquad (10.44)$$

となり，端では振幅は入射波の振幅の 2 倍になることもわかる。

10.3.3 両端が固定された弦の振動と定在波

次に，両端が固定された，すなわち両端が固定端となっている弦の運動を考えよう。固定端は $x = -L$ と $x = 0$ とする。このときの解を式 (10.22) の解の中のある i 番目の項の形で探してみよう。

$$u(x,t) = \{A \sin[k(x - vt) + \delta] + B \sin[k(x + vt) + \delta']\} \qquad (10.45)$$

$x = 0$ での固定端の境界条件を満たす解は式 (10.35) の形であった。

$$u(x,t) = f(x - vt) - f(-x - vt) \qquad (10.46)$$

式 (10.45) で $A = B,\ \delta = -\delta'$ とすれば

$$\begin{aligned} u(x,t) &= A\{\sin[k(x - vt) + \delta] + \sin[k(x + vt) - \delta]\} \\ &= A\{\sin[k(x - vt) + \delta] - \sin[k(-x - vt) + \delta]\} \end{aligned} \qquad (10.47)$$

となるので，式 (10.46) の形となる。ここで三角関数の加法定理を使うと

$$\begin{aligned} u(x,t) =& A\{\sin[k(x - vt) + \delta] + \sin[k(x + vt) - \delta]\} \\ =& A\{\sin(kx)\cos(vt - \delta) - \cos(kx)\sin(vt - \delta) \\ &+ \sin(kx)\cos(vt - \delta) + \cos(kx)\sin(vt - \delta)\} \\ =& 2A\sin(kx)\cos(vt - \delta) \end{aligned} \qquad (10.48)$$

を得る。明らかに $x=0$ で $u(x=0,t)=0$ となっていて，$x=0$ の固定端の境界条件を満たしている。では次に解 (10.48) で，$x=-L$ の固定端の境界条件，$u(x=-L,t)=0$ を考えよう。

$$u(x=-L,t)=-2A\sin(kL)\cos(vt-\delta) \tag{10.49}$$

となるので，波数 k が

$$kL=n\pi$$

$$k=\frac{n\pi}{L},\qquad n:\text{自然数} \tag{10.50}$$

を満足していれば $x=-L$ での境界条件を満足できる。式 (10.50) より，一つの n ごとに波数 k が決まるのでこれを k_n と書くことにしよう。結局，$x=0$ と $x=-L$ での固定端の境界条件を満たす解は式 (10.48) での $2A$ を A と置き直して

$$u(x,t)=A\sin(k_nx)\cos(vt-\delta) \tag{10.51}$$

$$k_n=\frac{n\pi}{L},\quad n:\text{自然数} \tag{10.52}$$

となる。この解 $u(x,t)$ は座標 x の関数 $\sin(kx)$ と時刻 t の関数 $\cos(vt-\delta)$ の積の形になっている。波の節では $u(x,t)=0$ なので

$$\sin(k_nx)=0$$

$$k_nx=\frac{n\pi}{L}x=p\pi,\quad p:\text{自然数} \tag{10.53}$$

という条件から節の位置は

$$x=\frac{p}{n}L,\quad p\le n \tag{10.54}$$

と決まる。節の位置が決まっているのでこれは**定在波** (stationary wave) である。この定在波は元の形 (10.47) からわかるように波数 k で x 軸の正の方向に進む波 $\sin[k(x-vt)+\delta]$ と負の方向に進む波 $\sin[k(x+vt)-\delta]$ の重ね合わせ，すなわち干渉の結果生まれたのである。図 10.8 に波数 k_1,k_2,k_3,k_4 をもつ波の，時刻 $t=\delta/v$ でのようすを示す。

波数 k_n をもつ定在波の成分は，式 (10.16) からわかるように，振動数

$$\omega_n=k_nv=\frac{\pi v}{L}n$$

をもつ。つまり波数 k_n をもつ定在波の成分は k_1 の定在波の成分の n 倍の振動数をもつことになる。振動数 $\omega_1=k_1v=\dfrac{\pi}{L}v$ を**基本振動数** (fundamental frequency)，その成分の波を**基本波** (fundamental wave)，$\omega_n=k_nv=\dfrac{\pi v}{L}n$ の成分の波を n 倍の**高調波** (harmonic) と呼ぶ。

なお両端が固定端の場合でも，定在波ではなく 10.3.1 で調べたような反射を両端で繰り返す解も当然，存在する。

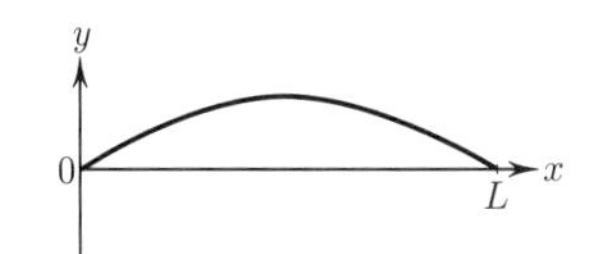

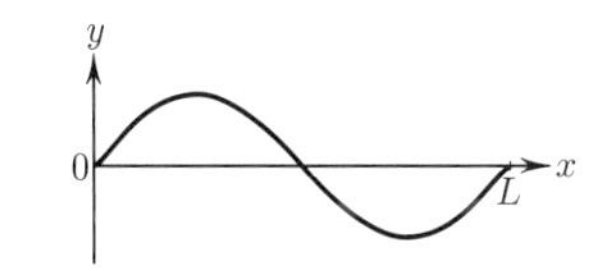

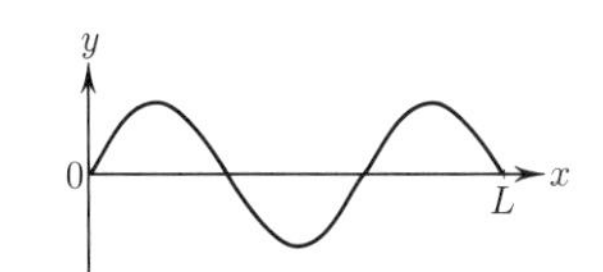

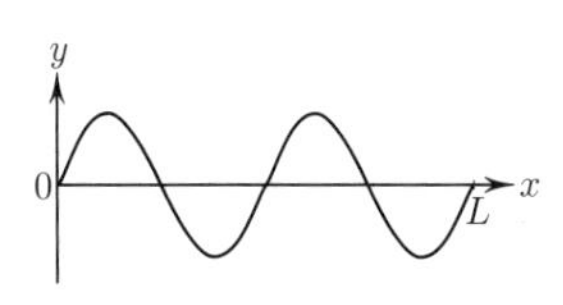

図 10.8　k_1,k_2,k_3,k_4 の波数をもつ波の時刻 $t=\delta/v$ でのようす

10 章のまとめ

- 多くの波の振る舞いは $u(x,t)$ を変位とするとき次の波動方程式によって表すことができる。
$$\frac{\partial^2 u(x,t)}{\partial t^2} - v^2 \frac{\partial^2 u(x,t)}{\partial x^2} = 0$$
- 波動方程式の解の和はまた波動方程式の解となる。これを重ね合わせの原理という。
- 波動方程式の解は一般に
$$u(x,t) = \sum_i \{A_i \sin[k_i x - \omega_i t + \delta_i] + B_i \sin[k_i x + \omega_i t + \delta_i']\}$$
と表すことができる。ここで k_i は波数，ω_i は角振動数，δ_i，δ_i' は位相であり，$\omega_i = vk_i$ の関係がある。k_i の取り得る値は境界条件によって決まる。
- $f(x-vt)$ または $g(x+vt)$ の形の関数も波動方程式の解である。境界条件により解の形は制限を受ける。

バイオリンの弦の振動

バイオリンなどの弦楽器は弓で弦を擦り，その間の摩擦により弦が振動し，その弦の振動が胴に伝わり大きな音を発生する。バイオリンは弾き方によっては聞いていて気持ちの良い音も発するが，ある場合には“ノコギリの目立ての音”などと呼ばれる非常に耳障りな音を発する。この音の違いは弦の振動の仕方の違いによる。

良い音が鳴るときには図 10.9 に示すようなヘルムホルツ振動 (Helmholtz vibration) という振動をしている。この振動の状態では，各瞬間の弦は三角波の形をしている。そして三角波の頂点は図に示す 2 本の放物線の上を往復運動する。このような振動をするとき，この章で述べた n 倍の高調波の振幅は $1/n^2$ に比例する。このように多くの高調波の成分をもつことが，ヘルムホルツ振動のときの音がよい音に聞こえる原因だと考えられる。

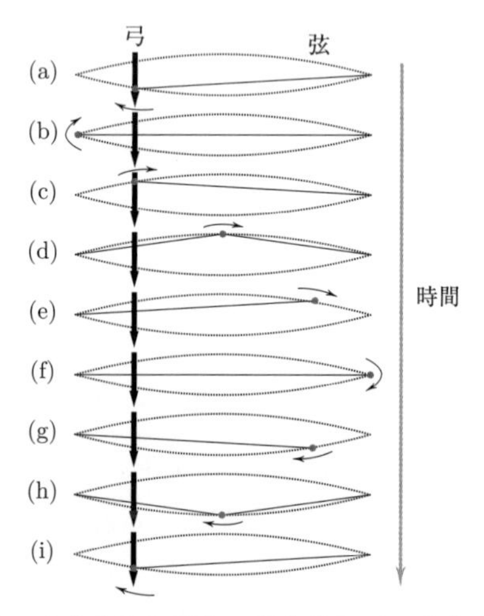

図 10.9　バイオリンが良い音を出しているときのヘルムホルツ振動。時間は (a) から (i) へ進んでいき，弦をこする弓は上から下に運動している。

問　　題

10.1　$x = 0$ に固定端があり $x \leq 0$ の領域に張られた弦に時刻 $-t_1(<)0$ で図 10.10 のような入射波 $f(x - vt)$ が右に進んでいったとき，時刻 $+t_1$ での反射波の形を記せ。関数 $f(y)$ は図 10.10 のようにある正の一定値 c に対して $f(c) = f(-c) = 0$ を満たすものとする。

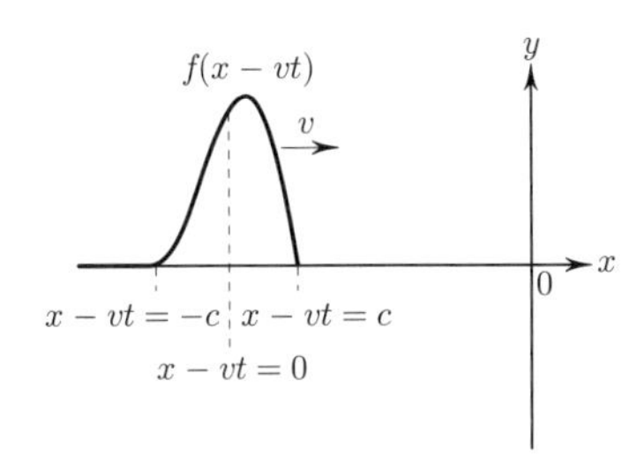

図 10.10　$t = -t_1$ で $x = 0$ の固定端に向かって右に進んでいく入射波 $f(x - vt)$。

10.2　$x = 0$ に自由端があり $x \leq 0$ の領域に張られた弦に時刻 $-t_1 < 0$ で図 10.10 のような入射波 $f(x - vt)$ が右に進んでいったとき，時刻 $+t_1$ での反射波の形を記せ。関数 $f(y)$ は上の問題と同じ性質をもつものとする。

10.3　両端が自由端である場合の定在波の解を求めよ。

付録 A

初等数学のまとめ

これは，理工学系の大学に入学して最初に物理学を学んだ新入生からよく聞くことであるが，最初から難しい数学が出てきて，数学をやっているのか物理学をやっているのかわからないという言葉である。これはある意味で真実であり「物理学は数学という言葉を使って書かれた学問である」ということを忘れないでいただきたい。しかし，高校までの数学は，「数学がいかに物理学に使われているか」をほとんど記述せず，また「物理学も (微分・積分などの) 数学を使わず大変わかりにくい説明をしている」と感じざるを得ない。大学ではある意味で自由に数学を使ってよいので，ここまで学んでおけば十分ということはない。しかし，あまりに無制限に新しい数学を使うと，多くの諸君はとまどわれるであろう。

ここでは，高校で学んだ「微分」および「ベクトル」についてもう一度復習すると同時に，この教科書で使う数学についてまとめて解説する。これ以外の新しい数学については，それが必要なときにそれぞれ説明する。

A.1 微　分

A.1.1 1 変数の微分

最初に「微分 (differential)」という考え方について述べる。「微分」という考え方を最初に導入したのは，ニュートン (Newton) とライプニッツ (Leibniz) であるといわれている。

最初にまず速さということを考えてみよう。速さは (移動した距離 ÷ かかった時間) で与えられることはよく知られている。今，$t = t_0$ における位置を $x(t_0)$，Δt 時間後の $t = t_0 + \Delta t$ での位置を $x(t)$ とすると移動した距離 Δx は

$$\Delta x = x(t) - x(t_0) \tag{A.1}$$

で与えられる。この移動した距離 Δx を $\Delta t = t - t_0$ でわった量 $v_{平均}$ を平均の速さといい，

$$v_{平均} = \frac{\Delta x}{\Delta t} = \frac{x(t) - x(t_0)}{t - t_0} \tag{A.2}$$

で与えられる。これは，もちろん平均の速さを知るだけで速さは時々刻々時間的に変化する。そのためには $t \to t_0$ に近づいたときの瞬間の速さを

$$\lim_{t \to t_0} \frac{x(t) - x(t_0)}{t - t_0} = \lim_{\Delta t \to 0} \frac{\Delta x}{\Delta t} = \frac{dx}{dt}$$

と定義する。これは $t = t_0$ における瞬間の速さを表わしている。これが微分の定義である。

我々は，今時間 t の関数としての位置 $x(t)$ の微分 dx/dt を定義したが，これを一般化して x の関数 $f(x)$ の微分を次のように定義する。

$$\frac{df(x)}{dx} = f'(x) = \lim_{\Delta x \to 0} \frac{f(x + \Delta x) - f(x)}{\Delta x} \tag{A.3}$$

式 (A.3) は $\Delta x \to 0$ の極限で成り立つ式であるが，

Δx が非常に小さいとき ($\Delta x \fallingdotseq 0$) は次のように近似できる。

$$f'(x) \fallingdotseq \frac{f(x+\Delta x) - f(x)}{\Delta x}$$

したがって

$$f(x+\Delta x) \fallingdotseq f(x) + f'(x)\Delta x \qquad \text{(A.4)}$$

と書くことができる。これは後ほど述べるマクローリン展開の第 1 項を述べたものである。

いろいろな関数の微分は，高校ですでに習っていると仮定して，以下によく使用する微分の公式を示す。これらは各人でもう一度 (覚えるのではなく) 導出できるようにしておくことをすすめる。

$$\frac{d}{dx}x^m = mx^{m-1}$$
$$\frac{d}{dx}(uv) = u\frac{dv}{dx} + \frac{du}{dx}v$$
$$\frac{d}{dx}\left(\frac{v}{u}\right) = \frac{1}{u^2}\left(u\frac{dv}{dx} - v\frac{du}{dx}\right)$$
$$\frac{d}{dx}f(y) = \frac{df}{dy}\cdot\frac{dy}{dx}$$
$$\frac{d}{dx}e^x = e^x$$
$$\frac{d}{dx}\ln x = \frac{1}{x}$$
$$\frac{d}{dx}\sin x = \cos x$$
$$\frac{d}{dx}\cos x = -\sin x$$
$$\frac{d}{dx}\tan x = \frac{1}{\cos^2 x} = \sec^2 x$$

A.1.2　多変数の微分

A.1.1 では変数 x のみの関数である $f(x)$ の微分 $\frac{df(x)}{dx}$ について考察した。しかし，物理学では多変数関数たとえば $f(x,y)$ を扱うとき，y の値を固定し，次式のように変数 x のみに着目して，x についてのみ微分を行う場合がよくある。

$$\lim_{\Delta x \to 0}\frac{f(x+\Delta x, y) - f(x,y)}{\Delta x}$$

このような微分を

$$\frac{\partial f(x,y)}{\partial x} \quad \text{または} \quad \frac{\partial f}{\partial x}$$

と書き，これを $f(x,y)$ の x に関する**偏微分** (partial differential) という。すなわち，$f(x,y)$ の x に関する偏微分は以下のように定義される。

$$\frac{\partial f(x,y)}{\partial x} = \lim_{\Delta x \to 0}\frac{f(x+\Delta x, y) - f(x,y)}{\Delta x} \qquad \text{(A.5)}$$

たとえば

$f(x,y) = ax^2 + by^2 + 2abxy$ であるとき，

$$\frac{\partial f}{\partial x} = 2ax + 2aby$$
$$\frac{\partial f}{\partial y} = 2by + 2abx$$

で与えられる。

[例題 A1.1]

$V(x,y,z) = 1/\sqrt{x^2+y^2+z^2}$ であるとき，その 2 階偏微分の和

$$\Delta V(x,y,z) = \frac{\partial^2 V(x,y,z)}{\partial x^2} + \frac{\partial^2 V(x,y,z)}{\partial y^2} + \frac{\partial^2 V(x,y,z)}{\partial z^2} \qquad \text{(A.6)}$$

を求めよ。

[解]　与えられた関数を丁寧に偏微分すれば求められる。x についての 1 次の偏微分は

$$\frac{\partial V}{\partial x} = -x(x^2+y^2+z^2)^{-2/3} = -\frac{x}{\sqrt{(x^2+y^2+z^2)^3}}$$

もう一度偏微分を行うと，

$$\frac{\partial^2 V}{\partial x^2} = \frac{3x^2 - (x^2+y^2+z^2)}{\sqrt{(x^2+y^2+z^2)^5}}$$

同様に，y, z 成分についての 2 階偏微分は，

$$\frac{\partial^2 V}{\partial y^2} = \frac{3y^2 - (x^2+y^2+z^2)}{\sqrt{(x^2+y^2+z^2)^5}},$$
$$\frac{\partial^2 V}{\partial z^2} = \frac{3z^2 - (x^2+y^2+z^2)}{\sqrt{(x^2+y^2+z^2)^5}}$$

となるので，

$$\Delta V(x,y,z) = \frac{\partial^2 V(x,y,z)}{\partial x^2} + \frac{\partial^2 V(x,y,z)}{\partial y^2} + \frac{\partial^2 V(x,y,z)}{\partial z^2} = 0$$

なお，この Δ のことをラプラシアンと呼ぶ。

次に，偏微分を用いた関数の展開について考えてみよう。偏微分の定義より 2 変数 $f(x,y)$ の偏微分は

$$\frac{\partial f(x,y)}{\partial x} = \lim_{\Delta x \to 0}\frac{f(x+\Delta x, y) - f(x,y)}{\Delta x}$$
$$\therefore \quad \frac{\partial f(x,y)}{\partial x} \fallingdotseq \frac{f(x+\Delta x, y) - f(x,y)}{\Delta x}$$
$$\therefore \quad f(x+\Delta x, y) \fallingdotseq f(x,y) + \frac{\partial f(x,y)}{\partial x}\Delta x$$

これを拡張すると，

$$
\begin{aligned}
&f(x+\Delta x, y+\Delta y)-f(x,y) \\
&= \frac{f(x+\Delta x, y+\Delta y)-f(x,y+\Delta y)}{\Delta x}\Delta x \\
&\quad +\frac{f(x,y+\Delta y)-f(x,y)}{\Delta y}\Delta y \qquad (A.7)
\end{aligned}
$$

ここで，第1項目の第2項と第2項目の第1項目が差し引き0になるように付け加えてある。式 (A.7) は

$$\frac{\partial f}{\partial x}\Delta x+\frac{\partial f}{\partial y}\Delta y$$

と書き直せる。さらに，式 (A.7) の左辺は $f(x,y)$ の x, y の変化分なので，$\Delta x, \Delta y$ を dx, dy と書き直すと

$$df(x,y,z)=\frac{\partial f}{\partial x}dx+\frac{\partial f}{\partial y}dy \qquad (A.8)$$

となる。これを関数 $f(x,y)$ の全微分という。

A.1.3 テーラー展開とオイラーの公式

ある関数 (どんな関数であってもよい) $f(x)$ が与えられたときに，その関数がべき級数で表されると仮定する。すなわち

$$
\begin{aligned}
f(x) &= \sum_{n=0}^{\infty} a_n x^n \\
&= a_0+a_1x+a_2x^2+\cdots+a_nx^n+\cdots
\end{aligned}
\qquad (A.9)
$$

右辺の係数 $a_0, a_1\cdots a_n$ を決めることを試みる。まず $x=0$ とおくと

$$a_0=f(0)$$

式 (A.9) を1回微分して $x=0$ とおくと

$$a_1=f'(0)$$

さらにもう1回 x で微分して $x=0$ とおくと，

$$2\cdot 1\cdot a_2=f''(0)$$

が得られる。これをくり返し，一般に x で n 回微分したのち $x=0$ とおくと

$$a_n=\left(\frac{1}{n!}\right)f^{(n)}(0)$$

が得られる。ここで $n!=n\cdot(n-1)\cdot(n-2)\cdot\cdots\cdot 2\cdot 1$ である。これを式 (A.9) に代入すると，

$$
\begin{aligned}
f(x) &= f(0)+f'(0)\cdot x+\frac{1}{2!}f''(0)x^2+ \\
&\quad \cdots+\frac{1}{n!}f^{(n)}(0)x^n+\cdots \qquad (A.10)
\end{aligned}
$$

が得られる。これをマクローリン展開 (Maclaurin expansion) という。このマクローリン展開を $x=a$ のまわりで展開した時は同様に，$x=x'-a$ とおき $x=0$ とし，x' を x と改めて書き直すと，

$$
\begin{aligned}
f(x) &= f(a)+\frac{f'(a)}{1!}(x-a)+\frac{f''(a)}{2!}(x-a)^2+ \\
&\quad \cdots+\frac{f^{(n)}(a)}{n!}(x-a)^n+\cdots \qquad (A.11)
\end{aligned}
$$

と表される。これをテーラー展開 (Taylor expansion) という。

以下によく使われるマクローリン展開の例を示そう。

$$\sin x = x-\frac{1}{3!}x^3+\frac{1}{5!}x^5-\cdots \qquad (A.12)$$

$$\cos x = 1-\frac{1}{2!}x^2+\frac{1}{4!}x^4-\cdots \qquad (A.13)$$

$$e^x = 1+x+\frac{1}{2!}x^2+\frac{1}{3!}x^3+\cdots \qquad (A.14)$$

$$(1+x)^\alpha = 1+\alpha x+\frac{\alpha(\alpha-1)}{2!}x^2+\cdots \quad (x<1) \qquad (A.15)$$

$$
\begin{aligned}
\log(1+x) &= x-\frac{x^2}{2}+\frac{x^3}{3}+\cdots \\
&\quad +(-1)^{n-1}\frac{x^n}{n}+\cdots \quad (-1<x\leqq 1)
\end{aligned}
\qquad (A.16)
$$

ここで，マクローリン級数の応用例としてオイラーの公式について述べる。

[例題 **A1.2**]

指数が虚数である $e^{\pm i\alpha}$ は，以下の式のように表されることを示せ。

$$e^{\pm i\alpha}=\cos\alpha\pm i\sin\alpha$$

[解] 指数関数 $e^{\pm i\alpha}$ を，マクローリン級数 (A.10) を用いて表す。(A.14) 式の x を $\pm i\alpha$ に置き換えると，

$$e^{\pm i\alpha}=1\pm i\alpha+\frac{(\pm i\alpha)^2}{2!}+\frac{(\pm i\alpha)^3}{3!}+\frac{(\pm i\alpha)^4}{4!}+\cdots$$

ここで，$i^2=-1$ とし，実数項と虚数項に分けて書くと，

$$
\begin{aligned}
e^{\pm i\alpha} &= \left(1-\frac{\alpha^2}{2!}+\frac{\alpha^4}{4!}-\cdots\right) \\
&\quad \pm i\left(\alpha-\frac{\alpha^3}{3!}+\frac{\alpha^5}{5!}-\cdots\right) \qquad (A.17)
\end{aligned}
$$

となるが，式 (A.17) の実数項と虚数項をそれぞれ式 (A.13)，(A.12) と比べると，

$$e^{\pm i\alpha}=\cos\alpha\pm i\sin\alpha \qquad (A.18)$$

となることが示される。(A.18) 式はオイラーの公式 (Euler's formula) と呼ばれる。

A.2 ベクトル

A.2.1 ベクトルの基本的性質

「ベクトル (vector)」とは大きさと方向をもった量であり，速度，力などがこれに相当する。一方，大きさだけで指定される量 (例　温度，質量など) をスカラー (scalar) とよぶ。

ベクトルはふつう $\boldsymbol{A}, \boldsymbol{B}$ あるいは $\vec{A}, \vec{B}$ で表す。また，その大きさを $|\boldsymbol{A}|$ あるいは A と書く。ベクトル $\boldsymbol{A}$ と $\boldsymbol{B}$ の和，$\boldsymbol{A}+\boldsymbol{B}$ は単に大きさを加えるのではなく，その方向まで考慮して加える必要がある。

図 A.1 に示すように，ベクトルの和および差は

$$\begin{aligned} \boldsymbol{C} &= \boldsymbol{A}+\boldsymbol{B} \\ \boldsymbol{C}+(-\boldsymbol{A}) &= \boldsymbol{C}-\boldsymbol{A}=\boldsymbol{B} \end{aligned} \tag{A.19}$$

で与えられる。

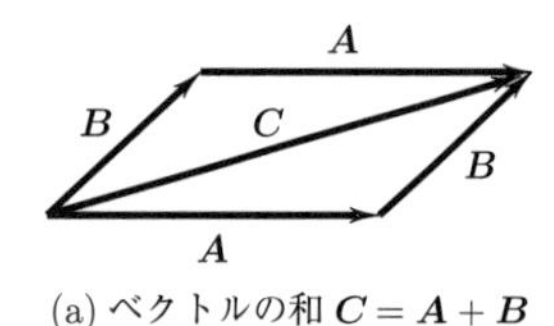

(a) ベクトルの和 $\boldsymbol{C}=\boldsymbol{A}+\boldsymbol{B}$

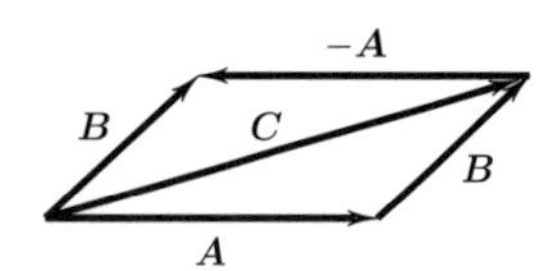

(b) ベクトルの差 $\boldsymbol{B}=\boldsymbol{C}+(-\boldsymbol{A})=\boldsymbol{C}-\boldsymbol{A}$

図 A.1

ベクトルは，その大きさと方向のみが重要であり起点を問題にしないことが多い。これを自由ベクトル (free vector) という。これに対し，物体の位置を指定するための基準になる点 (原点 O) から引いたベクトルを，特に位置ベクトル (position vector) という。

$\boldsymbol{A}$ の x, y, z 軸への射影を A_x, A_y, A_z と名付けてこれを $\boldsymbol{A}$ の x, y, z 成分という。つまりベクトル $\boldsymbol{A}$ は A_x, A_y, A_z の 3 つの成分で指定される。これを

$$\boldsymbol{A}=(A_x, A_y, A_z)$$

と書く。ここで，x, y, z 軸方向に長さが 1 のベクトル (単位ベクトル) $\boldsymbol{e}_x, \boldsymbol{e}_y, \boldsymbol{e}_z$ を考える，するとベクトル $\boldsymbol{A}$ は $A_x\boldsymbol{e}_x$ と $A_y\boldsymbol{e}_y$ と $A_z\boldsymbol{e}_z$ の 3 つのベクトルの和としても表されるので

$$\boldsymbol{A}=A_x\boldsymbol{e}_x+A_y\boldsymbol{e}_y+A_z\boldsymbol{e}_z \tag{A.20}$$

で与えられる (図 A.2)。

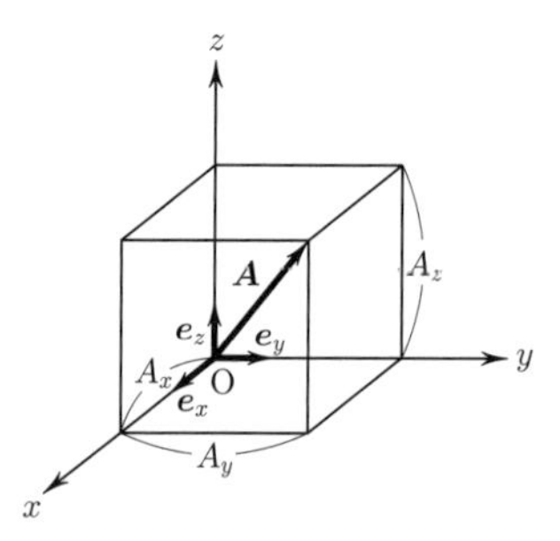

図 A.2　位置ベクトル $\boldsymbol{A}$ と単位ベクトル $\boldsymbol{e}_x, \boldsymbol{e}_y, \boldsymbol{e}_z$

2 つのベクトル

$$\begin{aligned} \boldsymbol{A} &= A_x\boldsymbol{e}_x+A_y\boldsymbol{e}_y+A_z\boldsymbol{e}_z \\ \boldsymbol{B} &= B_x\boldsymbol{e}_x+B_y\boldsymbol{e}_y+B_z\boldsymbol{e}_z \end{aligned}$$

の和と差は，図 A.1 のように作図によっても求められるが，成分を用いると

$$\begin{aligned} \boldsymbol{A}\pm\boldsymbol{B} &= (A_x \pm B_x)\boldsymbol{e}_x+(A_y \pm B_y)\boldsymbol{e}_y \\ &\quad +(A_z \pm B_z)\boldsymbol{e}_z \end{aligned} \tag{A.21}$$

と計算できる。

A.2.2 ベクトルの内積と外積

ベクトルの内積

2 つのベクトル $\boldsymbol{A}, \boldsymbol{B}$ から 1 つのスカラーを積として作りだす演算法を**内積** (inner product) または**スカラー積** (scaler product) とよび，$\boldsymbol{A}\cdot\boldsymbol{B}$ と表す。

$\boldsymbol{A}, \boldsymbol{B}$ というベクトルを始点 O をそろえて描いたとき (ベクトルは始点はどこでもよいのでそろえて描くことができる) $\boldsymbol{A}, \boldsymbol{B}$ 間の角度を θ として

$$\boldsymbol{A}\cdot\boldsymbol{B}=AB\cos\theta \tag{A.22}$$

と定義する (図 A.3 参照)。

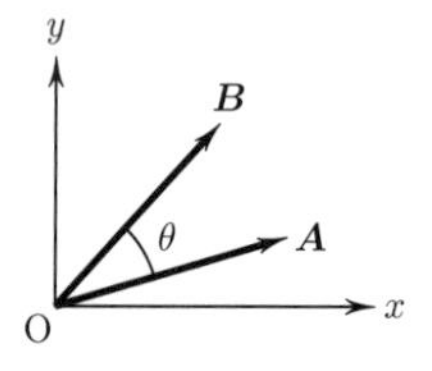

図 A.3　ベクトルの内積 $\boldsymbol{A}\cdot\boldsymbol{B}=AB\cos\theta$

内積は次の性質があることがわかる。

1) $\boldsymbol{A}\cdot\boldsymbol{B}=\boldsymbol{B}\cdot\boldsymbol{A}$　(A.23)
2) $\boldsymbol{A}(\boldsymbol{B}+\boldsymbol{C})=\boldsymbol{A}\cdot\boldsymbol{B}+\boldsymbol{A}\cdot\boldsymbol{C}$　(A.24)
3) $\boldsymbol{A}$ と $\boldsymbol{B}$ が同じ方向なら $\boldsymbol{B}=\lambda\boldsymbol{A}$，かつ $\theta=0$ なので
   $\boldsymbol{A}\cdot\boldsymbol{B}=\lambda\boldsymbol{A}\cdot\boldsymbol{A}=\lambda A^2$　(A.25)
4) $\boldsymbol{A}$ と $\boldsymbol{B}$ が直交しているなら $\theta=90°$，したがって $\cos\theta=0$ なので

$$\boldsymbol{A}\cdot\boldsymbol{B}=0 \quad (A.26)$$

また，位置ベクトル

$$\boldsymbol{A}=(A_x,A_y,A_z),\boldsymbol{B}=(B_x,B_y,B_z)$$

の内積 $\boldsymbol{A}\cdot\boldsymbol{B}$ は

$$\boldsymbol{A}\cdot\boldsymbol{B}=(A_x\boldsymbol{e}_x+A_y\boldsymbol{e}_y+A_z\boldsymbol{e}_z)(B_x\boldsymbol{e}_x+B_y\boldsymbol{e}_y+B_z\boldsymbol{e}_z) \quad (A.27)$$

これらを計算すると，$\boldsymbol{e}_x,\boldsymbol{e}_y,\boldsymbol{e}_z$ は各々直交している ($\theta=90°$) ので

$$\begin{aligned}\boldsymbol{e}_x\cdot\boldsymbol{e}_x=\boldsymbol{e}_y\cdot\boldsymbol{e}_y=\boldsymbol{e}_z\cdot\boldsymbol{e}_z=1\\ \boldsymbol{e}_x\cdot\boldsymbol{e}_y=\boldsymbol{e}_y\cdot\boldsymbol{e}_z=\boldsymbol{e}_z\cdot\boldsymbol{e}_x=0\end{aligned} \quad (A.28)$$

となる。したがって

$$\boldsymbol{A}\cdot\boldsymbol{B}=A_x\cdot B_x+A_y\cdot B_y+A_z\cdot B_z \quad (A.29)$$

とも表される。特別な場合として $\boldsymbol{A}=\boldsymbol{B}$ のとき $\boldsymbol{A}\cdot\boldsymbol{A}=A_x^2+A_y^2+A_z^2=A^2$ となる。

[例題 **A2.1**]

ベクトル $\boldsymbol{A},\boldsymbol{B}$ の内積について，$\boldsymbol{A}\cdot\boldsymbol{B}=AB\cos\theta$ と，$\boldsymbol{A}\cdot\boldsymbol{B}=A_xB_x+A_yB_y$ の 2 式が等しいことを図 A.4 を用いて示せ。

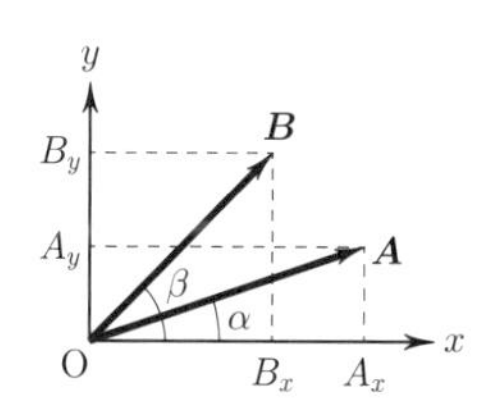

図 A.4 $\beta-\alpha=\theta$ の関係がある

[解] 図 A.4 より，

$$A_x=A\cos\alpha,\quad B_x=B\cos\beta$$
$$A_y=A\sin\alpha,\quad B_y=B\sin\beta$$

$$\begin{aligned}\boldsymbol{A}\cdot\boldsymbol{B}&=A_xB_x+A_yB_y\\&=A\cos\alpha B\cos\beta+A\sin\alpha B\sin\beta\\&=AB(\cos\alpha\cos\beta+\sin\alpha\sin\beta)\\&=AB\cos(\beta-\alpha)\end{aligned}$$

図 A.3 と A.4 より，$\beta-\alpha=\theta$ であるから，

$$\boldsymbol{A}\cdot\boldsymbol{B}=AB\cos\theta$$

と表せる。

ベクトルの外積

今までは 2 つのベクトルからスカラーを作る内積という演算を定義したが，ここでは 2 つのベクトルから新しいベクトルをつくるベクトルの外積 (vector product) という演算を定義する。

$\boldsymbol{A},\boldsymbol{B}$ の外積により作られるベクトル $\boldsymbol{C}$ を

$$\boldsymbol{C}=\boldsymbol{A}\times\boldsymbol{B} \quad (A.30)$$

と書き，次のように定義する。

(1) $\boldsymbol{C}$ の大きさ $C=|\boldsymbol{C}|$ は，

$$C=|\boldsymbol{A}\times\boldsymbol{B}|=AB\sin\theta \quad (A.31)$$

である。$AB\sin\theta$ は A,B を 2 辺とする平行四辺形の面積である。

(2) その方向 ($\boldsymbol{C}$ の方向) は $\boldsymbol{A}$ と $\boldsymbol{B}$ の張る面に垂直で $\boldsymbol{A}$ から $\boldsymbol{B}$ に右ねじを回したときにねじの進む方向である (図 A.5 参照)。

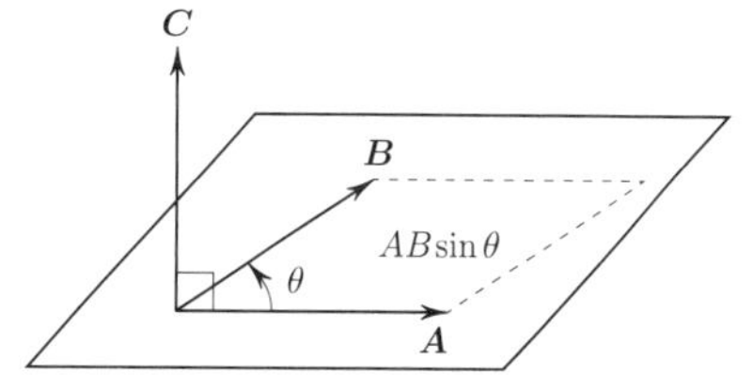

図 A.5 ベクトルの外積 $\boldsymbol{C}=\boldsymbol{A}\times\boldsymbol{B}$。A, B 間の角度 θ のとり方には図のように向きがある。

この定義から明らかなように

$$\left.\begin{aligned}&1)\ \boldsymbol{A}\times\boldsymbol{B}=-\boldsymbol{B}\times\boldsymbol{A}\\&2)\ \boldsymbol{A}\text{ と }\boldsymbol{B}\text{ が平行なら }\theta=0°\text{ なので}\\&\quad\ \boldsymbol{A}\times\boldsymbol{B}=0,\ \text{特に }\boldsymbol{A}\times\boldsymbol{A}=0\\&3)\ \boldsymbol{C}\text{ は }\boldsymbol{A}\text{ と }\boldsymbol{B}\text{ に垂直である。}\end{aligned}\right\} \quad (A.32)$$

図 A.2 の位置ベクトル $\boldsymbol{A},\boldsymbol{B}$ を単位ベクトル $\boldsymbol{e}_x$, $\boldsymbol{e}_y$, $\boldsymbol{e}_z$ を使って表すと，

$$\begin{aligned}\boldsymbol{C}&=\boldsymbol{A}\times\boldsymbol{B}\\&=(A_x\boldsymbol{e}_x+A_y\boldsymbol{e}_y+A_z\boldsymbol{e}_z)\\&\quad\times(B_x\boldsymbol{e}_x+B_y\boldsymbol{e}_y+B_z\boldsymbol{e}_z)\end{aligned} \quad (A.33)$$

ここで $\boldsymbol{e}_x,\boldsymbol{e}_y,\boldsymbol{e}_z$ の外積について考察すると

$$\left.\begin{aligned}&\boldsymbol{e}_x\times\boldsymbol{e}_x=0,\quad\boldsymbol{e}_y\times\boldsymbol{e}_y=0,\quad\boldsymbol{e}_z\times\boldsymbol{e}_z=0\\&\boldsymbol{e}_y\times\boldsymbol{e}_z=-\boldsymbol{e}_z\times\boldsymbol{e}_y=\boldsymbol{e}_x\\&\boldsymbol{e}_z\times\boldsymbol{e}_x=-\boldsymbol{e}_x\times\boldsymbol{e}_z=\boldsymbol{e}_y\\&\boldsymbol{e}_x\times\boldsymbol{e}_y=-\boldsymbol{e}_y\times\boldsymbol{e}_x=\boldsymbol{e}_z\end{aligned}\right\} \quad (A.34)$$

これらの結果を使って $\boldsymbol{C}=\boldsymbol{A}\times\boldsymbol{B}$ を計算すると，

$$\begin{aligned}\boldsymbol{C}&=\boldsymbol{A}\times\boldsymbol{B}\\&=(A_yB_z-A_zB_y)\boldsymbol{e}_x+(A_zB_x-A_xB_z)\boldsymbol{e}_y\\&\quad+(A_xB_y-A_yB_x)\boldsymbol{e}_z\end{aligned} \quad (A.35)$$

となる。

行列式を学んだ諸君は

$$\boldsymbol{A} \times \boldsymbol{B} = \begin{vmatrix} \boldsymbol{e}_x, & \boldsymbol{e}_y, & \boldsymbol{e}_z \\ A_x, & A_y, & A_z \\ B_x, & B_y, & B_z \end{vmatrix} \qquad \text{(A.36)}$$

と書くと覚えやすいであろう (まだ学んでいない諸君は無視してもかまわない)。

A.3　複素数平面

A.1.3 の例題 A1.2 でオイラーの公式

$$e^{\pm i\alpha} = \cos\alpha \pm i \sin\alpha$$

を導いたが，このような複素数の指数関数は振動現象などを解析するときに大変便利なときがある。ここでさらに便利な考え方として，複素数を複素数平面に表す方法を示す。

一般に複素数は，$z = x + iy$ の形で表される。この複素数を平面上の点 (x, y) で表す。x 軸を**実軸** (real axis)，y 軸を**虚軸** (imaginary axis) という。この平面を**複素数平面** (complex plane) という。

点 z は，図 A.6 で示すように 2 次元極座標 r, θ でも表すことができて，$r = |z|$ を複素数 z の絶対値，角度 θ を z の偏角という。

$$r = |z| = \sqrt{x^2 + y^2}$$
$$x = |z| \cos\theta$$
$$y = |z| \sin\theta$$

の関係がある。したがって，

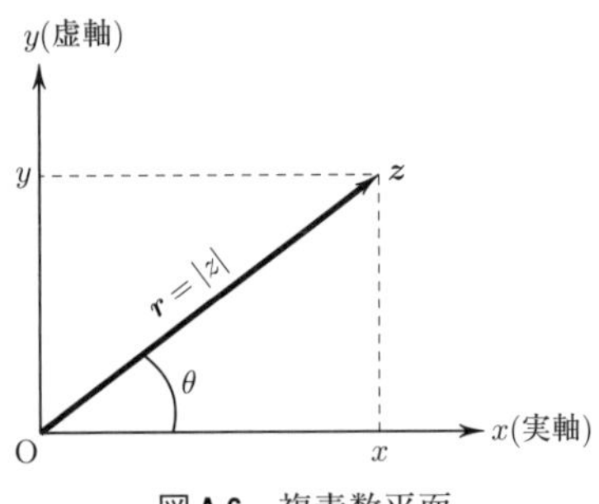

図 **A.6**　複素数平面

$$z = x + iy = |z|(\cos\theta + i \sin\theta) = |z| e^{i\theta} \qquad \text{(A.37)}$$

また，

$$\cos\theta = \frac{x}{|z|} = \frac{x}{\sqrt{x^2 + y^2}}$$
$$\sin\theta = \frac{y}{|z|} = \frac{y}{\sqrt{x^2 + y^2}} \qquad \text{(A.38)}$$

複素数 $z = x + iy$ の複素共役を $z^* = x - iy$ とあらわす。

$$z^* = x - iy = |z| e^{-i\theta} = |z|(\cos\theta - i \sin\theta) \qquad \text{(A.39)}$$

互いに複素共役な複素数の積は，

$$z^* z = |z|(\cos^2\theta + \sin^2\theta) = |z|$$

となる。2 つの複素数 $z_1 = |z_1| e^{i\theta_1}$ と $z_2 = |z_2| e^{i\theta_2}$ の積は，

$$z_1 z_2 = |z_1||z_2| e^{i(\theta_1 + \theta_2)} \qquad \text{(A.40)}$$

(A.39), (A.40) の関係は，複素数の計算に便利な公式である。

付録B

円錐曲線

6章でも記したように円錐曲線とは円錐を平面で切ったときの切り口に現れる曲線で楕円，放物線，双曲線の総称である。これら円錐曲線のうち楕円と双曲線は2つの焦点をもつ。

B.1 楕　　円

楕円は2つの焦点からの距離 r, r' の和が一定，

$$r + r' = 一定 \tag{B.1}$$

という特徴をもつ。この特徴，式 (B.1) から楕円を表す式を導こう。図 B.1 のように2つの焦点の中点を原点とし，2つの焦点を結ぶ直線を x 軸，それに直交する軸を y 軸とする。そして原点と焦点の距離を c，原点から楕円が x 軸と交わる点までの距離を a とおく。2つの焦点からある点 $\mathrm{P}(x, y)$ までの距離 r, r' はそれぞれ

$$\begin{aligned} r &= \sqrt{(x-c)^2 + y^2} \\ r' &= \sqrt{(x+c)^2 + y^2} \end{aligned} \tag{B.2}$$

となり，一方，楕円の性質，式 (B.1) は，図 B.1 で $(x = a, y = 0)$ の点を考えればわかるように，今の場合，

$$r + r' = 2a \tag{B.3}$$

となる。上の式に式 (B.2) を代入すると，

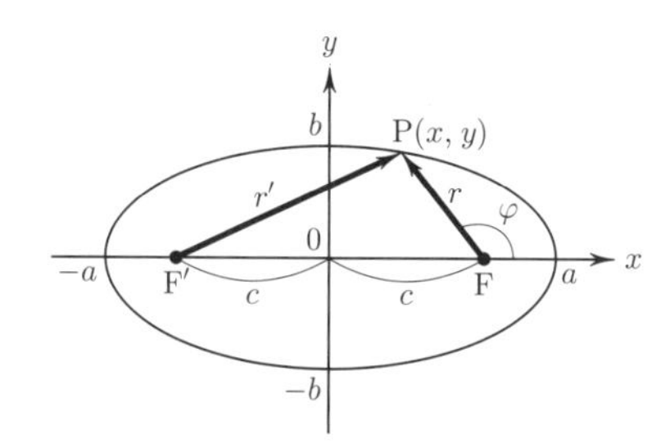

図 B.1　楕円の焦点と長軸半径，短軸半径

$$\sqrt{(x-c)^2 + y^2} + \sqrt{(x+c)^2 + y^2} = 2a \tag{B.4}$$

となる。式 (B.4) の両辺を2乗して整理すると

$$\begin{aligned} &x^2 + y^2 - (2a^2 - c^2) \\ &= -\sqrt{\{(x-c)^2 + y^2\}\{(x+c)^2 + y^2\}} \end{aligned} \tag{B.5}$$

となる。この式の両辺をさらに2乗すると，

$$\begin{aligned} &\{x^2 + y^2 - (2a^2 - c^2)\}^2 \\ &= \{(x-c)^2 + y^2\}\{(x+c)^2 + y^2\} \end{aligned} \tag{B.6}$$

となる。これを展開し整理すると

$$(a^2 - c^2)x^2 + a^2 y^2 = a^2(a^2 - c^2) \tag{B.7}$$

を得る。

楕円では $a - c > 0$ なので

$$b^2 \equiv a^2 - c^2 \tag{B.8}$$

とおき式 (B.7) を整理すると

$$\frac{x^2}{a^2} + \frac{y^2}{b^2} = 1 \tag{B.9}$$

となる。これが楕円の（1つの表し方）の式である。ここで式 (B.8) より $a \geq b$ である。式 (B.9) からわかるようにこの楕円は x 軸上の点 $(a, 0), (-a, 0)$ と，y 軸上の点 $(0, b), (0, -b)$ をとおる。$a \geq b$ なので a, b をそれぞれ楕円の**長軸半径**，**短軸半径**という。$c = 0$ とすれば2つの焦点は一致し，$a = b$ となり，式 (B.9) は円を表す式となる。また

$$\epsilon \equiv \frac{c}{a} = \frac{\sqrt{a^2 - b^2}}{a} \tag{B.10}$$

は楕円の場合，$c < a$ より $0 \leq \epsilon < 1$ となるが，これは焦点の離れている程度を表しているので**離心率**と呼ばれる。式 (B.9) からわかるように，楕円は半径 1 の円を x 軸方向に a 倍，y 方向に b 倍拡大したものである。

次に，一方の焦点 F からの距離 r と x 軸からの角度 φ を用いた 2 次元極座標で楕円の式を表してみよう。図 B.1 からわかるように，ΔPFF′ に余弦定理を使うと

$$r' = \sqrt{r^2 + 4c^2 + 4cr\cos\varphi} \qquad \text{(B.11)}$$

となる。楕円の式 (B.1) および (B.3) より $r' = 2a - r$ となるが，この式の左辺に式 (B.11) を代入し，両辺を 2 乗すると

$$r^2 + 4c^2 + 4cr\cos\varphi = 4a^2 - 4ar + r^2 \qquad \text{(B.12)}$$

となる。この式を整理し

$$r(a + c\cos\varphi) = a^2 - c^2 = b^2 \qquad \text{(B.13)}$$

となる。ここで両辺を $(a + c\cos\varphi)$ でわり，l と ϵ を用いて表すと，

$$r = \frac{l}{1 + \epsilon\cos\varphi} \qquad \text{(B.14)}$$

を得る。ここで

$$l = \frac{b^2}{a} \qquad \text{(B.15)}$$

である。式 (B.14) が 2 次元極座標で表した楕円の式である。

B.2 双 曲 線

双曲線は 2 つの焦点からの距離 r, r' の差が一定，

$$r - r' = 一定 \qquad \text{(B.16)}$$

という特徴をもつ。図 B.2 のような双曲線を表す式を考えよう。双曲線は 2 つの焦点からの距離の差 $r - r'$ が一定であるが，図 B.2 で $(x = -a, y = 0)$ の点を考えればわかるように，今の場合

$$r - r' = 2a \qquad \text{(B.17)}$$

となる。ここで楕円の場合と同様に計算すれば，$c > a$ のとき $b^2 = c^2 - a^2$ として双曲線を表す式として

$$\frac{x^2}{a^2} - \frac{y^2}{b^2} = 1 \qquad \text{(B.18)}$$

を得る。また図 B.2 のように，一方の焦点 F からの距離 r と x 軸からの角度 φ を用いた 2 次元極座標を用いると

$$r = \frac{l}{1 - \epsilon\cos\varphi} \qquad \text{(B.19)}$$

となる。ただし，$\epsilon > 1$ である。図 B.2 の $\varphi' = \pi - \varphi$ を用いれば cos の前の符号が変わり

$$r = \frac{l}{1 + \epsilon\cos\varphi'}$$

を得る。ここで改めて φ' を φ とおくと

$$r = \frac{l}{1 + \epsilon\cos\varphi} \qquad \text{(B.20)}$$

となり，楕円の極座標表示の式 (B.14) と同じ式で表すことができる。ただし，$1 < \epsilon$ である。

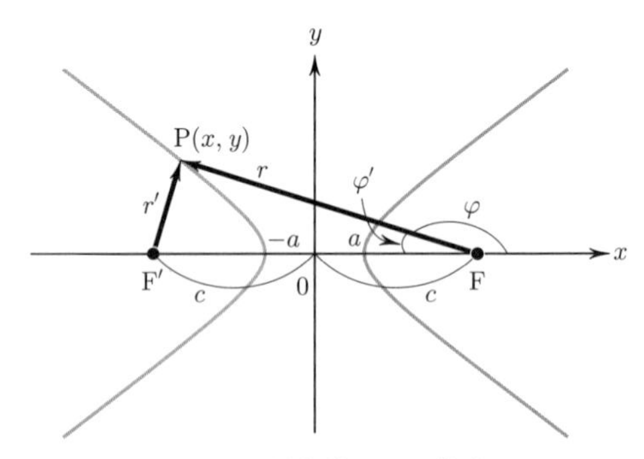

図 B.2　双曲線とその焦点

B.3 放 物 線

もう 1 つの円錐曲線である放物線はどのように表されるのであろうか？　式 (B.20) で $\epsilon = 1$ とおいてみよう。すると，

$$r = \frac{l}{1 + \cos\varphi}$$

となり，これより

$$r(1 + \cos\varphi) = l \qquad \text{(B.21)}$$

をえる。ここで φ は x 軸からの角度であることは楕円，双曲線の場合と同じだが，距離 r は原点からの距離である。$r = \sqrt{x^2 + y^2}$，$x = r\cos\varphi$ なので，上の式は

$$\sqrt{x^2 + y^2} + x = l \qquad \text{(B.22)}$$

となる。x を右辺に移項し両辺を 2 乗し整理すると，

$$y^2 = l(l - 2x) \qquad \text{(B.23)}$$

となる。ここで $l - 2x$ を x と置きなおせば

$$x = \frac{1}{l}y^2 \qquad \text{(B.24)}$$

となり見慣れた放物線の式となる。図 B.3 に式 (B.23) の放物線を示す。

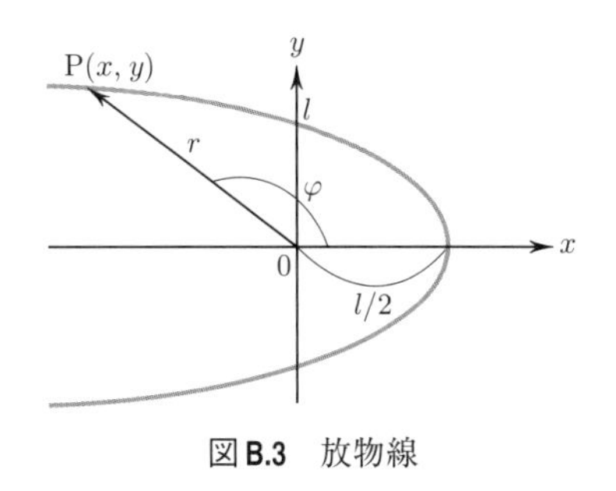

図 **B.3**　放物線

円錐曲線を表す式 (B.20) は，角度 φ を測る軸が異なれば一般には

$$r = \frac{l}{1 + \epsilon \cos(\varphi - \varphi_0)} \qquad \text{(B.25)}$$

となる。ここで φ_0 は角度を測る軸によって決まる定数である。

このように円錐曲線は全て式 (B.20), (B.25) の形で表され，楕円，放物線，双曲線はそれぞれ $0 < \epsilon < 1$, $\epsilon = 1$, $1 < \epsilon$ の場合に対応することがわかった。

付録 C

物理諸表

ギリシャ文字表

大文字	小文字	英語名	読み方
A	α	alpha	アルファ
B	β	beta	ベータ
Γ	γ	gamma	ガンマ
Δ	δ	delta	デルタ
E	ϵ, ε	epsilon	イ (エ) プシロン
Z	ζ	zeta	ゼータ (ツェータ)
H	η	eta	イータ
Θ	θ, ϑ	theta	シータ
I	ι	iota	イオタ
K	κ	kappa	カッパ
Λ	λ	lambda	ラムダ
M	μ	mu	ミュー
N	ν	nu	ニュー
Ξ	ξ	xi	グザイ (クシー)
O	o	omicron	オミクロン
Π	π, ϖ	pi	パイ
P	ρ, ϱ	rho	ロー
Σ	σ, ς	sigma	シグマ
T	τ	tau	タウ
Υ	υ	upsilon	ウプシロン
Φ	ϕ, φ	phi	ファイ
X	χ	chi	カイ
Ψ	ψ	psi	プサイ
Ω	ω	omega	オメガ

接頭語表

接頭語	記号	倍数
ヨタ	Y	10^{24}
ゼタ	Z	10^{21}
エクサ	E	10^{18}
ペタ	P	10^{15}
テラ	T	10^{12}
ギガ	G	10^{9}
メガ	M	10^{6}
キロ	k	10^{3}
ヘクト	h	10^{2}
デカ	da	10
		1
デシ	d	10^{-1}
センチ	c	10^{-2}
ミリ	m	10^{-3}
マイクロ	μ	10^{-6}
ナノ	n	10^{-9}
ピコ	p	10^{-12}
フェムト	f	10^{-15}
アト	a	10^{-18}
ゼプト	z	10^{-21}
ヨクト	y	10^{-24}

物理定数表

名称	記号と数値	単位
真空中の光速	$c = 2.99792458 \times 10^{8}$ (定義値)	m/s
真空中の透磁率	$\mu_0 = 4\pi \times 10^{-7} = 1.256637 \cdots \times 10^{-6}$ (定義値)	$\mathrm{N/A^2}$
真空中の誘電率	$\varepsilon_0 = \frac{1}{\mu_0 c^2} = 8.8541878 \cdots \times 10^{-12}$ (定義値)	F/m
絶対零度	-273.15 (定義値)	°C
アボガドロ定数	$N_A = 6.02214129(27) \times 10^{23}$	1/mol
ボルツマン定数	$k_B = 1.3806488(13) \times 10^{-23}$	J/K
プランク定数	$h = 6.62606957(29) \times 10^{-34}$	J·s
電子の電荷 (電気素量)	$e = 1.602176565(35) \times 10^{-19}$	C
電子の質量	$m_e = 9.10938291(40) \times 10^{-31}$	kg
陽子の質量	$m_p = 1.672621777(74) \times 10^{-27}$	kg

演習問題解答

第2章

2.1 (a) 最大の速さは，$300\,\mathrm{m}/60.0\,\mathrm{s} = 5.00\,\mathrm{m/s}$，加速度の大きさは $+1.20\,\mathrm{m/s^2}$ であるから，最大の速さになるまでに

$$\frac{5.00\,\mathrm{m/s}}{1.20\,\mathrm{m/s^2}} = 4.17\,\mathrm{s}$$

上昇距離は，

$$y = \frac{1}{2}(+1.20\,\mathrm{m/s^2})(4.17\,\mathrm{s})^2 = 10.4\,\mathrm{m}$$

(b) 減速の場合も加速時と同様，4.17 秒をかけて 10.4 m 上昇し停止する。等速度で上昇する距離は，$140\,\mathrm{m} - 10.4\,\mathrm{m} \times 2 = 119.2\,\mathrm{m}$，所要時間は $119.2\,\mathrm{m}/(5.00\,\mathrm{m/s}) = 23.8\,\mathrm{s}$ である。ゆえに 36 階までの所要時間は $4.17\,\mathrm{s} \times 2 + 23.8\,\mathrm{s} = 32.1\,\mathrm{s}$

2.2 (a) $x = v_x t$，h は一定。荷物の高さ y は，

$$y = h - \left\{L - \sqrt{v_x^2 t^2 + h^2}\right\}$$

であり，$\dfrac{dy}{dt}$ が荷物の上昇速度 V となる。

$$V = \frac{dy}{dt} = \frac{v_x^2 t}{\sqrt{v_x^2 t^2 + h^2}}$$

$$\begin{aligned} A &= \frac{dV}{dt} \\ &= \frac{v_x^2}{\sqrt{v_x^2 t^2 + h^2}} + \left(-\frac{1}{2}\frac{2v_x^4 t^2}{(\sqrt{v_x^2 t^2 + h^2})^3}\right) \\ &= \frac{v_x^2 h^2}{(v_x^2 t^2 + h^2)^{3/2}} \end{aligned}$$

(b) V の次元：$\dfrac{[\mathrm{L}^2]/[\mathrm{T}^2]}{[\mathrm{L}]}[\mathrm{T}] = \dfrac{[\mathrm{L}]}{[\mathrm{T}]}$

A の次元：$\dfrac{([\mathrm{L}]/[\mathrm{T}])^2}{[\mathrm{L}]^3}[\mathrm{L}^2] = \dfrac{[\mathrm{L}]}{[\mathrm{T}^2]}$

2.3 $\boldsymbol{r} = (2.0\,t^3 - 4.0\,t)\boldsymbol{e}_x + (5.0 - 3.0\,t^2)\boldsymbol{e}_y$ より，速度 $\boldsymbol{v} = (6.0\,t^2 - 4.0)\boldsymbol{e}_x + (-6.0\,t)\boldsymbol{e}_y$，加速度 $\boldsymbol{a} = (12.0\,t)\boldsymbol{e}_x - 6.0\boldsymbol{e}_y$ である。

(a) 上の各式に $t = 0\,\mathrm{s}$ を代入する。

$\boldsymbol{r}(0\,\mathrm{s}) = (5.0\,\mathrm{m})\boldsymbol{e}_y$，$\boldsymbol{v}(0\,\mathrm{s}) = (-4.0\,\mathrm{m/s})\boldsymbol{e}_x$，
$\boldsymbol{a}(0\,\mathrm{s}) = -6.0\,\boldsymbol{e}_y$

(b) 上の各式に $t = 2\,\mathrm{s}$ を代入する。

$$\begin{aligned} \boldsymbol{r}(2.0\,\mathrm{s}) &= (2.0 \times (2.0)^3\,\mathrm{m} - 4.0 \times 2.0\,\mathrm{m})\boldsymbol{e}_x \\ &\quad + (5.0\,\mathrm{m} - 3.0 \times (2.0)^2\,\mathrm{m})\boldsymbol{e}_y \\ &= (8.0\,\mathrm{m})\boldsymbol{e}_x - (7.0\,\mathrm{m})\boldsymbol{e}_y \\ \boldsymbol{v}(2.0\,\mathrm{s}) &= (6.0 \times (2.0)^2\,\mathrm{m/s} - 4.0\,\mathrm{m/s})\boldsymbol{e}_x \\ &\quad + (-6.0 \times 2.0\,\mathrm{m/s})\boldsymbol{e}_y \\ &= (20\,\mathrm{m/s})\boldsymbol{e}_x - (12\,\mathrm{m/s})\boldsymbol{e}_y \\ \boldsymbol{a}(2.0\,\mathrm{s}) &= (24\,\mathrm{m/s^2})\boldsymbol{e}_x - (6.0\,\mathrm{m/s^2})\boldsymbol{e}_y \end{aligned}$$

(c) $t = 2.0\,\mathrm{s}$ のときの速度ベクトルの向きが径路の接線の向きであった。この向きは，水平方向（x 軸方向）からの傾きを θ とすると，

$$\tan\theta = \frac{v_y}{v_x} = -\frac{12\,\mathrm{m/s}}{20\,\mathrm{m/s}} = -0.6$$

$$\theta = \tan^{-1}(-0.6) = -0.54\,\mathrm{rad}(= -31^\circ)$$

(d)
$$\begin{aligned} \Delta\boldsymbol{r} &= \boldsymbol{r}(2.0\,\mathrm{s}) - \boldsymbol{r}(0\,\mathrm{s}) \\ &= (8.0\,\mathrm{m})\boldsymbol{e}_x + (-7.0\,\mathrm{m} - 5.0\,\mathrm{m})\boldsymbol{e}_y \\ &= (8.0\,\mathrm{m})\boldsymbol{e}_x - (12.0\,\mathrm{m})\boldsymbol{e}_y \end{aligned}$$

移動距離 $|\Delta\boldsymbol{r}| = \sqrt{(8.0\,\mathrm{m})^2 + (12.0\,\mathrm{m})^2} = 14.4\,\mathrm{m}$

2.4 図のように斜めに引き上げる力を水平方向成分と垂直方向成分に分ける。

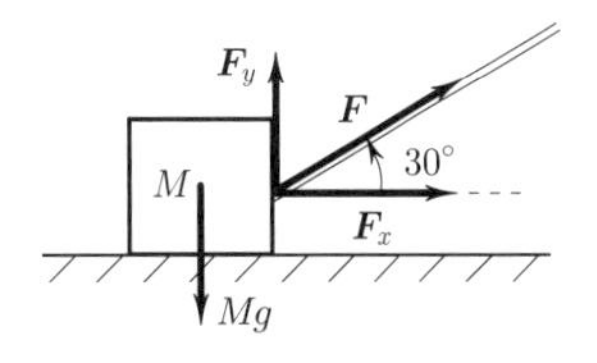

(a) 荷物の加速度に寄与する力は引き上げる力 F の水

平方向成分，$F_x = F\cos 30^\circ = \dfrac{\sqrt{3}}{2}F$

$$F_x = Ma_x \text{ より，} a_x = \frac{\sqrt{3}}{2M}F$$

(b) 荷物を持ち上げる力は力の垂直方向 (y) 成分が寄与する。

$$F_y = F\sin 30^\circ = \frac{1}{2}F$$

荷物が浮き上がった時の力を F_0 とすると，$\dfrac{1}{2}F_0 = Mg$ より $F_0 = 2Mg$ であるから，

$$F_0 = 2 \times 4.0\,\mathrm{kg} \times 9.8\,\mathrm{m/s^2} = 78.4\,\mathrm{N} \simeq 78\,\mathrm{N}$$

(c) 引く力の大きさが 78.4 N のとき，荷物の加速度の x 成分は，(a) より

$$a_x = \frac{\sqrt{3}}{2 \times 4.0\,\mathrm{kg}} \times 78.4\,\mathrm{N} = 17\,\mathrm{m/s^2}$$

y 成分は，(b) より $Ma_y = F_0\sin 30^\circ - Mg = 0$ より，$a_y = 0\,\mathrm{m/s^2}$，加速度の大きさは $a = a_x = 17\,\mathrm{m/s^2}$

2.5 (a) 物体 B について，

$$x \text{ 方向成分} \quad M\frac{d^2x}{dt^2} = Mg\sin\theta - T \qquad ①$$

$$y \text{ 方向成分} \quad M\frac{d^2y}{dt^2} = N - Mg\cos\theta \qquad ②$$

物体 C について

$$m\frac{d^2y'}{dt^2} = -mg + T \qquad ③$$

(b) (a) の①式 + ③式より，

$$M\frac{d^2x}{dt^2} + m\frac{d^2y'}{dt^2} = Mg\sin\theta - mg,$$

B と C は繋がっているので加速度 a の大きさは同じ。$\dfrac{d^2x}{dt^2} = \dfrac{d^2y'}{dt^2} = a$ とおくと，

$$a(M+m) = Mg\sin\theta - mg$$

これより，

$$a = \frac{g(M\sin\theta - m)}{M+m} \qquad ④$$

一方 ③ 式から，$T = m(g+a)$，a に ④ 式を代入すると，

$$T = \frac{Mmg(\sin\theta + 1)}{M+m}$$

(c) $M = 2m$ とおくと $a = \{g(2\sin\theta - 1)\}/3$，$a > 0$ になると B は滑り始める。このときの条件は $2\sin\theta - 1 > 0$。これより $\sin\theta > 1/2$，$\theta > 30^\circ$ が条件となる。

第 3 章

3.1

① 運動方程式は，$m\dfrac{d^2y}{dt^2} = -mg$，初期条件は，初期位置 $y(0) = y_0$，初速度 $v(0) = v_0$ である。

速度について：運動方程式を v_y について書き換える。

$$m\frac{dv_y}{dt} = -mg, \quad \frac{dv_y}{dt} = -g$$

これより v_y を求めると，

$$v_y = \int dv_y = \int -g dt, \quad v_y = -gt + C$$

積分定数 C を求める。$t = 0$，$v_y = v_0$ を代入すると，$C = v_0$ と決定できる。したがって，$v_y = -gt + v_0$

位置について：$\dfrac{dy}{dt} = -gt + v_0$ と表されるので，両辺を t について積分すると，

$$y = \int (-gt + v_0)dt$$

これより

$$y = -\frac{1}{2}gt^2 + v_0 t + C'$$

C' は初期条件より，$t = 0$ のとき $y = y_0$ を代入すると $C' = y_0$，したがって，

$$y = -\frac{1}{2}gt^2 + v_0 t + y_0$$

地面 $y = 0$ に落下する瞬間の時刻 t_f：

$$y = -\frac{1}{2}gt^2 + v_0 t + y_0 = 0$$

とおき，t について解く。

$$t = \frac{v_0 \pm \sqrt{v_0^2 + 2gy_0}}{g}$$

と求められるが，時刻 t として正の解が求める t_f となる。

$$t_f = \frac{v_0 + \sqrt{v_0^2 + 2gy_0}}{g}$$

② t_f を速度の式に代入する。求める速度 $v(t_f)$ は，

$$v(t_f) = -g \times \frac{v_0 + \sqrt{v_0^2 + 2gy_0}}{g} + v_0 = -\sqrt{v_0^2 + 2gy_0}$$

3.2

① 運動方程式：$m\dfrac{d^2y}{dt^2} = -mg - bv$

運動の初期条件：

初期位置 $y(0) = 0$，初期速度 $v(0) = v_0$

② ①の運動方程式を，v についての方程式に書き換える。

$$\frac{dv}{dt} = -g - \frac{b}{m}v$$

v について解くと

$$\log_e\left(g + \frac{b}{m}v\right) = -\frac{b}{m}t + C$$

ここで C は積分定数である。指数関数に直すと，

$$g + \frac{b}{m}v = e^C e^{-\frac{b}{m}t}$$

ここで，v についての初期条件を入れると，

$$g + \frac{b}{m}v_0 = e^C e^0 = e^C$$

として e^C が求められる。これより，

$$\frac{b}{m}v = \left(g + \frac{b}{m}v_0\right)e^{-\frac{b}{m}t} - g$$

$$v = \left(\frac{m}{b}g + v_0\right)e^{-\frac{b}{m}t} - \frac{mg}{b}$$

となる (図 P 3.1)。

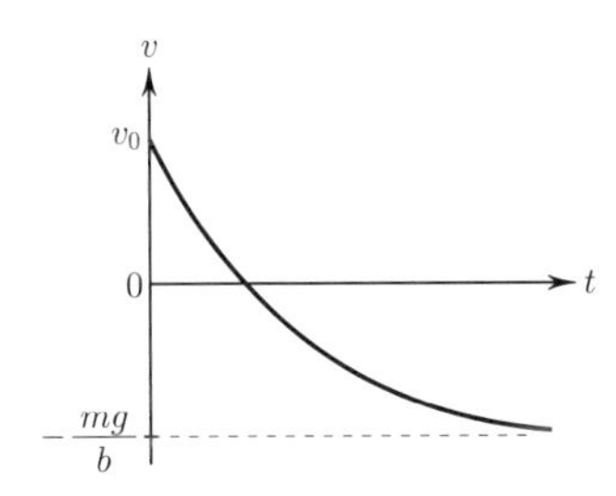

図 P 3.1　ボールの速度 v のグラフ

③ 最高点で v =0 となる。②の結果の式に $v=0$ を代入して時刻 t を求める。

$$v = \left(\frac{m}{b}g + v_0\right)e^{-\frac{b}{m}t} - \frac{mg}{b} = 0$$

より，

$$e^{-\frac{b}{m}t} = \frac{mg}{mg + v_0 b}$$

時刻 t は，

$$t = \frac{m}{b}\log_e\left(1 + \frac{bv_0}{mg}\right)$$

④ $v_0 = \dfrac{mg}{b}$ を③の結果の式に代入すると，

$$t = \frac{m}{b}\log_e 2$$

となる。ボールの位置 y は，

$$y = \int v dt,$$

$$v = \left(2\frac{m}{b}g\right)e^{-\frac{b}{m}t} - \frac{mg}{b} = \frac{mg}{b}\left(2e^{-\frac{b}{m}t} - 1\right)$$

を代入すると，

$$y = \int \frac{mg}{b}\left(2e^{-\frac{b}{m}t} - 1\right)dt$$

$$= -\frac{2m^2 g}{b^2}e^{-\frac{b}{m}t} - \frac{mg}{b}t + C$$

初期条件より，$C = \dfrac{2m^2 g}{b^2}$，さらに $t = \dfrac{m}{b}\log_e 2$ を代入すると，最高点 h が求められる。

$$h = \frac{m^2 g}{b^2}(1 - \log_e 2)$$

⑤ 空気抵抗がない場合，最高点の高さ h' は例題 3.1 で求めてあり，

$$h' = \frac{1}{2}\frac{v_0^2}{g}, \qquad v_0 = \frac{mg}{b}$$

を代入すると，

$$h' = \frac{1}{2g}\left(\frac{mg}{b}\right)^2 = \frac{m^2 g}{2b^2}$$

$$\frac{h}{h'} = 2(1 - \log_e 2) = 0.61$$

3.3　粘性抵抗は本文の式 (3.34) より，$|\boldsymbol{f}| = 6\pi\eta r v$ と表される。運動方程式は，

$$m\frac{dv}{dt} = -mg - 6\pi\eta r v$$

となり，終端速度

$$v_\infty = -\frac{mg}{6\pi\eta r}$$

雨滴の質量は，$m = \dfrac{4}{3}\pi r^3 \times \rho$ なので，

$$v_\infty = \frac{\frac{4}{3}\pi r^3 \times \rho g}{6\pi\eta r} = \frac{2r^2\rho g}{9\eta}$$

$$= -\frac{2 \times (10^{-4}\ \mathrm{m})^2 \times (1.0 \times 10^3\ \mathrm{kg/m^3}) \times (9.8\ \mathrm{m/s^2})}{9 \times (2.0 \times 10^{-5}\ \mathrm{Pa \cdot s})}$$

$$= -1.1\ \mathrm{m/s}$$

3.4　運動方程式

$$m\frac{dv}{dt} = -mg + bv^2 \qquad \text{(i)}$$

式 (i) の両辺を m で割ると，

$$\frac{dv}{dt} = -g + \frac{b}{m}v^2 \qquad \text{(ii)}$$

式 (ii) を v について直接解くのは難しいので，次のような工夫をする。物体は落下し始めてからじゅうぶん時間がたつと終端速度 v_∞ に落ち着く。

このとき $dv/dt = 0$ であるから，$v_\infty = \sqrt{mg/b}$ となる。運動方程式 (ii) は，終端速度を使うと，

$$\frac{dv}{dt} = -\frac{g}{v_\infty^2}(v_\infty - v)(v_\infty + v)$$

両辺の逆数をとり，

$$\frac{1}{(v_\infty - v)(v_\infty + v)} = \frac{1}{2}\left(\frac{1}{v_\infty - v} + \frac{1}{v_\infty + v}\right)$$

であることを使うと，

$$dt = \frac{v_\infty}{2g}\left(\frac{1}{v_\infty - v} + \frac{1}{v_\infty + v}\right) dv$$

となる。両辺を積分すると，

$$t = -\frac{v_\infty}{2g}\log\left|\frac{v_\infty + v}{v_\infty - v}\right| + C$$

初期条件は $t = 0$ のとき $v = 0$ であるから，$\log 1 = 0$ より，$C = 0$ と決まる。さらに v について解くと，

$$\frac{v_\infty + v}{v_\infty - v} = e^{-\frac{2g}{v_\infty}t}$$

より，

$$v = -v_\infty \frac{1 - e^{-2gt/v_\infty}}{1 + e^{-2gt/v_\infty}}$$

と求められる。この解は，双曲関数を使うと，

$$v = -v_\infty \tanh\frac{gt}{v_\infty}$$

と表すことができる。

3.5　①　運動方程式

$$x\ \text{方向成分}：m\frac{d^2x}{dt^2} = 0$$

$$y\ \text{方向成分}：m\frac{d^2y}{dt^2} = -mg$$

初期条件は，位置：$x(0) = 0$，$y(0) = y_0$，速度：$v_x(0) = V_0\cos\theta$，$v_y(0) = V_0\sin\theta$ である。

$t = t$ のときの速度：

x 成分は，運動方程式より $v_x =$ 一定であり，初期条件より，

$$v_x = V_0\cos\theta$$

y 成分は，運動方程式より，

$$v_y(t) = \int -g dt = -g + C$$

初期条件より，

$$C = V_0\sin\theta$$

$$\therefore\quad v_y(t) = -gt + V_0\sin\theta$$

$t = t$ のときの位置：x 成分は $x(t) = \int V_0\cos\theta dt = V_0\cos\theta\cdot t + C$，初期条件より $C = 0$ であるから

$$\therefore\quad x(t) = V_0\cos\theta\cdot t$$

y 成分は

$$y(t) = \int(-gt + V_0\sin\theta)dt = -\frac{1}{2}gt^2 + V_0\sin\theta\cdot t + C'$$

初期条件より $C' = y_0$ であるから

$$\therefore\quad y(t) = -\frac{1}{2}g^2 + V_0\sin\theta\cdot t + y_0$$

②　①より，$y(t) = 0$ とおき，着地までの時間 t を求める。$V_0 = 12$ m/s，$\theta = 30°$，$y_0 = 5.0$ m を代入すると，

$$y(t) = -4.9\,t^2 + 6.0\,t + 5.0 = 0$$

$$t = \frac{6.0 \pm \sqrt{134}}{9.8}\ \text{s}$$

$t > 0$ なので，

$$t = \frac{6.0 + \sqrt{134}}{9.8} = 1.8\ \text{s}$$

着地点は，

$$x_f = V_0\cos\theta \times 1.8\ \text{s} = 12\ \text{m/s} \times \frac{\sqrt{3}}{2} \times 1.8\ \text{s} = 19\ \text{m}$$

ボールは，1.8 秒後に投げたところより 19 m 遠くに着地する。

3.6　例題 3.5 より，地面から仰角 θ で投げ上げられたボールの水平到達距離 L は，

$$L = \frac{V^2\sin 2\theta}{g}$$

初速度 $V = 20$ m/s，$L = 35$ m を代入し，θ を求める。

$$35\ \text{m} = \frac{(20\ \text{m/s})^2\sin 2\theta}{9.8\ \text{m/s}^2},\quad \sin 2\theta = 0.8575$$

$2\theta = \sin^{-1}0.8575 = 59°$ または，$2\theta = 180° - 59° = 121°$ である。これより，

仰角 $\theta \cong 30°$ or $61°$

仰角は 2 通りある (図 P 3.2)。

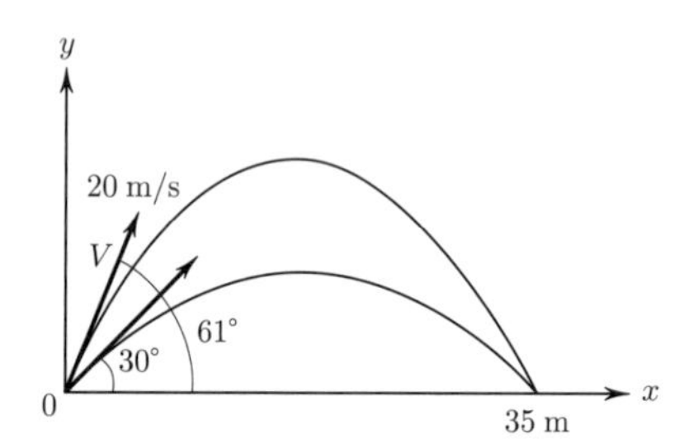

図 P 3.2　仰角を 30° にしても 61° にしても目標地点に着地する。

3.7

①　水平方向の運動方程式 $m\dfrac{dv_x}{dt} = -bv_x$　(i)

鉛直方向の運動方程式 $m\dfrac{dv_y}{dt} = -mg - bv_y$　(ii)

②　水平方向について。初期条件 $v_x(0) = V_0$ は，(i) 式より，

$$\frac{dv_x}{v_x} = -\frac{b}{m}dt, \quad \int \frac{dv_x}{v_x} = \int -\frac{b}{m}dt$$

より，

$$\log_e v_x = -\frac{b}{m}t + C, \quad v_x = e^C e^{-\frac{b}{m}t}$$

初期条件より，$e^C = V_0$

$$\therefore \quad v_x = V_0 e^{-\frac{b}{m}t}$$

鉛直成分については，運動方程式は本文の式 (3.21) と同じ，初期条件も同じなので，v_y は，式 (3.28) と全く同じになる。

$$v_y = \frac{mg}{b}(e^{-\frac{b}{m}t} - 1)$$

v_x と，v_y のグラフを図 P 3.3 に示す。

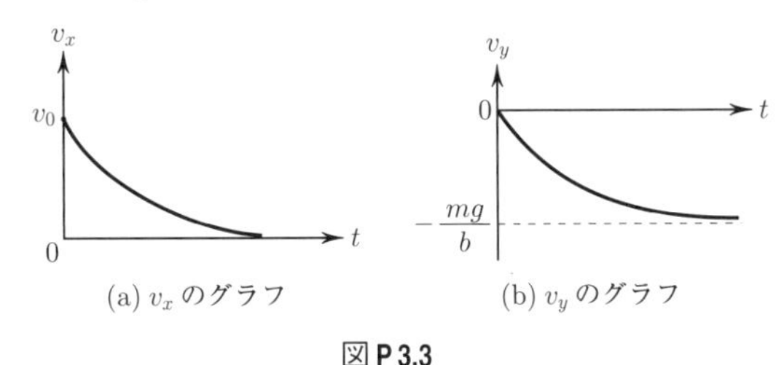

(a) v_x のグラフ　(b) v_y のグラフ

図 P 3.3

③ 図 P 3.3(a), (b) を見てもわかるとおり，x 方向の終端速度は 0，球はじゅうぶん時間がたつと x 方向には進まなくなってしまう。y 方向は，終端速度 $v_{y\infty} = mg/b$ になり，等速度に落ち着く。したがって，終端速度は，鉛直方向に，速さは $v_{y\infty} = -mg/b$ となる。

第 4 章

4.1 地上から仰角 θ で投げ上げた放物運動の水平到達距離 L は，初速度を v とすると，

$$L = \frac{v^2 \sin 2\theta}{g}$$

$L = 84.9$ m，$\theta = 40°$ を代入すると，

$$v^2 = 845 \text{ m}^2/\text{s}^2$$

向心力 $F = \dfrac{mv^2}{r}$ より，$r = 1.20\,\text{m} + 0.80\,\text{m} = 2.00\,\text{m}$ とすると

$$F = \frac{7.00 \text{ kg} \times 845 \text{ m}^2/\text{s}^2}{2.00 \text{ m}} = 2.96 \times 10^3 \text{ N}$$

4.2

① $g_j = \dfrac{GM_j}{R_j^2}$

$$= \frac{6.67 \times 10^{-11} \text{ m}^2/\text{kgs}^2 \times 1.90 \times 10^{27} \text{ kg}}{(7.14 \times 10^7 \text{ m})^2}$$

$$= 24.9\,\text{m/s}^2$$

$$\frac{g_j}{g} = \frac{24.9 \text{ m/s}^2}{9.8 \text{ m/s}^2} = 2.5, \quad 2.5 \text{ 倍}$$

② 衛星イオの質量を m とする。イオにはたらく向心力

$$F = -mr\omega^2 = -\frac{GM_j m}{r^2}$$

これより，

$$\omega = \sqrt{\frac{GM_j}{r^3}}, \quad \text{周期 } T = 2\pi\sqrt{\frac{r^3}{GM_j}}$$

となる。したがって

$$T = 2\pi\sqrt{\frac{(4.22 \times 10^8 \text{ m})^3}{6.67 \times 10^{-11} \text{ m}^2/\text{kgs}^2 \times 1.90 \times 10^{27} \text{ kg}}}$$

$$= 1.53 \times 10^5 \text{ s } (= 1.77 \text{ 日})$$

4.3 ① $mg - kl = 0$ より，$k = \dfrac{mg}{l}$

② $m\dfrac{d^2y}{dt^2} = mg - k(l + y)$ であるから，①より $l = \dfrac{mg}{k}$ を代入すると，

$$m\frac{d^2y}{dt^2} = -ky$$

$y = 0$ を中心にした単振動の方程式となる。

③ 2 本のばね系に質量 m のおもりを吊るしたときのばね系の伸びは $l' = l/2$，このばね系の

$$\text{ばね係数 } k' = \frac{mg}{l'} = 2k$$

$$\text{周期 } T' = 2\pi\sqrt{\frac{m}{k'}} = 2\pi\sqrt{\frac{m}{2k}} = \frac{1}{\sqrt{2}}T$$

となり，T の $\dfrac{1}{\sqrt{2}}$ 倍となる。

4.4 問 4.3②のばね振り子の周期は $T = 2\pi\sqrt{m/k}$，また例題 4.7 より単振り子の周期は $t = 2\pi\sqrt{l/g}$ と表される。月面上に持って行くと重力は $g' = g/6$，ばね振り子の周期は重力に依存しないので変化しない。単振り子の周期は

$$T' = 2\pi\sqrt{\frac{l}{g'}} = \sqrt{\frac{6l}{g}} = \sqrt{6}T$$

となり，地上の周期の $\sqrt{6}$ 倍になる。

ばね振り子の周期は問題 4.3①より，$T = 2\pi\sqrt{l/g}$ とも表され，重力加速度が関係しているかと思われるかもしれないが，この l は m のおもりを吊り下げたときのばねの伸びの長さであり，g が 1/6 になれば l も 1/6 になることに注意しよう。

4.5　$x = Be^{i\omega t} + B^* e^{-i\omega t}$ を，方程式

$$\frac{d^2x}{dt^2} + \omega^2 x = 0$$

に代入すると，

$$\frac{d^2x}{dt^2} = i^2\omega^2 Be^{i\omega t} + i^2\omega^2 B^* e^{i\omega t}$$
$$= -\omega^2(Be^{i\omega t} + B^* e^{-i\omega t}) = -\omega^2 x$$

となるので，

$$-\omega^2 x + \omega^2 x = 0$$

x は方程式を満たすことが確かめられた。

4.6　$x(t) = (J + Kt)e^{-\beta t}$ を方程式

$$\frac{d^2x}{dt^2} + 2\beta\frac{dx}{dt} + \omega^2 x = 0 \qquad (1)$$

に代入すると，

$$\frac{dx}{dt} = -\beta(J + kt)e^{-\beta t} + ke^{-\beta t} \qquad (2)$$
$$\frac{d^2x}{dt^2} = \beta^2(J + kt)e^{-\beta t} - 2\beta k \qquad (3)$$

式 (2), (3) および x を方程式 (1) の左辺に代入すると，

$$\text{式 }(1) = (\beta^2(J + kt)e^{-\beta t} - 2\beta k)$$
$$+ 2\beta(-\beta(J + kt)e^{-\beta t} + ke^{-\beta t})$$
$$+ \omega^2((J + Kt)e^{-\beta t}$$
$$= (\omega^2 - \beta^2)((J + KT)e^{-\beta t}$$

臨界減衰の場合 $\omega = \beta$ であるので，式 $(1) = 0$ となり，方程式を満たすことが確かめられた。

4.7　方程式

$$\frac{d^2x}{dt^2} + \omega_0^2 x = \frac{F_0}{m}\cos\omega t$$

の左辺に一般解

$$x(t) = A\cos(\omega_0 t + \alpha) + \frac{1}{\omega_0^2 - \omega^2}\frac{F_0}{m}\cos\omega t$$

を代入すると次のようになる。

$$\frac{d^2x}{dt^2} + \omega_0^2 x$$
$$= \left(-\omega_0^2 A\cos(\omega_0 t + \alpha) - \frac{\omega^2}{\omega_0^2 - \omega^2}\frac{F_0}{m}\cos\omega t\right)$$
$$+ \omega_0^2 A\cos(\omega_0 t + \alpha) + \frac{\omega_0^2}{\omega_0^2 - \omega^2}\frac{F_0}{m}\cos\omega t$$
$$= \frac{\omega_0^2 - \omega^2}{\omega_0^2 - \omega^2}\frac{F_0}{m}\cos\omega t$$

これより，$\dfrac{d^2x}{dt^2} + \omega_0^2 x = \dfrac{F_0}{m}\cos\omega t$ となり，x は方程式を満たす。

4.8　強制振動に抵抗力がはたらく場合，運動方程式は

$$m\frac{d^2x}{dt^2} + \gamma\frac{dx}{dt} + kx = F_0\cos\omega t$$

となるが，$\eta = \dfrac{\gamma}{m}$，$\omega_0^2 = \dfrac{k}{m}$ とすると

$$\frac{d^2x}{dt^2} + \eta\frac{dx}{dt} + \omega_0^2 x = \frac{F_0}{m}\cos\omega t \qquad (1)$$

となる。この方程式の解 x は，抵抗のない場合の方程式 (4.40) を解く方法では解けない。そこで振動運動を複素関数 $e^{i\omega t}$ の形で表し，解を求めてみる。オイラーの公式，$e^{\pm i\omega t} = \cos\omega t \pm i\sin\omega t$ を使うために，式 (1) の両辺に i を掛け，$\cos\omega t$ を $\sin\omega t$ に，x を y に替えた方程式を作って式 (1) に加え，$z = x + iy$ に左辺の変数を替えると，

$$\frac{d^2z}{dt^2} + \eta\frac{dz}{dt} + \omega_0^2 z = \frac{F_0}{m}e^{i\omega t} \qquad (2)$$

の形の方程式ができる。質点の運動は外力の運動に比例すると予想して，$z = Ae^{i\omega t}$ と仮定し，式 (2) に代入する。

$$(-\omega^2 + i\eta\omega + \omega_0^2)Ae^{i\omega t} = \frac{F_0}{m}e^{i\omega t}$$

より，

$$A = \frac{1}{\omega_0^2 - \omega^2 + i\eta\omega}\frac{F_0}{m}$$

となる。式 (2) の特殊解として，

$$z = \frac{\frac{F_0}{m}}{\omega_0^2 - \omega^2 + i\eta\omega}e^{i\omega t} \qquad (3)$$

が求められた。しかし我々が問題にしているのは元の方程式 (1) の解 x で，それは z の実数部分だけに相当する。そこで式 (3) の分母について，複素平面上の極形式で表してみる (付録 A 数学のまとめ A.3 参照)。

$$(\omega_0^2 - \omega^2) + i(\eta\omega) = \sqrt{(\omega_0^2 - \omega^2)^2 + (\eta\omega)^2}e^{i\alpha}$$
$$\cos\alpha = \frac{\omega_0^2 - \omega^2}{\sqrt{(\omega_0^2 - \omega^2)^2 + (\eta\omega)^2}},$$
$$\sin\alpha = \frac{\eta\omega}{\sqrt{(\omega_0^2 - \omega^2)^2 + (\eta\omega)^2}}$$

と表されるので，z は，

$$z = \frac{1}{\sqrt{(\omega_0^2 - \omega^2)^2 + (\eta\omega)^2}}\frac{F_0}{m}e^{i(\omega t - \alpha)}$$

となる。したがって，求めたい x は，

$$x = \frac{1}{\sqrt{(\omega_0^2 - \omega^2)^2 + (\eta\omega)^2}}\frac{F_0}{m}\cos(\omega t - \alpha) \qquad (4)$$

元の方程式 (1) の一般解は，式 (4) に式 (1) の右辺を 0 にした同次方程式の一般解を加えればよいが，これは 4.3 で求めた減衰振動の一般解 (4.31) または式 (4.32) を加えればよい。しかしこの減衰振動の解は減

衰していくので，共振状態のときは問題にしなくてよい。外力の角振動数 ω を ω_0 に近づけていくと共振がおこり，式 (4) の振幅部分 $R(\omega)$ が増大していく。$\eta=\gamma/m$ に戻すと，

$$R(\omega)=\frac{1}{\sqrt{(\omega_0^2-\omega^2)^2+\left(\frac{\gamma}{m}\omega\right)^2}}\frac{F_0}{m}$$

となる。媒質の抵抗 γ があるために振幅は無限大にはならない。

第 5 章

5.1 まず，図 P 5.1 のように原点と $\boldsymbol{r}$ を結んだ線分の延長線上の無限遠点 $\boldsymbol{r}_1$ を基準点とすると，

$$\begin{aligned}U(\boldsymbol{r})&=\int_{\boldsymbol{r}}^{\boldsymbol{r}_1}\boldsymbol{F}\cdot d\boldsymbol{r}\\&=-GmM\int_{\boldsymbol{r}}^{\boldsymbol{r}_1}\frac{\boldsymbol{r}}{r^3}\cdot d\boldsymbol{r}\end{aligned}$$

となるが，$\boldsymbol{r}$ と $d\boldsymbol{r}$ は同じ向きなので

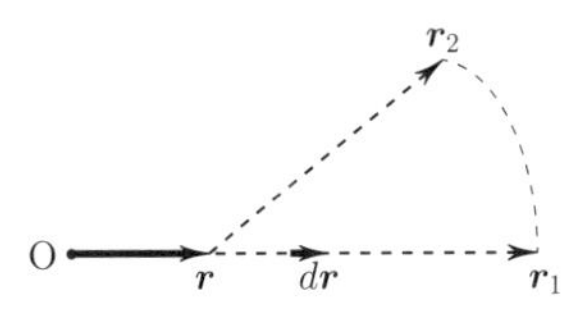

図 P 5.1　原点と $\boldsymbol{r}$ を結んだ線分の延長線上の無限遠点 $\boldsymbol{r}_1$ と別の位置の無限遠点 $\boldsymbol{r}_2$

$$\begin{aligned}U(\boldsymbol{r})&=-GmM\int_{\boldsymbol{r}}^{\boldsymbol{r}_1}\frac{r}{r^3}\cdot dr\\&=-GmM\int_{r}^{r_1}\frac{1}{r^2}dr\\&=GmM\left[\frac{1}{r}\right]_r^{r_1}\\&=-GmM\frac{1}{r}\end{aligned}$$

となる。結局 $U(\boldsymbol{r})$ は原点からの距離だけの関数 $U(r)$ となる。ここで $r_1=|\boldsymbol{r}_1|=\infty$ である。次に基準点を別の位置にある無限遠点 $\boldsymbol{r}_2$ とし，そのときのポテンシャルエネルギーを $U'(\boldsymbol{r})$ と書こう。すると，

$$\begin{aligned}U'(\boldsymbol{r})&=\int_{\boldsymbol{r}}^{\boldsymbol{r}_2}\boldsymbol{F}\cdot d\boldsymbol{r}\\&=\int_{\boldsymbol{r}}^{\boldsymbol{r}_1}\boldsymbol{F}\cdot d\boldsymbol{r}+\int_{\boldsymbol{r}_1}^{\boldsymbol{r}_2}\boldsymbol{F}\cdot d\boldsymbol{r}\\&=U(r)-GmM\int_{\boldsymbol{r}_1}^{\boldsymbol{r}_2}\frac{\boldsymbol{r}}{r^3}\cdot d\boldsymbol{r}\end{aligned}$$

となるが，この第 2 項の積分で $r\to\infty$ なのでこの項は 0 となる。よって

$$U'(\boldsymbol{r})=U(\boldsymbol{r})=U(r)$$

となり，基準点は無限遠点でありさえすればポテンシャルエネルギー $U(\boldsymbol{r})$ はその位置によらない。

5.2 章末問題 5.1 より，無限遠点を基準点とした地表での質量 m の物体の重力ポテンシャルエネルギーは

$$U(R)=-\frac{GmM}{R}$$

となる。ここで R は地球の半径である。

ロケットの質量を m とすると，熱として逃げていくエネルギーもあるので打ち上げ直後の力学的エネルギーの総和は無限遠点での力学的エネルギーの総和より大きくなければならない。無限遠点でのポテンシャルエネルギーは 0 で，ロケットの速度の大きさの最小値は 0 であるから，条件を満たす打ち上げ初期速度の大きさの最小値を v_0 とすると

$$\frac{1}{2}mv_0^2+U(R)=0$$

が成り立つ。これより

$$v_0=\sqrt{\frac{2GM}{R}}$$

となる。万有引力定数 $G=6.67\times10^{-11}\,\mathrm{m^3\,kg^{-1}\,s^{-2}}$，地球の質量 $M=5.97\times10^{24}\,\mathrm{kg}$，半径 $R=6.37\times10^6\,\mathrm{m}$ を代入して

$$\begin{aligned}v_0&=\sqrt{\frac{2\times6.67\times10^{-11}\,\mathrm{m^3\,kg^{-1}\,s^{-2}}\times5.97\times10^{24}\,\mathrm{kg}}{6.37\times10^6\,\mathrm{m}}}\\&=1.12\times10^4\,\mathrm{m\,s^{-1}}=11.2\,\mathrm{km\,s^{-1}}\end{aligned}$$

を得る。

5.3 地表にある補給船の無限遠点を基準点とした重力ポテンシャルエネルギー $U(R)$ は，

$$\begin{aligned}U(R)&=-\frac{GmM}{R}\\&=-\frac{1}{6.37\times10^6\,\mathrm{m}}(6.67\times10^{-11}\,\mathrm{m^3\,kg^{-1}\,s^{-2}}\\&\qquad\times1.60\times10^4\,\mathrm{kg}\times5.97\times10^{24}\,\mathrm{kg})\\&=-1.00\times10^6\,\mathrm{MJ}\end{aligned}$$

となる。一方，補給船が地上

$$h=400\,\mathrm{km}=4.00\times10^5\,\mathrm{m}$$

にあるときのポテンシャルエネルギー $U(R+h)$ は

$$\begin{aligned}U(R+h)&=-\frac{1}{6.77\times10^6\,\mathrm{m}}(6.67\times10^{-11}\,\mathrm{m^3\,kg^{-1}\,s^{-2}}\\&\qquad\times1.60\times10^4\,\mathrm{kg}\times5.97\times10^{24}\,\mathrm{kg})\\&=-0.94\times10^6\,\mathrm{MJ}\end{aligned}$$

なので，その差 ΔU は $\Delta U = 6\times 10^4\,\mathrm{MJ}$ となり，最低限これだけのエネルギーが 16 t の補給船を地表 400 km まで打ち上げるのに必要である。このエネルギーを酸素と水素の混合物を燃焼させることによりまかなうとすると，必要な混合物の量は

$$\frac{6\times 10^4}{30}\,\mathrm{kg} = 2\times 10^3\,\mathrm{kg} = 2\,\mathrm{t}$$

となる。しかし実際には打ち上げに用いるロケットなどの重量のほうが圧倒的に重く，必要な燃料の量もこれの 100 倍以上となる。

5.4 $\Delta\boldsymbol{r} = (\Delta x, \Delta y, \Delta z)$ とすると，

$$\begin{aligned} f(\boldsymbol{r}) &= f(\boldsymbol{r}+\Delta\boldsymbol{r}) \\ &\simeq f(\boldsymbol{r}) + \left\{\frac{\partial f(\boldsymbol{r})}{\partial x}\Delta x + \frac{\partial f(\boldsymbol{r})}{\partial y}\Delta y + \frac{\partial f(\boldsymbol{r})}{\partial z}\Delta z\right\} \end{aligned}$$

である。$\boldsymbol{r}$ から $\Delta\boldsymbol{r}$ だけ移動しても $f(\boldsymbol{r})$ が一定なら，

$$\begin{aligned} &\left\{\frac{\partial f(\boldsymbol{r})}{\partial x}\Delta x + \frac{\partial f(\boldsymbol{r})}{\partial y}\Delta y + \frac{\partial f(\boldsymbol{r})}{\partial z}\Delta z\right\} \\ &= \nabla f(\boldsymbol{r})\cdot(\Delta x, \Delta y, \Delta z) \\ &= \nabla f(\boldsymbol{r})\cdot\Delta\boldsymbol{r} \\ &= 0 \end{aligned}$$

となる。これより $\nabla f(\boldsymbol{r})$ は $f(\boldsymbol{r})$ が一定となる変位 $\Delta\boldsymbol{r}$ に垂直であることがわかる。つまり $\nabla f(\boldsymbol{r})$ は図 P 5.2 に示すように $\nabla f(\boldsymbol{r}) = a =$ 一定 となる等高線に対して垂直である。

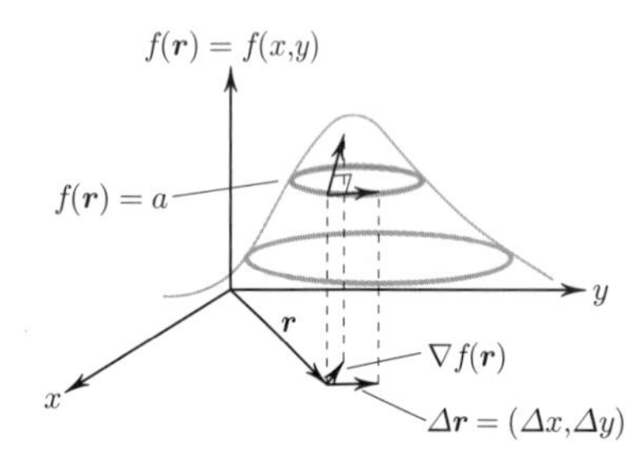

図 P 5.2 2 次元の場合の $f(\boldsymbol{r})$ の等高線と $\nabla f(\boldsymbol{r})$ の関係

これは $\nabla f(\boldsymbol{r})$ が $f(\boldsymbol{r})$ の変化が最も激しい方向，つまり $f(\boldsymbol{r})$ が最も増加する方向，または最も減少する方向を向いていることを示している。ではどちらであろうか？　それを調べるために

$$\nabla f(\boldsymbol{r}) = \left(\frac{\partial f(\boldsymbol{r})}{\partial x}, \frac{\partial f(\boldsymbol{r})}{\partial y}, \frac{\partial f(\boldsymbol{r})}{\partial z}\right)$$

の方向に $\boldsymbol{r}$ が少しだけ変位したとき $f(\boldsymbol{r})$ が増加するか，減少するか調べればよい。いま δ を正の微少量として $U(\boldsymbol{r}+\delta\nabla f(\boldsymbol{r}))$ を計算すると

$$\begin{aligned} &f(\boldsymbol{r}+\delta\nabla f(\boldsymbol{r})) \\ &= f(\boldsymbol{r}) + \delta\left\{\frac{\partial f(\boldsymbol{r})}{\partial x}\frac{\partial f(\boldsymbol{r})}{\partial x} + \frac{\partial f(\boldsymbol{r})}{\partial y}\frac{\partial f(\boldsymbol{r})}{\partial y} \right. \\ &\qquad \left. + \frac{\partial f(\boldsymbol{r})}{\partial z}\frac{\partial f(\boldsymbol{r})}{\partial z}\right\} \\ &= f(\boldsymbol{r}) + \delta\nabla f(\boldsymbol{r})\cdot\nabla f(\boldsymbol{r}) \\ &= f(\boldsymbol{r}) + \delta|\nabla f(\boldsymbol{r})|^2 \end{aligned}$$

となる。最後の式の第 2 項は正なので $f(\boldsymbol{r}+\delta\nabla f(\boldsymbol{r})) > f(\boldsymbol{r})$ となり，$\nabla f(\boldsymbol{r})$ は $f(\boldsymbol{r})$ が最も増加する方向を向いていることがわかる。

第 6 章

6.1 円錐と平面の交線を求める。$z = \alpha\sqrt{x^2+y^2} = \beta x + \gamma$ なので $\alpha\sqrt{x^2+y^2} = \beta x + \gamma$ となる。この式の両辺を 2 乗し整理すると

$$(\alpha^2-\beta^2)x^2 - 2\beta\gamma x + \alpha^2 y^2 = \gamma^2 \tag{1}$$

を得る。ここで，左辺の x を含む項を平方完成して整理すると

$$\begin{aligned} (\alpha^2-\beta^2)\left(x - \frac{\beta\gamma}{\alpha^2-\beta^2}\right)^2 + \alpha^2 y^2 &= \frac{\beta^2\gamma^2}{\alpha^2-\beta^2} + \gamma^2 \\ &= \frac{\alpha^2\gamma^2}{\alpha^2-\beta^2} \end{aligned} \tag{2}$$

となる。ここで $x - \dfrac{\beta\gamma}{\alpha^2-\beta^2}$ を新たに x とおくと

$$(\alpha^2-\beta^2)x^2 + \alpha^2 y^2 = \frac{\alpha^2\gamma^2}{\alpha^2-\beta^2} \tag{3}$$

を得る。

まず，$|\alpha| > |\beta|$ の場合を考える。

$$a^2 = \frac{\alpha^2\gamma^2}{(\alpha^2-\beta^2)^2}$$

$$b^2 = \frac{\alpha^2\gamma^2}{\alpha^2(\alpha^2-\beta^2)}$$

とおくと，式 (3) は

$$\frac{x^2}{a^2} + \frac{y^2}{b^2} = 1$$

となり，楕円が現れることが示された。

次に，$|\alpha| < |\beta|$ の場合を考える。上と同様に計算を進め x を置き換え

$$a^2 = \frac{\alpha^2\gamma^2}{(\alpha^2-\beta^2)^2}$$

$$b^2 = -\frac{\alpha^2\gamma^2}{\alpha^2(\alpha^2-\beta^2)}$$

とおくと

$$\frac{x^2}{a^2} - \frac{x^2}{b^2} = 1$$

となり，双曲線が現れることが示された。

最後に，$|\alpha| = |\beta|$ の場合を考える。式 (1) で $|\alpha| = |\beta|$ とすると

$$-2\beta\gamma x + \alpha^2 y^2 = \gamma^2$$

となる。ここで，y と x を置き換え整理すると，

$$y = +\frac{\alpha^2}{2\beta\gamma}x^2 - \frac{\gamma^2}{2\beta\gamma}$$

となり，放物線が現れることも示された。

6.2　楕円の式 $\frac{x^2}{a^2} + \frac{y^2}{b^2} = 1$ は半径が 1 の円の式 $x^2 + y^2 = 1$ で x を x/a，y を y/b で置き換えれば得られる。これは x を a 倍，y を b 倍したことと同じである。半径 1 の円の面積は π なので，求める楕円の面積はこれに a と b をかけて πab となる。

6.3　ケプラーの第 3 法則より，惑星が太陽のまわりをまわる周期は楕円軌道の長半径の 3/2 乗に比例する。逆に言えば，楕円軌道の長半径は周期の 2/3 乗に比例する。よって，水星，金星，火星，木星，土星，天王星，海王星，ハレー彗星の軌道の長半径と地球の長半径の比はそれぞれ

水星	$(0.24)^{2/3} \simeq 0.39$
金星	$(0.62)^{2/3} \simeq 0.73$
火星	$(1.9)^{2/3} \simeq 1.5$
木星	$12^{2/3} \simeq 5.2$
土星	$30^{2/3} \simeq 9.7$
天王星	$84^{2/3} \simeq 19$
海王星	$165^{2/3} \simeq 30$
ハレー彗星	$76^{2/3} \simeq 18$

となる。

6.4　式 (6.53) を軌道半径 a について解くと

$$a = \left\{\frac{GMT^2}{4\pi^2}\right\}^{1/3}$$

となる。万有引力定数 $G = 6.67 \times 10^{-11}\,\mathrm{m^3\,kg^{-1}\,s^{-2}}$，地球の質量 $M = 5.97 \times 10^{24}\,\mathrm{kg}$，周期 $T = 1$ 日 $= 24 \times 60 \times 60\,\mathrm{s}$ を代入すると，

$$a = \left\{\frac{6.67 \times 10^{-11}\,\mathrm{m^3\,kg^{-1}\,s^{-2}} \times 5.97 \times 10^{24}\,\mathrm{kg} \times (24 \times 60 \times 60\,\mathrm{s})^2}{4\pi^2}\right\}^{1/3}$$

$$= 4.22 \times 10^7\,\mathrm{m} - 42.2 \times 10^3\,\mathrm{km}$$

を得る。これが静止軌道の半径である。地球の半径は $R = 6.37 \times 10^6\,\mathrm{m}$ なので高度は $35.8 \times 10^3\,\mathrm{km}$ となる。

第 7 章

7.1　水平方向の運動 (等速直線運動) は，垂直方向の運動と分離して考えることができる。よって，高さ h の位置からの自由落下後，二回跳ねた後の最高点 h' を求めればよい。一回の跳ね返りで速さは e 倍になるので，運動エネルギーは e^2 倍になる。よって二回跳ね返り後の全エネルギーは $mgh \times e^4$。これが mgh' と等しいので，$h' = e^4 h$。

7.2　床から見た板および自動車の速度を v_1，v_2 とする。自動車が動き出す前は両者は静止しており運動量は 0 である。よって運動量保存則より $m_1 v_1 + m_2 v_2 = 0$，また相対速度は $v_2 - v_1 = V$。これを解いて

$$v_1 = -\frac{m_2}{m_1 + m_2}V,\ v_2 = \frac{m_1}{m_1 + m_2}V$$

板が自動車より遥かに重い極限 $m_1 \gg m_2$ では，$(v_1, v_2) \to (0, V)$ となり自動車のみが速度 V で動く。逆に自動車が板よりはるかに重い極限 $m_1 \ll m_2$ では，$(v_1, v_2) \to (-V, 0)$ となり板のみが速度 $-V$ で動く。

7.3　まずは物体 1, 2 が固定されていない状況を考えよう。ばねは x 軸上にあり，物体 2 が物体 1 の右側にあるものとする。物体 1, 2 の自然位置からの変位を x_1, x_2 とすると，ばねの伸びは $x_2 - x_1$ であるから，両者の運動方程式は

$$m_1 \ddot{x}_1 = k(x_2 - x_1),\ m_2 \ddot{x}_2 = -k(x_2 - x_1)$$

となる。振動するのは相対座標 $x = x_2 - x_1$ である。この方程式は換算質量 $\mu = \frac{m_1 m_2}{m_1 + m_2}$ を用いて $\ddot{x} = -\frac{k}{\mu}x$ であるから，周期は $T = 2\pi\sqrt{\mu/k}$ となる。

物体 1 が固定されている状況は $m_1 \to \infty$ の極限と等価である。このとき $\mu \to m_2$ であるから，周期は $T = 2\pi\sqrt{m_2/k}$ となり，よく知られた結果を再現する。

7.4　式 (7.54) の右辺に，換算質量 μ の定義式 (7.21) より得られる

$$\mu = \frac{m_1 m_2}{m_1 + m_2}$$

と，跳ね返り係数 e の定義式 (7.46) より得られる

$$(v_1' - v_2')^2 = e^2(v_1 - v_2)^2$$

を代入すると，式 (7.53) を得る。

7.5　物体 1, 2 の y 座標を y_1, y_2 とすると

$$\boldsymbol{r}_1 = (R, y_1, 0),\ \boldsymbol{r}_2 = (-R, y_2, 0),$$
$$\boldsymbol{v}_1 = (0, v, 0),\ \boldsymbol{v}_2 = (0, -v, 0),$$
$$\boldsymbol{F}_1 = (0, -m_1 g, 0),\ \boldsymbol{F}_2 = (0, -m_2 g, 0)$$

である。

(1) $\boldsymbol{L} = m_1 \boldsymbol{r}_1 \times \boldsymbol{v}_1 + m_2 \boldsymbol{r}_2 \times \boldsymbol{v}_2$
$= (0, 0, R(m_1 + m_2)v)$。

(2) $\boldsymbol{N} = \boldsymbol{r}_1 \times \boldsymbol{F}_1 + \boldsymbol{r}_2 \times \boldsymbol{F}_2 = (0, 0, R(m_2 - m_1)g)$。

(3) $a/g = (m_2 - m_1)/(m_1 + m_2)$。これは例題 8.9 において滑車の質量を 0 とした結果と同じである。

第 8 章

8.1　左 (右) 側の棒を棒 1 (2) とし，接続部分で棒 1 が棒 2 から受ける力を上向き方向を正として f で表す。作用反作用の関係より，棒 2 は棒 1 から下向きに力 f を受ける。

棒 1 に関する点 A のまわりの力のモーメントを考えよう。重力が右回りに $mg \times l/2$, 力 f が左回りに $f \times l$ のモーメントを作り，両者がつり合っているので $f = mg/2$ である。点 B の棒の右端からの距離を d とし，棒 2 に関する点 B のまわりの力のモーメントを考えよう。重力が右回りに $mg \times (d - l/2)$, 力 f が左回りに $f \times (l - d)$ のモーメントを作り，両者がつり合っているので $d = 2l/3$ である。

8.2　(1) 軸のまわりの慣性モーメント I を求めよう。軸が重心を通る場合の慣性モーメント I' は表 8.1 より $I' = 2MR^2/3$ である。今の問題では軸と重心との距離が $l = \sqrt{2}R$ であるから，平行軸の定理より

$$I = I' + Ml^2 = \frac{8MR^2}{3}$$

である。式 (8.72) に代入して

$$T = 4\pi\sqrt{\sqrt{2}R/3g}$$

(2) 軸のまわりの慣性モーメント I を求めよう。軸が重心を通る場合の慣性モーメント I' は表 8.1 より $I' = MR^2/2$ である。今の問題では軸と重心との距離が $l = R$ であるから，平行軸の定理より

$$I = I' + Ml^2 = \frac{3MR^2}{2}$$

である。式 (8.72) に代入して

$$T = 2\pi\sqrt{3R/2g}$$

(3) 振り子の支点を通り振動面に垂直な軸のまわりの慣性モーメント I を求めよう。軸が重心を通る場合の慣性モーメント I' は表 8.1 より $I' = 2MR^2/5$ である。今の問題では軸と重心との距離が $l = L + R$ であるから，平行軸の定理より

$$I = I' + Ml^2 = M(L+R)^2 + \frac{2MR^2}{5}$$

である。式 (8.72) に代入して

$$T = 2\pi\sqrt{\frac{(L+R)^2 + 2R^2/5}{g(L+R)}}$$

8.3　(1) 球殻では表 8.1 より $I_z = 2MR^2/3$ であるから，式 (8.91) に代入して加速度は $(3/5)g\sin\alpha$。

(2) 円柱では表 8.1 より $I_z = MR^2/2$ であるから，式 (8.91) に代入して加速度は $(2/3)g\sin\alpha$。

8.4　図 P 8.1 の円錐の重心座標 z_G を求めよう。密度を ρ とする。高さ $z \sim z + dz$ の円板の半径は az/b, 質量は $\rho\pi(az/b)^2 dz$ であるから，円錐の質量は

$$M = \int_0^b \rho\pi\left(\frac{az}{b}\right)^2 dz = \frac{\pi\rho a^2 b}{3}$$

重心は

$$z_G = M^{-1}\int_0^b z\rho\pi\left(\frac{az}{b}\right)^2 dz = \frac{3b}{4}$$

となる。

次に円錐の中心軸まわりの慣性モーメントを求めよう。高さ $z \sim z + dz$ の円板の慣性モーメントは，表 8.1 の円板の結果を援用すると,

$$\frac{1}{2} \times \rho\pi\left(\frac{az}{b}\right)^2 dz \times \left(\frac{az}{b}\right)^2$$

であるから，円錐全体では

$$I_z = \frac{\rho\pi a^4}{2b^4}\int_0^b z^4 dz = \frac{\rho\pi a^4 b}{10} = \frac{3Ma^2}{10}$$

となる。式 (8.101) において

$$l \to 3b/4,\quad I \to 3Ma^2/10$$

とすれば求める角速度は $\dot{\phi} = 5gb/2a^2\Omega$ となる。

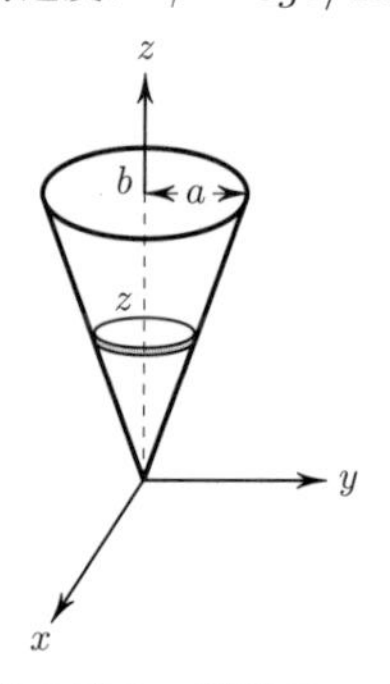

図 P 8.1　円錐の重心，慣性モーメントの計算

第9章

9.1　重力の大きさが $g + a_0$ になったことと等価であるから

(1) $m(g + a_0)$，(2) $2\pi\sqrt{l/(g + a_0)}$

9.2　遠心力による横向きの加速度が v^2/R である。よって $\tan\theta = (v^2/R)/g$ より，$\theta = \tan^{-1}(v^2/gR)$

9.3　物体の質量を m，速さを $|\boldsymbol{v}|$，自転の角速度を ω とすると，式 (9.27) よりコリオリ力 $\boldsymbol{f}$ の大きさは $|\boldsymbol{f}| = 2m\omega|\boldsymbol{v}|$ である。よって重力との比は

$$|\boldsymbol{f}|/mg = 2\omega|\boldsymbol{v}|/g$$

これに

$$\omega = 2\pi/(24 \times 3600)\ [\mathrm{s}^{-1}]$$
$$|\boldsymbol{v}| = 10^5/3600\ [\mathrm{m/s}]$$

を代入すると，比は 4.12×10^{-4} となる。

9.4　時刻 t での物体の位置 $(x(t), y(t))$ は

$$\begin{pmatrix} x \\ y \end{pmatrix} = r\begin{pmatrix} \cos\omega t \\ \sin\omega t \end{pmatrix}$$

である。これを二回微分することにより，加速度は

$$\begin{pmatrix} \ddot{x} \\ \ddot{y} \end{pmatrix} = (\ddot{r} - \omega^2 r)\begin{pmatrix} \cos\omega t \\ \sin\omega t \end{pmatrix} + 2\omega\dot{r}\begin{pmatrix} -\sin\omega t \\ \cos\omega t \end{pmatrix}$$

である。物体が棒から受ける力の大きさを $S(t)$ とすると，これは棒と垂直な方向 $(-\sin\omega t, \cos\omega t)$ にはたらく。よって運動方程式は

$$S\begin{pmatrix} -\sin\omega t \\ \cos\omega t \end{pmatrix} = m(\ddot{r} - \omega^2 r)\begin{pmatrix} \cos\omega t \\ \sin\omega t \end{pmatrix} + 2m\omega\dot{r}\begin{pmatrix} -\sin\omega t \\ \cos\omega t \end{pmatrix}$$

となる。よって $S(t) = 2m\omega\dot{r}$，$\ddot{r} - \omega^2 r = 0$。後者を $r(0) = A$，$\dot{r}(0) = 0$ の初期条件で解くことにより $r(t) = A\cosh\omega t$ となる。

9.5　外積ベクトルを成分表示した式 (A.35) を用いて $\boldsymbol{F}_1, \boldsymbol{F}_2, \boldsymbol{F}_3$ を計算すると，いずれも z 成分 $= 0$ であり，xy 平面内のベクトルになることが確認できる。x, y 成分に関しては式 (9.21)–(9.23) と同じになる。

第10章

10.1　固定端の場合，式 (10.35) からわかるように入射波 $f(x - vt)$ に対する反射波は $-f(-x - vt)$ となるので，時刻 $-t_1$ での入射波が $f(y), y = x + vt_1$ なら時刻 t_1 での反射波は $-f(-y), y = x + vt_1$ となる。したがって，反射波は入射波の符号を逆転させかつ入射波 $f(y)$ で y の符号を反転させればよいので，図 P 10.1 のようになる。

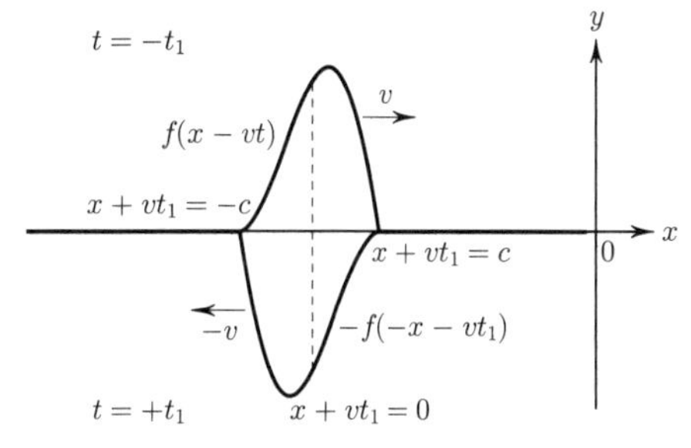

図 P 10.1　時刻 $t = -t_1$ での入射波 $f(x - vt)$ と時刻 $t = t_1$ での反射波 $-f(-x - vt)$。

10.2　自由端の場合，式 (10.43) からわかるように入射波 $f(x - vt)$ に対する反射波は $f(-x - vt)$ となるので，時刻 $-t_1$ での入射波が $f(y), y = x + vt_1$ なら時刻 t_1 での反射波は $f(-y), y = x + vt_1$ となる。したがって入射波 $f(y)$ で y の符号を反転させればよいので図 P 10.2 のようになる。

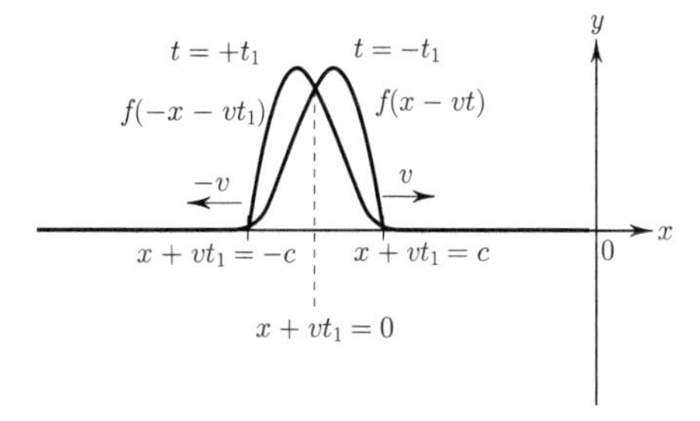

図 P 10.2　時刻 $t = -t_1$ での入射波 $f(x - vt)$ と時刻 $t = t_1$ での反射波 $-f(-x - vt)$。

10.3　自由端の位置は $x = -L$ と $x = 0$ とする。固定端のときと同様，このときの解を次の形で探してみよう。

$$u(x,t) = \left\{A\sin[k(x - vt) + \delta] + B\sin[k(x + vt) + \delta']\right\} \qquad (1)$$

$x = 0$ での自由端の境界条件を満たす解は式 (10.43) の形であった。

$$u(x,t) = f(x - vt) + f(-x - vt) \qquad (2)$$

式 (1) で $A = -B$，$\delta = -\delta'$ とすれば

$$u(x,t) = A\left\{\sin[k(x - vt) + \delta] - \sin[k(x + vt) - \delta]\right\}$$

$$= A\{\sin[k(x - vt) + \delta] + \sin[k(-x - vt) + \delta]\} \tag{3}$$

となるので，式 (2) の形となる。ここで三角関数の加法定理を使うと

$$\begin{aligned} &u(x,t) \\ &= A\{\sin[k(x - vt) + \delta] - \sin[k(x + vt) - \delta]\} \\ &= A\{\sin(kx)\cos(vt - \delta) - \cos(kx)\sin(vt - \delta) \\ &\quad - \sin(kx)\cos(vt - \delta) - \cos(kx)\sin(vt - \delta)\} \\ &= -2A\cos(kx)\sin(vt - \delta) \end{aligned} \tag{4}$$

を得る。明らかに $x = 0$ で

$$\left.\frac{\partial u(x,t)}{\partial x}\right]_{x=0} = 2A\sin(kx)\sin(vt - \delta)]_{x=0} = 0$$

となっていて，$x = 0$ の自由端の境界条件を満たしている。では次に解 (4) で，$x = -L$ の固定端の境界条件，$\left.\frac{\partial u(x,t)}{\partial x}\right]_{x=-L} = 0$ を考えよう。

$$\begin{aligned} \left.\frac{\partial u(x,t)}{\partial x}\right]_{x=-L} &= 2A\sin(kx)\sin(vt - \delta)]_{x=-L} \\ &= -2A\sin(kL)\sin(vt - \delta)]_{x=-L} \end{aligned} \tag{5}$$

となるので，波数 k が

$$kL = n\pi$$

$$k = \frac{n\pi}{L}, \qquad n : \text{自然数}$$

を満足していれば $x = -L$ での境界条件を満足できる。固定端の場合，式 (10.52) と同じように $k_n = \frac{n\pi}{L}$ と書くことにしよう。結局，$x = 0$ と $x = -L$ での自由端の境界条件を満たす解は式 (5) での $-2A$ を A と置き直して

$$u(x,t) = A\cos(k_n x)\sin(vt - \delta) \tag{6}$$

$$k_n = \frac{n\pi}{L} \qquad n : \text{自然数}$$

となる。この解 $u(x,t)$ も固定端の場合，式 (10.51) と同じように座標 x の関数 $\cos(kx)$ と時刻 t の関数 $\sin(vt - \delta)$ の積の形になっている。

波の節では $\cos(k_n x) = 0$ なので

$$k_n x = \frac{n\pi}{L}x = (p + 1/2)\pi \qquad p : 0 \text{ または自然数}$$

という条件からゼロ点の位置は

$$x = \frac{(p + 1/2)L}{n} \qquad p < n$$

ときまる。ゼロ点の位置が決まっているのでこれは定在波である。この定在波も式 (1) からわかるように，固定端の場合と同様，波数 k で x 軸の正の方向に進む波 $\sin[k(x - vt) + \delta]$ と負の方向に進む波 $\sin[k(x + vt) - \delta]$ の重ね合わせ，すなわち干渉の結果生まれたのである。

図 P 10.3 に，波数 k_1, k_2, k_3, k_4 をもつ波の時刻 $t = (\pi/2 + \delta)/v$ でのようすを示す。

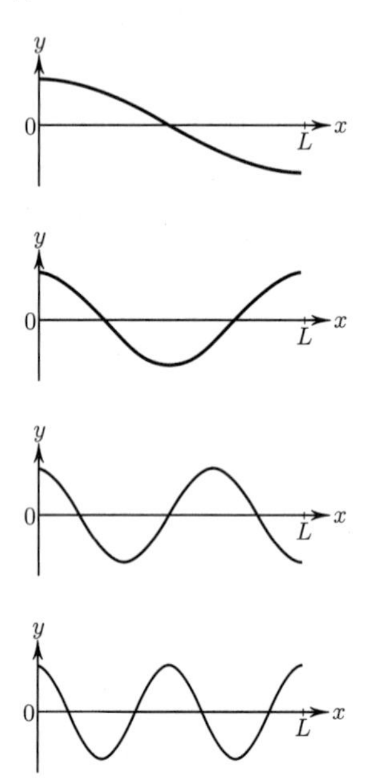

図 P 10.3 $\delta_o = 0$ の場合の k_1, k_2, k_3, k_4 の波数をもつ波の時刻 $t = (\pi/2 + \delta)/v$ でのようす。

索　引

■た　行

■な　行

■は　行

■ま　行

■や　行

■ら　行

■わ

著者略歴

秋光　純（あきみつ　じゅん）

1970年　東京大学大学院理学系研究科物理学専攻博士課程修了，理学博士
青山学院大学理工学部教授を経て
現　在　青山学院大学名誉教授
電気通信大学客員教授

秋光正子（あきみつ　まさこ）

1970年　学習院大学理学部物理学科卒業
1977年　同　大学院自然科学研究科博士課程中退
慶應義塾大学，学習院大学，芝浦工業大学非常勤講師を経て
現　在　岡山大学理学部技術補佐員

松川　宏（まつかわ　ひろし）

1987年　北海道大学大学院理学研究科物理学専攻博士課程修了，理学博士
現　在　青山学院大学理工学部教授

越野和樹（こしの　かずき）

2000年　東京大学大学院理学系研究科物理学専攻博士課程修了，博士（理学）
現　在　東京医科歯科大学教養部准教授

2016年11月25日　初　版　発　行
2025年 4 月28日　初版第7刷発行

基礎物理学 力　学

著　者　秋光　純
　　　　秋光正子
　　　　松川　宏
　　　　越野和樹
発行者　山本　格

発行所　株式会社　培　風　館
東京都千代田区九段南4-3-12・郵便番号 102-8260
電　話(03)3262-5256(代表)・振 替 00140-7-44725

中央印刷・牧 製本

PRINTED IN JAPAN

ISBN978-4-563-02513-7 C3042